JN049922

大学入試で点が取れる授業動画付き

物理のインプット講義

力学・波動

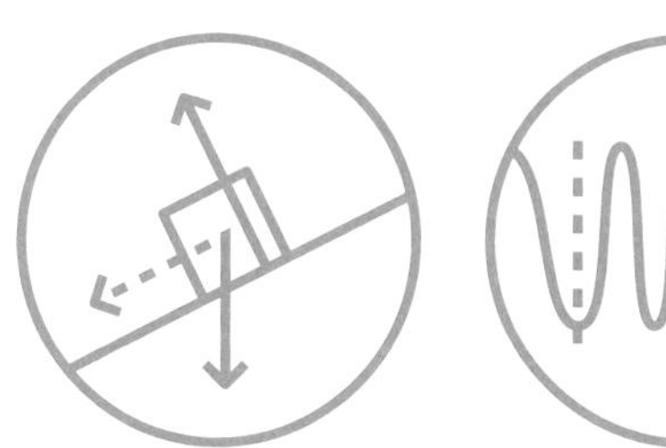

東葉高校 青山 均・著

Gakken

本書の授業要点集や解説動画は,
二次元コードもしくは
URLよりアクセスできます。

https://gakken-ep.jp/extra/hidebutsu/

はじめに

書店に並んでいる多くの参考書の中から本書を選び，こうしてこのページを読んでくれているあなたに，まずは感謝を申し上げたいと思います。まだ，どの参考書を選んだらよいか迷っているかと思いますので，本書がどんな特長をもち，どんな人が使ったら効果的なのかを，わかりやすく説明していきたいと思います。

まず，本書のいちばんの特長は，すべての単元に無料動画講義が付いているということです。ふつうの参考書は，自分で読んで自分で理解していくしかありませんが，この参考書は，本編でのくわしい解説に加えて，授業プリントとそれに対応した動画講義が付いています。YouTubeを利用した予備校のようなものと考えてください。どうしても自分ひとりでは理解ができないときの強力なお助けアイテムが付いているということです。

そんな特長を持った参考書ですので，次のような人にはとても効果的です。

① 学校の授業がよくわからず，途方に暮れている人
② 文章を読んで理解していくのが苦手な人
③ 本格的な受験勉強に入る前に，基本事項のまとめをしたい人
④ 次の定期テストを何とか乗り越えたい人
⑤ 予備校に何らかの理由で通えない人
⑥ 物理を選択していなかったけど，受験科目に必要になった人
⑦ 物理の中に苦手な分野があり，そこを克服したい人
⑧ これからの学習のために，少し予習をしておきたい人
⑨ 何らかの理由で，授業を長期間欠席してしまった人
⑩ むかし苦手だった物理を，やり直してみたくなった人

どうでしょう，参考になりましたでしょうか？　あとは自分の性格や勉強方法，目的に合わせて，じっくり考えて参考書を選べばよいのです。それがこの本であれば，もちろん嬉しい限りです。

最後になりましたが，本書の出版にあたり，ご尽力くださった宮﨑さん，樋口さんをはじめとする学研のみなさま，そのほか本書に携わっていただいたすべての方々にこの場を借りてお礼を申し上げます。

青山 均

本書の使いかた

本書はひとりで高校物理の学習ができるよう，力学・波動の分野をわかりやすく解説しています。動画授業を YouTube で視聴することもできる，とても手厚い参考書です。

物理の学力をつけるには，原理や公式をしっかり理解すること，問題の解きかたを反復練習することが大切となります。そのため，本書には以下のような特長があります。

❶ 全国No.1の学力を作る授業を誌面で再現！

本書は，青山先生の授業を再現したような，ていねいで読みやすい語り口調の誌面になっています。わかりやすい具体例や，段階を追った解説でスンナリと理解が進みます。1 テーマが少ないページで区切られているため，無理なく少しずつ勉強を進めていくことができます。

❷ 動画授業対応の「講義テキスト兼要点集」付き！

QR コードを読みとれば，スマートフォンやタブレットなどで YouTube の授業を視聴することができます。先生の授業を聞きながらプリントを眺める要領で学んでください。

ここには大事なポイント・公式や，問題の解きかたが掲載されており，長々とした文章はついておりません。そのため，要点集としても使うことができます。何度も反復して理解度を深めてください。

❸ 問題数をこなしたい人は，別売りの問題集を！

本書の説明のしかたや動画授業を気に入っていただけた人は，秘伝の物理シリーズの問題集もお買い求めいただきまして，さらに問題を解く力を養ってください。

※本書は『秘伝の物理講義（力学・波動）』を，新課程に合わせて内容を一部，加筆・修正したものになります。

もくじ

力学

波動

力学

Dynamics

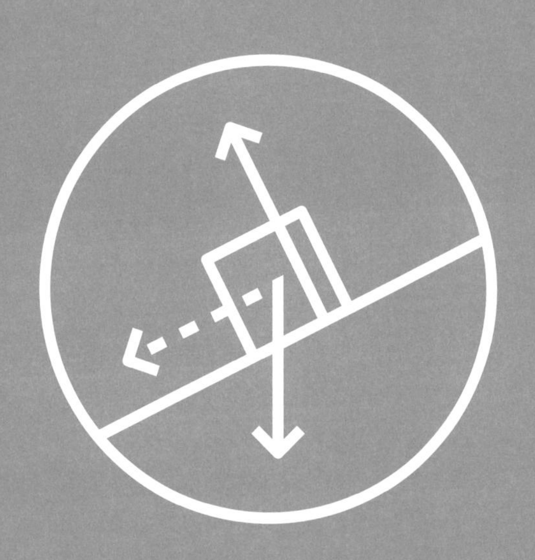

1 速度

解説動画

\押さえよ/

速度　$v=\dfrac{\Delta x}{\Delta t}$　⇒　1秒あたりの変位

速度の式 $v=\dfrac{\Delta x}{\Delta t}$ について，順に説明していきましょう。ていねいに説明していくので，心配はいりませんよ。まず，この式でいちばん気になるであろう，Δ の記号の説明から始めましょう。

Δ（デルタ）は何を表しているか？

まず，上の式でΔ（デルタ）は何を表しているのでしょうか？

Δ は変化を表す記号です。これから物理を勉強していくと，時刻の変化や位置の変化というように，“**○○の変化**”を計算する場面がたびたび出てきます。そんなときには，次の式を思い出してください。

○○の変化＝（変化後の値）－（変化前の値）

この式は大切なので，秘 テクニックとして単純化させて，次のように記憶しておいてください。

秘 テクニック

○○の変化＝（あと）－（まえ）

Δt は何を表しているか？

Δ（デルタ）は変化を表し，t は時刻（time）を表します。したがって，**Δt は時刻の変化**を表しています。

それでは具体例を通して考えていきましょう。次の図（A）のように，一定のペースで進んでいく自動車について考えます。

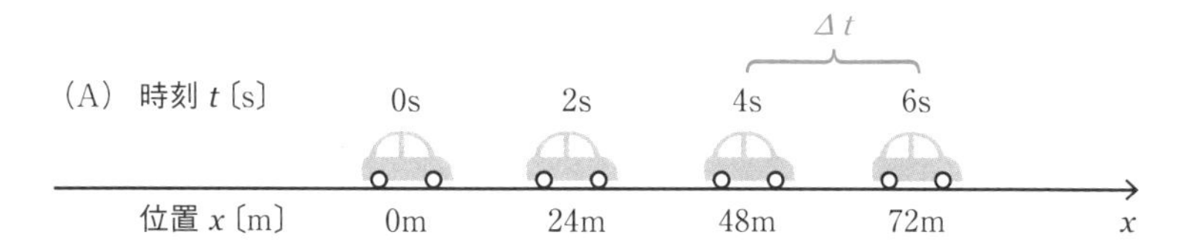

時刻0sのとき位置0mにいた自動車が，2sでは24m，4sでは48mとx軸の正の向きに進んでいます。

まず，時刻4sから6sまでの間の時刻の変化Δtを考えましょう。

秘 テクニックにもあるように，時刻の変化Δtは

Δt =（あとの時刻）−（まえの時刻）

ですから

$\Delta t = 6\text{s} - 4\text{s} = 2\text{s}$

となります。**時刻の変化 $\Delta t = 2\text{s}$ は，経過時間を表している**ということがわかりますね。

Δxは何を表しているか？

Δ（デルタ）は変化を表し，xは位置を表すので，**Δxは位置の変化**を表しています。

それでは，時刻4sから6sまでの間の位置の変化Δxを考えてみましょう。

位置の変化　Δx =（あとの位置）−（まえの位置）

ですから，

（A）の場合：$\Delta x = 72\text{m} - 48\text{m} = 24\text{m}$

となります。

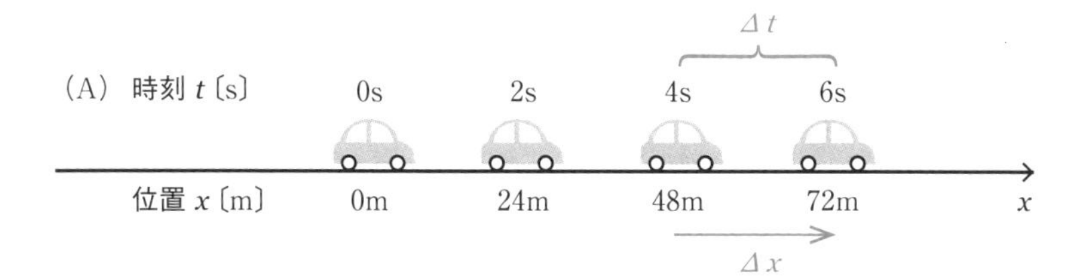

次に，下の図(B)の場合についても考えてみます。

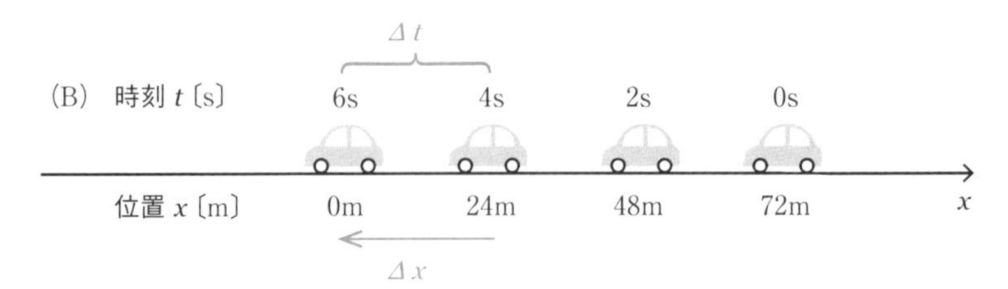

図(B)では，時刻 0s のとき位置 72m にいた自動車が，2s では 48m，4s では 24m と，(A)とは逆に x 軸の負の向きに進んでいますね。

では，(A)の場合と同じように，時刻 4s から 6s までの間の位置の変化 Δx を求めてみましょう。

位置の変化　Δx =(あとの位置)−(まえの位置)

ですから，

(B)の場合：$\Delta x = 0\text{m} - 24\text{m} = -24\text{m}$

となります。位置の変化が負の値となっていますが，驚くことはありません。くわしく説明していきましょう。

位置の変化 Δx を変位といいます。(A)では，自動車の変位が $\Delta x = 24\text{m}$ ということです。また(B)では，自動車の変位が $\Delta x = -24\text{m}$ ということです。自動車は(A)では**正の向きに 24m** 進んでいて，(B)では**負の向きに 24m** 進んでいます。つまり，**変位 Δx の符号は，移動の向きを表している**のです。変位 Δx は，**大きさと向きをもつ量**であり，これをベクトルといいます。

補足

向きを考えない**大きさだけの値**をスカラー，**向きと大きさの両方をもつ量**をベクトルといいます。

ベクトルは大きさと向きをもつ量！矢印で表します。

POINT

位置の変化　Δx　⇒　変位(ベクトル)

速度の式は何を表しているか？

さて，ここでようやく冒頭の式についてです。

速度の式 $v = \frac{\Delta x}{\Delta t}$ は何を表しているのでしょうか？

Δx〔m〕は，Δt〔s〕間での自動車の変位を表しているので，$\frac{\Delta x}{\Delta t}$ **は，1秒間あたりの自動車の変位**を表しています。「**1秒間でどちら向きにどれだけ動いたか**」ということです。これを自動車の速度といいます。

(A)，(B)それぞれの場合について，自動車の速度を求めてみましょう。

(A)の場合：経過時間 $\Delta t = 2\mathrm{s}$ の間に，変位 $\Delta x = 24\mathrm{m}$ だったので

$$速度 \quad v = \frac{\Delta x}{\Delta t} = \frac{24\mathrm{m}}{2\mathrm{s}} = 12\mathrm{m/s}$$

(B)の場合：経過時間 $\Delta t = 2\mathrm{s}$ の間に，変位 $\Delta x = -24\mathrm{m}$ だったので

$$速度 \quad v = \frac{\Delta x}{\Delta t} = \frac{-24\mathrm{m}}{2\mathrm{s}} = -12\mathrm{m/s}$$

ここで，**速度の符号は，運動の向きを表している**ことに気をつけましょう。**速度 v は，変位と同様に，大きさと向きをもつ量なのでベクトル**です。また，数値のあとの m/s は速度の単位を表し，メートル毎秒と読みます。

POINT

速度　$v = \frac{\Delta x}{\Delta t}$

速度と速さはどこが違うのか？

最後に，「速度」と「速さ」の違いについてお話しましょう。

小学校で，速さ $= \frac{距離}{時間}$ を習いました。**距離は**変位と違って，**向きをもたないスカラー**なので，1秒間あたりの移動距離である**速さもスカラー**です。そのため，速度を答える問題では符号も含めて答えなければなりませんが，**速さを答えるときは**，符号を考えず，**大きさのみで十分**なのです。

POINT

速度　⇒　ベクトル　　速さ　⇒　スカラー

2 相対速度

Aから見たBの速度(Aに対するBの相対速度)

$$\boldsymbol{v}_{AB} = \boldsymbol{v}_B - \boldsymbol{v}_A$$

今回学習する相対速度の考えかたは，動いているものから動いているものを見るときに使います。**Aから見たBの速度**を**Aに対するBの相対速度**といいます。

それでは，具体例を通してくわしく説明していきましょう。

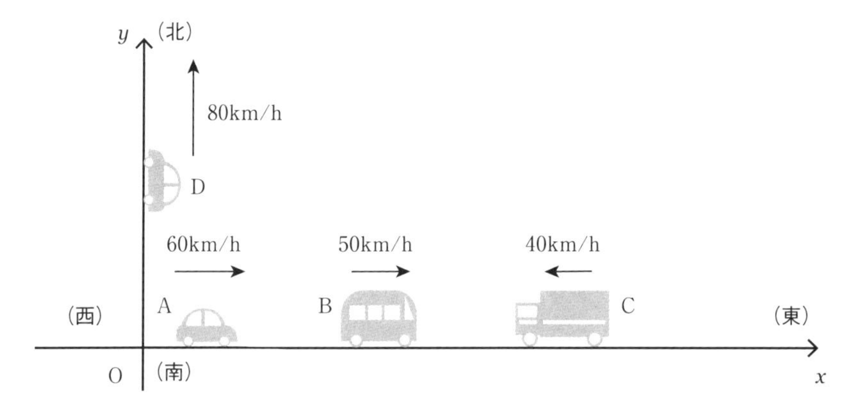

図のように，東向きを x 軸の正の向き，北向きを y 軸の正の向きとします。乗用車Aは東向きに60km/h(時速60km)，バスBは東向きに50km/h，トラックCは西向きに40km/h，乗用車Dは北向きに80km/hで，それぞれ進んでいます。

これからこの図を使って，相対速度について考えていきますが，大事なのは，次の秘テクニックです。

秘テクニック **観測者の速度を引く**

具体例を通して考えていきましょう。

(例1) 乗用車Aから見たバスBの速度 v_{AB} は何 km/h でしょうか？

まず，図を見ながらイメージで解いてみましょう。みなさんが乗用車Aに乗ったつもりになって考えてくださいね。A(みなさん)から見ると，Bはだんだん A(みなさん)のほう，すなわち西向きにだんだん近づいてくるように見えますね。すなわち，イメージで解くと，Aから見たBの速度 v_{AB} は，**西向きに 10km/h(−10km/h)**ということになります。

次に，相対速度の式を使って解いてみましょう。

秘 テクニックにあるように“**観測者の速度を引く**”がポイントですよ。ここで，**観測者はみなさん，すなわち A** ですから，Aから見たBの速度 v_{AB} は，Bの速度 v_B から **A の速度 v_A を引けばよい**のです。

解答

$$v_{AB} = v_B - v_A$$
$$= 50 - 60 = -10$$

東向きが正の向きですから，Aから見たBの速度 v_{AB} は**西向きに 10km/h** であることがわかります。確かにイメージによる解法とピッタリ一致しますね。

−10km/h(西向きに 10km/h) ……答

(例2) 乗用車Aに対するトラックCの相対速度 v_{AC} は何 km/h でしょうか？

これは，Aから見たCの速度 v_{AC} は何 km/h でしょうか，と言い換えることができます。(例1)と同じように図を見ながらイメージで解いてみると，ものすごいスピードでCがA(みなさん)のほう，すなわち西向きに近づいてくるように見えますね。イメージによる解法では，Aから見たCの速度 v_{AC} は**西向きに 100km/h(−100km/h)**となります。

次に，相対速度の式(**観測者の速度 v_A を引く**)を使って解いてみましょう。

解答

$$v_{AC} = v_C - v_A$$

Cの速度は西向きに 40km/h，すなわち−40km/h であることに注意して代入すると

$$v_{AC} = (-40) - 60 = -100$$

となります。

東向きが正の向きですから，A から見たCの速度 v_{AC} は**西向きに 100km/h** となり，ここでもイメージによる解法と一致しますね。

−100km/h（西向きに 100km/h） ……答

相対速度の式には慣れてきましたか？ “観測者の速度を引く”がポイントですよ。計算結果と自分のもっているイメージが一致しているかどうかを確かめながら計算してください。物理の学習をするうえで，**イメージすることはとても大切**な要素となってきます。

例3 トラックCに対する乗用車Aの相対速度 v_{CA} は何 km/h でしょうか？
ここでは，はじめに計算で求めてみましょう。観測者がCなので，Aの速度 v_A からCの速度 v_C を引けば求められますね。

解答

$$v_{CA}=v_A-v_C$$

ですから，

$$v_{CA}=60-(-40)=100$$

となります。

東向きが正の向きなので，**相対速度は東向きに 100km/h** です。これもみなさんのイメージと一致するか，確かめてみてくださいね。

100km/h（東向きに 100km/h） ……答

数学でまだベクトルを習っていない人は，例4は後回しにしてください。

例4 乗用車Aから見た乗用車Dの速さは何 km/h でしょうか？
この問題は今までと違って，2つの車の進む向きが一直線上ではなく，垂直になっています。こうなると相対速度は東西方向（x 軸方向）とは限らないので，＋−だけで向きを表すことはできません。では，どうすればよいのでしょうか？

ここで，次のことを思い出してください。

速度 ⇒ ベクトル　　速さ ⇒ スカラー

P.13

それでは，右の図を見てみましょう。速度はベクトルなので，Aから見たDの速度 $\boldsymbol{v}_{AD}$ は，ベクトルの引き算で求めればよいことがわかります。

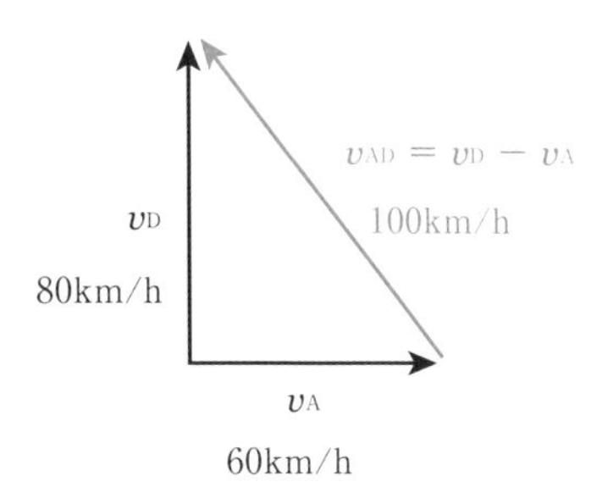

ここでは，観測者がAなので，**Aの速度ベクトル $\boldsymbol{v}_A$ をDの速度ベクトル $\boldsymbol{v}_D$ から引けばよい**のです。

問題は速さとなっているので，色つきのベクトルの大きさを答えればよいですね。

解答

$$|\boldsymbol{v}_A| = 60, \quad |\boldsymbol{v}_D| = 80$$

三平方の定理より

$$|\boldsymbol{v}_{AD}| = \sqrt{60^2 + 80^2} = 100$$

よって，求める速さは100km/hとなります。

100km/h ……答

3 x-tグラフとv-tグラフ

＼押さえよ／

x-tグラフの傾き ⇒ 速度
v-tグラフと横軸の間の面積 ⇒ 変位

ここからは，これまで学んできた変位や速度をグラフで表すことを考えます。グラフをかくことによって，運動が可視化されてイメージしやすくなります。それでは，具体例を通してグラフについて学んでいきましょう。

下の図(A)，(B)のように，一定の速度で進んでいく自動車について考えます。これは **1** で速度を学んだときと同じ設定です。

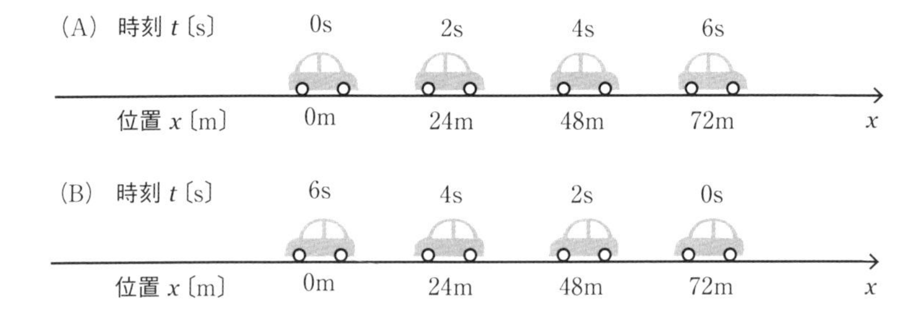

自動車の速度を求めよう

まずは，復習からです。速度 v は 1 秒あたりの変位なので，変位 Δx を経過時間 Δt で割れば求められ，$v=\dfrac{\Delta x}{\Delta t}$ と表すことができました。

速度　$v=\dfrac{\Delta x}{\Delta t}$

P.13

(A)，(B)それぞれの場合について，自動車の速度を求めてみましょう。時刻は 4s から 6s の間で考えます。

(A)の場合：$\boldsymbol{v} = \dfrac{\Delta x}{\Delta t} = \dfrac{72\text{m} - 48\text{m}}{6\text{s} - 4\text{s}} = 12\text{m/s}$

(B)の場合：$\boldsymbol{v} = \dfrac{\Delta x}{\Delta t} = \dfrac{0\text{m} - 24\text{m}}{6\text{s} - 4\text{s}} = -12\text{m/s}$

となりますね。符号はもちろん運動の向きを表しています。

x-t グラフ

それでは，x-t グラフをかいてみましょう。

図(A)では，0s のとき 0m，2s で 24m，4s で 48m，6s で 72m なので，対応する点(t, x)を座標に打っていきましょう。この 4 つの点を直線で結べば，x-t グラフの完成です。

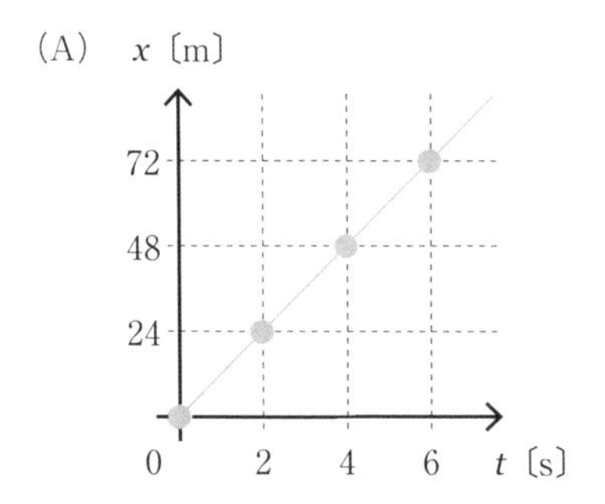

図(B)も同じようにやっていきましょう。0s のとき 72m，2s では 48m，4s で 24m，6s で 0m ですから，図(B)のようになります。(B)もやはり直線になりますね。

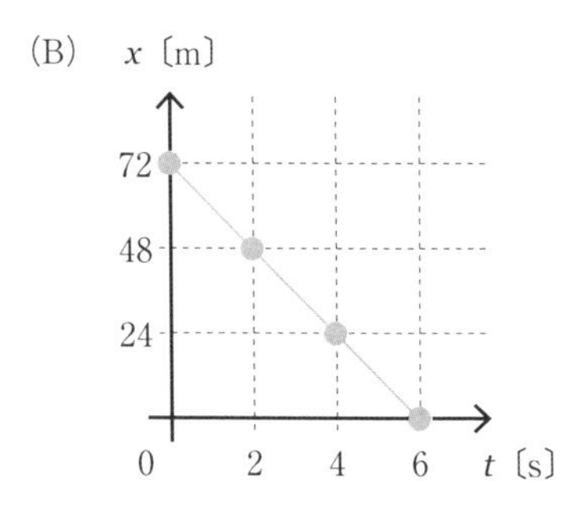

x-t グラフの傾きは何を表しているか？

x-t グラフの傾きは，横軸の変化 Δt に対する縦軸の変化 Δx なので，$\dfrac{\Delta x}{\Delta t}$ と表すことができます。 したがって，x-t グラフの傾き $\dfrac{\Delta x}{\Delta t}$ は，$\dfrac{\Delta x}{\Delta t}=v$ なので，速度 v を表していることになります。

POINT

x-t グラフの傾き $\dfrac{\Delta x}{\Delta t}$ ⇒ 速度

実際に，前ページの x-t グラフを見ながら，その傾きを読み取ってみましょう。(A)の場合 12m/s，(B)の場合 −12m/s となるので，前ページで求めた速度 v の計算結果と，一致していることがわかりますね。

v-t グラフ

次に，v-t グラフをかいてみましょう。

(A)では $v=12$m/s，(B)では $v=-12$m/s で，時刻 t によらず速度 v が一定なので，次のようになります。

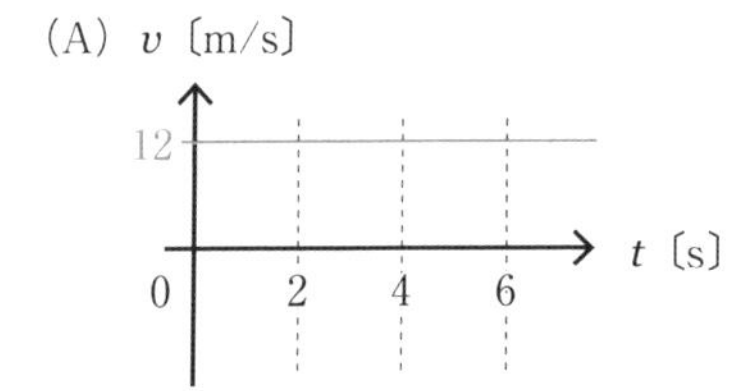

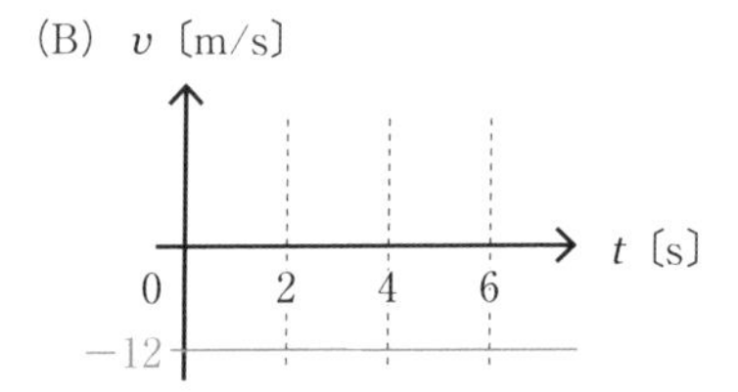

v-t グラフと横軸の間の面積は何を表しているか？

最後に，**v-t グラフと横軸の間の面積**について考えてみましょう。
上の v-t グラフを使って面積を計算してみます。

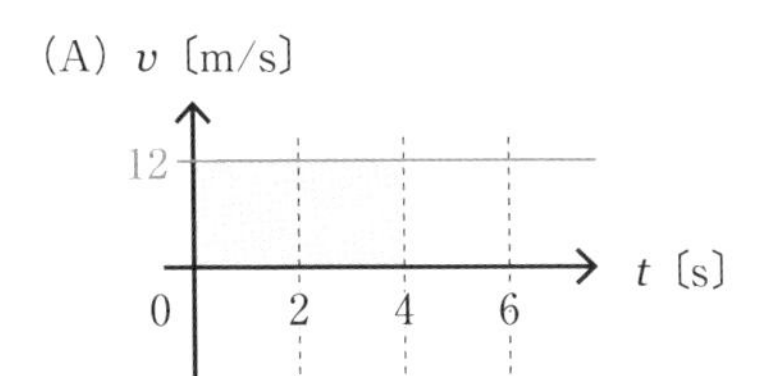

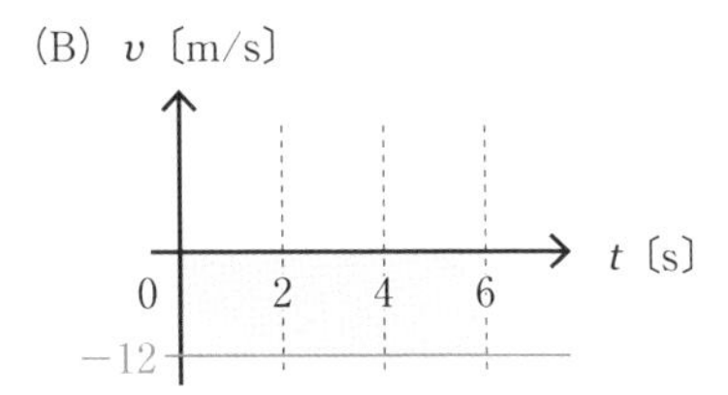

グラフ(A)において，0s から 4s までの面積を計算すると，次の式のようになります。

(A)の場合：12〔m/s〕×4〔s〕=48〔m〕

48m というのは，0s から 4s までの変位となっていることに気づきましたか？　***v-t* グラフと横軸の間の面積は，変位を表す**のです。

POINT

v-t グラフと横軸の間の面積　⇒　変位

ここで，変位(v-t グラフと横軸の間の面積)には正と負の符号があることに気をつけましょう。**横軸より上の面積は正，横軸より下の面積は負**の値となります。

グラフ(B)において，0s から 6s までの変位は次の式のようになります。

(B)の場合：−12〔m/s〕×6〔s〕= −72〔m〕

18 ページの図(B)を見て，0s から 6s までの変位が −72m になっていることを確認してみてください。

このように，物体の運動をグラフにかいたり，または逆に，グラフから運動のようすを読み取ったりすることは，今後の物理の学習にとって，とても大切な要素となってきます。

4 加速度

\押さえよ/

加速度 $a=\dfrac{\Delta v}{\Delta t}$ ⇒ 1秒あたりの速度変化

加速度について学ぶ前に，速度の式をおさらいしておきましょう。

速度 $v=\dfrac{\Delta x}{\Delta t}$ ⇒ 1秒あたりの変位

P.13

加速度の式 $a=\dfrac{\Delta v}{\Delta t}$ と速度の式 $v=\dfrac{\Delta x}{\Delta t}$ は，よく似ていますが意味は異なるので注意しましょう。この2つの式を比べながら，加速度についてしっかり理解していきましょう。

加速度のイメージをつかむために，具体例を通して考えていきます。次の図(A)，(B)のように，x軸上を進む自動車について考えます。

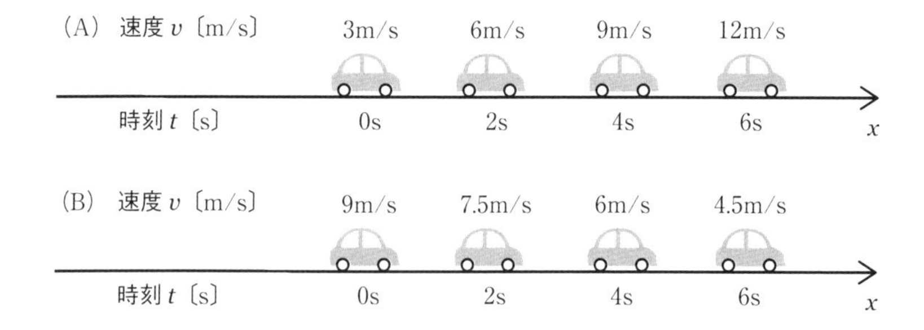

図(A)では，時刻0sのときの速度が3m/s，2sのとき6m/s，4sのとき9m/s，6sのとき12m/sで，自動車はx軸の正の向きに進み，加速しているイメージですね。

図(B)では，時刻0sのときの速度が9m/s，2sのとき7.5m/s，4sのとき6m/s，6sのとき4.5m/sで，自動車はx軸正の向きに進み，減速しているイメージです。

加速度の式 $a=\frac{\Delta v}{\Delta t}$ は何を表しているか？

加速度の定義式 $a=\frac{\Delta v}{\Delta t}$ は何を表しているのでしょうか？

速度の定義式 $v=\frac{\Delta x}{\Delta t}$ と比較しながら考えていきましょう。**$\frac{\Delta x}{\Delta t}$ は1秒あたりの変位**を表していました。これと同様に，$\frac{\Delta v}{\Delta t}$ は1秒あたりの速度変化を表していることになります。**1秒間に速度がどれだけ変化しているか**？という意味です。これが $a=\frac{\Delta v}{\Delta t}$ の正体，加速度なのです。加速度の定義式 $a=\frac{\Delta v}{\Delta t}$ はとても大切な式なので，ここでしっかり覚えてしまいましょう。

POINT

加速度　$a=\frac{\Delta v}{\Delta t}$　⇒　1秒あたりの速度変化

加速度の計算をしてみよう

それでは，加速度の定義式を使って，具体例(A)，(B)の加速度をそれぞれ計算してみましょう。図(A)では，2秒間に速度が3m/sずつ増加し，図(B)では，2秒間に速度が1.5m/sずつ減少しているので，次のようになります。

(A)の場合：$a=\frac{\Delta v}{\Delta t}=\frac{3\text{m/s}}{2\text{s}}=1.5\text{m/s}^2$

(B)の場合：$a=\frac{\Delta v}{\Delta t}=\frac{-1.5\text{m/s}}{2\text{s}}=-0.75\text{m/s}^2$

(A)も(B)も，自動車はx軸の正の向きに進んでいるのに，加速度の符号は(A)では正，(B)では負となっています。どういう意味でしょうか？

(A)では速度変化が正(速度が増加している)なので**x 軸の正の向きに加速**していることがわかります。イメージと一致しますね。そして，加速度は正で，加速度の向きは x 軸正の向きになります。

(B)では速度変化が負(速度が減少している)なので**x 軸の正の向きに減速**していることがわかります。これもイメージどおりですね。そして，加速度は負で，加速度の向きは x 軸負の向きになります。また，**x 軸の正の向きに減速している**ことと，**x 軸の負の向きに加速している**ことは同じことなので，どちらも加速度は負で，その向きは x 軸負の向きです。つまり，加速度は変位や速度と同様に，大きさと向きをもつ量なのでベクトルです。

変位，速度，加速度 ⇒ ベクトル

v-t グラフの傾きは何を表しているか？

まず，x-t グラフについて，少しおさらいをしておきましょう。

復習 x-t グラフの傾き $\dfrac{\Delta x}{\Delta t}$ ⇒ 速度

P.20

3で，**x-t グラフの傾き $\dfrac{\Delta x}{\Delta t}$** は1秒あたりの変位なので，すなわち**速度 v** であることを学びました。今回も同じように考えてみましょう。

v-t グラフの傾き $\dfrac{\Delta v}{\Delta t}$ は1秒あたりの速度変化なので，すなわち**加速度 a** を表していることになります。

v-t グラフの傾き ⇒ 加速度

具体例(A)，(B)では加速度が一定であるので v-t グラフの傾きが一定となり，v-t グラフをかくとそれぞれ次の図のように直線のグラフになります。v-t グラフのかきかたは3で学んだように，いくつかの点 $(t,\ v)$ を座標に打ち，それらの点を線で結べばできますね。

実際に，次の v-t グラフを見ながらその傾きを読み取ってみると，(A)の場合 $1.5\mathrm{m/s^2}$，(B)の場合 $-0.75\mathrm{m/s^2}$ となっていて，23ページで求めた計算値と一致していることが確認できます。

復習 v-t グラフと横軸の間の面積 ⇒ 変位

P.21

v-t グラフで変位を計算してみよう

3の具体例では求める v-t グラフの面積は長方形でしたが，長方形でなくても面積が求められる図形であれば，変位 x を求めることができます。

では，(A)，(B)の0sから4sまでの変位 x を求めてみましょう。

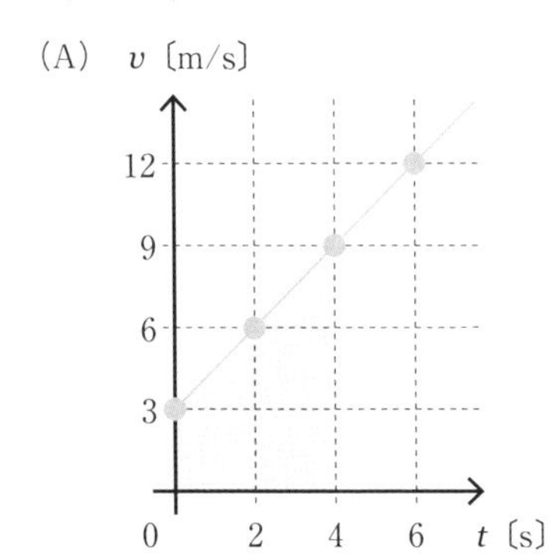

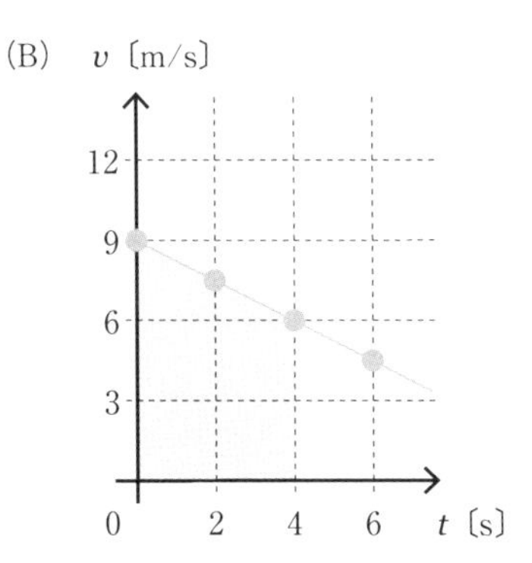

(A)，(B)は v-t グラフと x 軸の間の形が共に台形なので

$$\textbf{台形の面積} = (\textbf{上底}+\textbf{下底})\times\textbf{高さ}\times\frac{1}{2}$$

の式を使って求めます。よって，(A)，(B)の0sから4sまでの変位 x は，

次のようになります。

(A)の場合：$x=(3+9)\times4\times\dfrac{1}{2}=24\mathrm{m}$

(B)の場合：$x=(6+9)\times4\times\dfrac{1}{2}=30\mathrm{m}$

5 等加速度直線運動

▽解説動画

\押さえよ/ →

等加速度直線運動の3公式

公式1. $v = v_0 + at$

公式2. $x = v_0 t + \frac{1}{2}at^2$

公式3. $v^2 - v_0^2 = 2ax$

等加速度直線運動とは，**一定の加速度で直線上を進む運動**のことです。等加速度直線運動に関する問題を解くときは，上の3つの公式を使います。

今回は，等加速度直線運動の3公式の導きかたについて学習しましょう。

次の図のように，物体が一定の加速度 a〔m/s²〕で x 軸上を運動しています。はじめの位置を原点O，はじめの速度（初速度）を v_0〔m/s〕とします。

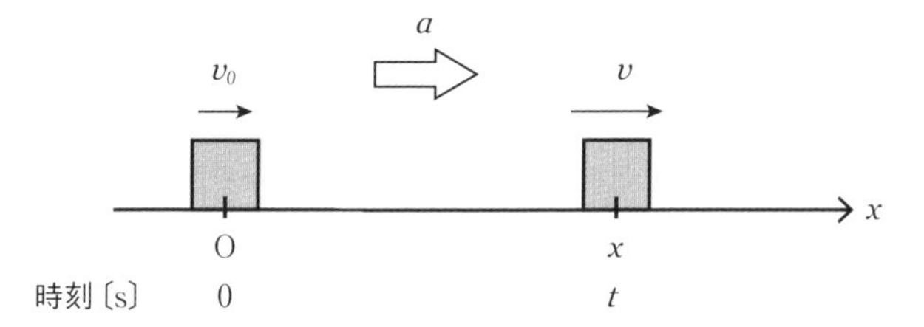

公式1を導こう

まず，**t 秒後の速度 v〔m/s〕を求める式**（公式1. $v = v_0 + at$）を導いてみましょう。

ここで復習です。加速度 a は，次の式で表すことができましたね。

復習 加速度 $a=\dfrac{\Delta v}{\Delta t}$ ⇒ 1秒あたりの速度変化

P.23

前ページの図を見ながら，上式に当てはめると，速度変化は $\Delta v=v-v_0$，経過時間は $\Delta t=t-0=t$ なので，加速度 $a=\dfrac{\Delta v}{\Delta t}$ は，次のように表されます。

$$a=\frac{v-v_0}{t}$$

$$at=v-v_0$$

$$\boldsymbol{v=v_0+at} \qquad \cdots ①$$

これで t 秒後の速度 v〔m/s〕を求める式(公式1)を導くことができました。

POINT

公式1. $v=v_0+at$

公式2を導こう

次に，**t 秒後の変位 x〔m〕を求める式**（公式2. $x=v_0t+\dfrac{1}{2}at^2$）を導いてみましょう。まず，①式を v-t グラフで表してみます。

①式の v_0，a は定数，v，t は変数ですから，**v は t の1次関数**になります。したがって，①式の表す v-t グラフは右の図のように，**切片が v_0，傾きが a の直線**のグラフになりますね。

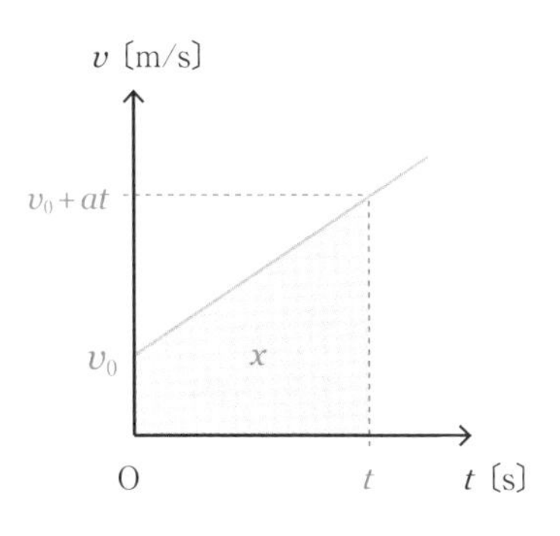

変位 x は v-t グラフと横軸の間の面積で表されるので，上の図の色をつけた部分の面積を求めればよいことになります。色をつけた部分の図形は台形ですから，**(上底＋下底)×高さ×$\dfrac{1}{2}$** より面積が求められ，変位 x は次の

ように表すことができます。

$$x=(v_0+v_0+at)\times t\times\frac{1}{2}$$

$$x=v_0t+\frac{1}{2}at^2 \qquad \cdots②$$

これで，t 秒後の変位 x〔m〕を求める式(公式 2)を導くことができました。

POINT

公式 2.　$x=v_0t+\frac{1}{2}at^2$

公式 3 を導こう

最後に①，②式より **t を含まない関係式**(公式 3.　$v^2-v_0^2=2ax$)を導いてみましょう。

①より　$t=\dfrac{v-v_0}{a}$　を②に代入すると

$$x=v_0\times\frac{v-v_0}{a}+\frac{a}{2}\times\left(\frac{v-v_0}{a}\right)^2$$

$$x=\frac{1}{2a}(2v_0v-2v_0^2+v^2-2v_0v+v_0^2)$$

$$x=\frac{1}{2a}(v^2-v_0^2)$$

$$v^2-v_0^2=2ax$$

これで，t を含まない関係式(公式 3)を導くことができました。

POINT

公式 3.　$v^2-v_0^2=2ax$

これで，3 つの公式をすべて導くことができました。これから等加速度直線運動を扱うときには，この 3 つの公式を使って解いていくことになるので，ここでしっかり 3 公式とも覚えてしまいましょうね。

6 等加速度直線運動3公式の使いかた

P.26

等加速度直線運動の3公式

公式1. $v = v_0 + at$

公式2. $x = v_0 t + \frac{1}{2}at^2$

公式3. $v^2 - v_0{}^2 = 2ax$

今回は，前回導いた等加速度直線運動の3公式の使いかたについて学んでいきましょう。

やってみよう Q

x 軸上を一定の加速度で運動する物体について考える。物体は，時刻0sのときに原点Oを速度3m/sで通過し，時刻2sのときに速度1m/sになった。

まず，問題を読んだら図をかいてみましょう。下の図のようになりますね。

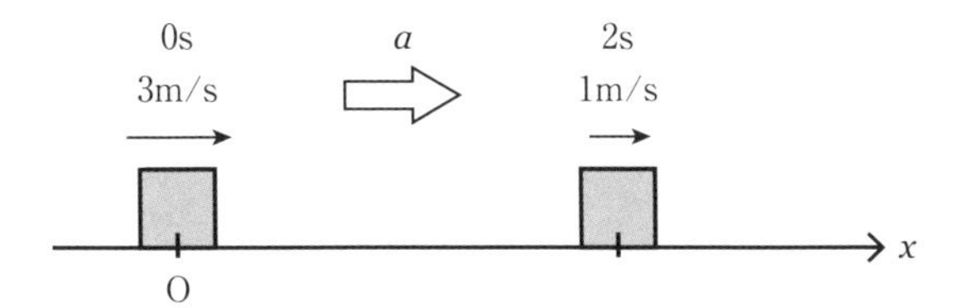

Q (1) 物体の加速度はいくらか。

まず，わかっている値を整理しましょう。時刻0sのときの速度は3m/sなので，初速度 $v_0 = 3$ となります。また，時刻2sのときの速度は1m/sなので，$t = 2$，$v = 1$ となります。

次に，3つある公式の中でどれを使えばよいかを考えましょう。$v_0 = 3$，$t = 2$，$v = 1$ が与えられていて，加速度 a を求めるのだから，v_0，t，v，

aを含む公式1($\boldsymbol{v = v_0 + at}$)を使います。では，代入計算をしてみましょう。

解答

$v = v_0 + at$ に $v = 1$，$v_0 = 3$，$t = 2$ を代入して

$$1 = 3 + a \times 2$$

$$a = -1$$

$\boldsymbol{a = -1\mathrm{m/s^2}}$ ……答

＼つづき／

Q (2) 時刻4sのとき，物体の原点Oからの変位(位置座標)はいくらか。

まず，わかっていることを整理します。(1)より $v_0 = 3$，$a = -1$ がわかっていて，時刻が4sなので $t = 4$ も条件となりますね。

$v_0 = 3$，$a = -1$，$t = 4$ が与えられていて，変位xを求めるのだから，公式2$\left(\boldsymbol{x = v_0 t + \frac{1}{2}at^2}\right)$がよさそうです。では，代入計算をしてみましょう。

解答

$x = v_0 t + \frac{1}{2}at^2$ に $v_0 = 3$，$t = 4$，$a = -1$ を代入して

$$x = 3 \times 4 + \frac{1}{2} \times (-1) \times 4^2 = 4$$

$\boldsymbol{x = 4\mathrm{m}}$ ……答

＼つづき／

Q (3) 物体の速度が0となる位置座標はどこか。

$v_0 = 3$，$a = -1$ がわかっていて，速度 $v = 0$ が与えられているので，位置座標(原点Oからの変位x)を求めるには，公式3($\boldsymbol{v^2 - v_0^2 = 2ax}$)がよさそうですね。では，代入計算をしてみましょう。

解答

$v^2 - v_0^2 = 2ax$ に $v = 0$，$v_0 = 3$，$a = -1$ を代入して

$$0^2 - 3^2 = 2 \times (-1) \times x$$

$$x = 4.5$$

$\boldsymbol{x = 4.5\mathrm{m}}$ ……答

(4) 物体が原点 O に戻ってくる時刻はいつか。

$v_0 = 3$, $a = -1$ がわかっていて，物体が原点に戻ってくるとき，変位 $x = 0$ になるので，時刻 t を求めるには公式 2 $\left(x = v_0 t + \frac{1}{2}at^2 \right)$ がよさそうですね。

解答

$x = v_0 t + \frac{1}{2}at^2$ に $x = 0$, $v_0 = 3$, $a = -1$ を代入して

$$0 = 3 \times t + \frac{1}{2} \times (-1) \times t^2$$

$$0 = 6t - t^2$$

$$t(t-6) = 0$$

$$t = 0,\ 6$$

$t \fallingdotseq 0$ より $t = 6$

$t = 6$s ……答

2つ目の公式で時刻 t を求めるときは，t に関する2次方程式を解くことになるので解が2つ出てくるときがあります。このような場合，どちらが正解なのか，あるいは両方とも正解なのか，問題をよく読んで判断してくださいね。

(4)に似た例として，$x = 4$ の位置に到達する時刻 t を求めてみましょう。

解答

$x = v_0 t + \frac{1}{2}at^2$ に $x = 4$, $v_0 = 3$, $a = -1$ を代入して

$$4 = 3 \times t + \frac{1}{2} \times (-1) \times t^2$$

$$8 = 6t - t^2$$

$$t^2 - 6t + 8 = 0$$

$$(t-2)(t-4) = 0$$

$$t = 2,\ 4$$

$t > 0$ より両方条件を満たすので

$t = 2,\ 4$

$t = 2$s, 4s ……答

(5) 速度 v〔m/s〕と時刻 t〔s〕の関係を表すグラフをかけ。

v-t グラフは，公式 1($v = v_0 + at$)をもとに，かくことができます。

解答

$v = v_0 + at$ に $v_0 = 3$，$a = -1$ を代入して

$$v = 3 - t$$

切片は 3，傾きは −1 なので，v-t グラフは右図のようになる。

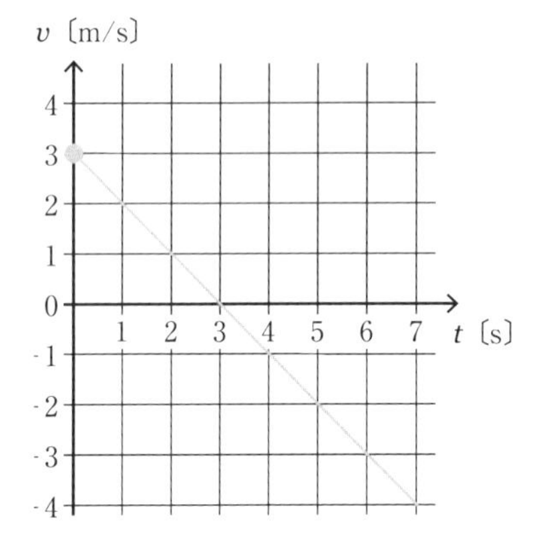

……答

最後に，v-t グラフについておさらいをしておきましょう。

P.21 P.24

v-t グラフの傾き ⇒ 加速度

v-t グラフと横軸の間の面積 ⇒ 変位

(5) でかいた v-t グラフの傾きが，(1) で求めた加速度 $a = -1$ と一致していることを確かめてください。さらに，$t = 4$s までの v-t グラフと t 軸の間の面積が，(2) で求めた変位 $x = 4$ になっていることも確認できると思います。$t = 0 \sim 3$s は三角形正の面積で 4.5，$t = 3 \sim 4$s は三角形負の面積で −0.5，合わせて $x = 4$ になっていますね。

7 自由落下運動

解説動画

手に持ったボールをパッとはなすとボールは鉛直下向きに落下していきます。地球上にあるすべての物体には重力がはたらいているので，当たり前ですね。

仮に空気抵抗がないとすると，地表付近では，物体は質量によらず一定の加速度で落下していきます。このように，**初速度0で物体が落下する運動**のことを**自由落下運動**といいます。手に持ったボールをパッとはなしたときの運動も，空気抵抗がなければ自由落下運動になります。

補足

実際は，地球上で運動する物体には空気抵抗がはたらきます。例えば，小石と葉っぱを同時にパッとはなすと小石の方が速く落下していきますね。これは葉っぱの方が空気抵抗を受けやすい形になっているからです。空気抵抗のない真空中では，小石と葉っぱはちゃんと同時に地面に落下します。

この落下する一定の加速度のことを**重力加速度**といいます。**重力加速度の大きさ g** の具体的な値は**約 $9.8\mathrm{m/s^2}$** です。

ここまでを整理しておきます。**自由落下運動は，初速度が0，加速度が鉛直下向きで大きさ g の等加速度直線運動**です。

それでは，実際に問題を解いてみましょう。

やってみよう Q

物体を自由落下させる。物体のはじめの位置を原点Oとし，鉛直方向下向きをx軸正の向きとする。また，物体が落下し始めた時刻を$t=0$sとし，重力加速度の大きさをg〔m/s^2〕とする。

問題文を読んで，その設定を図で表してみましょう。右の図のようになりますね。

解答を始める前に，等加速度直線運動の3公式をもう一度確認しておきましょう。

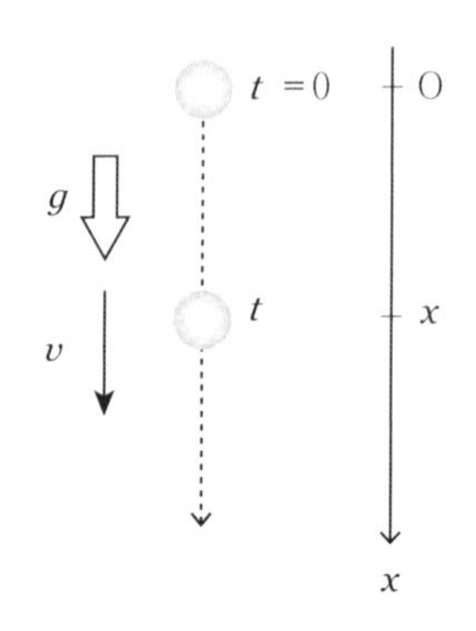

復習 P.26

等加速度直線運動の3公式

公式1. $v=v_0+at$

公式2. $x=v_0t+\frac{1}{2}at^2$

公式3. $v^2-v_0^2=2ax$

公式はそろそろ覚えられましたか？　公式は覚えることと，問題によって使い分けられるようになることが大切です。ここでは，等加速度直線運動の3公式を自由落下運動に適用することを考えます。

(1) 時刻 t〔s〕での物体の速度 v〔m/s〕を求めよ。

まず，問題の情報を整理しましょう。自由落下なので初速度は $v_0=0$，加速度は $a=g$，時刻 t での速度 v を求めるのだから，**公式 1**（$\boldsymbol{v=v_0+at}$）を使えばいいですね。

では，代入計算をしてみましょう。

解答

$v=v_0+at$ に $v_0=0$，$a=g$ を代入して

$$v=gt$$

(2) 時刻 t〔s〕での物体の位置 x〔m〕を求めよ。

(1)と同じようにわかっている情報を整理すると，$v_0=0$，$a=g$，時刻 t での位置 x を求めるのだから，**公式 2**$\left(\boldsymbol{x=v_0t+\frac{1}{2}at^2}\right)$を使えばいいですね。

解答

$x=v_0t+\frac{1}{2}at^2$ に $v_0=0$，$a=g$ を代入して

$$x=\frac{1}{2}gt^2$$

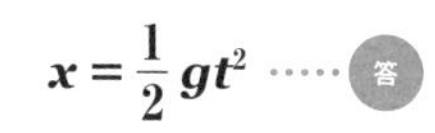

(3) 位置 x〔m〕における物体の速度 v〔m/s〕を求めよ。

$v_0=0$, $a=g$ がわかっていて，位置 x における速度 v を求めればよいので，**公式 3**（$\boldsymbol{v^2-v_0^2=2ax}$）を使えばいいですね。

では，代入計算をしてみましょう。

解答

$v^2-v_0^2=2ax$ に $v_0=0$，$a=g$ を代入して

$$v^2=2gx$$

$v>0$ なので

$$v=\sqrt{2gx}$$

$\boldsymbol{v=\sqrt{2gx}}$ …… 答

8 鉛直投げ上げ運動

今回は鉛直投げ上げ運動について学んでいきます。鉛直投げ上げ運動とは，**鉛直上向きに物体を投げ上げる運動**のことをいいます。例えば，野球のキャッチャーフライやバレーボールのトスのように，真上に投げ上げられた物体の運動は，鉛直投げ上げ運動です。

では，実際に問題を解きながら考えていきましょう。

物体を初速度 v_0〔m/s〕で鉛直投げ上げ運動させる。物体のはじめの位置を原点Oとし，鉛直上向きを x 軸正方向とする。また，投げ上げた時刻を $t=0$s とし，重力加速度の大きさを g〔m/s^2〕とする。

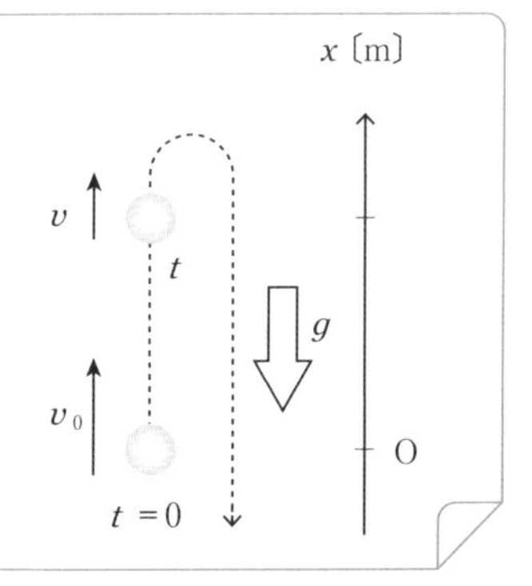

鉛直投げ上げ運動も等加速度直線運動になるので，問題を解く前に3公式を確認しておきましょう。3公式ともしっかり覚えておいてください。確認はこれで最後にしますよ。

P.26

等加速度直線運動の3公式

公式1. $v = v_0 + at$

公式2. $x = v_0 t + \frac{1}{2}at^2$

公式3. $v^2 - v_0^2 = 2ax$

(1) 時刻 t〔s〕での物体の速度 v〔m/s〕を求めよ。

問題の情報を整理しましょう。**重力加速度の向きは x 軸の負の向きなので加速度は，$a = -g$** となることに注意してください。初速度 v_0，時刻 t での速度 v を求めるのだから，公式1を使えばいいですね。では，代入計算をしてみましょう。

解答

$v = v_0 + at$ に $a = -g$ を代入して

$$v = v_0 - gt$$

$\boldsymbol{v = v_0 - gt}$ …… 

(2) 時刻 t〔s〕での物体の位置 x〔m〕を求めよ。

問題の条件を整理すると，$a = -g$，v_0 はそのままで，時刻 t での位置 x を求めるのだから，公式2を使えばいいですね。

解答

$x = v_0t + \frac{1}{2}at^2$ に $a = -g$ を代入して

$$x = v_0t - \frac{1}{2}gt^2$$

$\boldsymbol{x = v_0t - \frac{1}{2}gt^2}$ …… 答

(3) 物体が最高点に到達する時刻 t_1〔s〕を求めよ。

まず，この問題文中にある「**最高点**」という**キーワードの扱いかた**を考えてみましょう。鉛直に投げ上げられた物体は，徐々に減速し，最高点で一瞬止まります。したがって**最高点では，速度 $v = 0$** となります。

問題の情報を整理すると，$v = 0$，v_0 はそのままで，$a = -g$，$t = t_1$ として，これを求めればよいので，公式1を使えばいいですね。

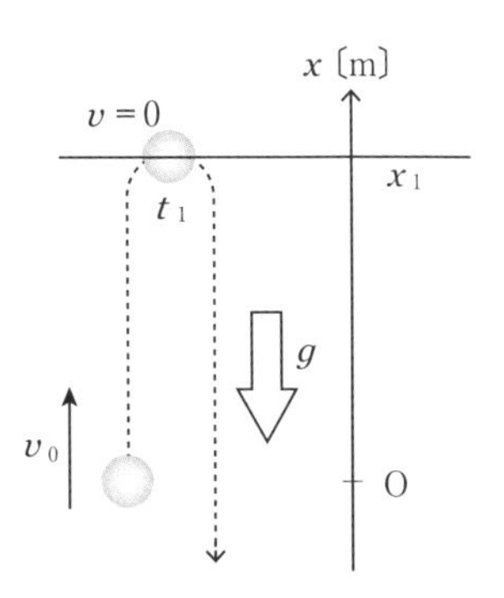

解答 $v=v_0+at$ に $v=0$, $a=-g$, $t=t_1$ を代入して

$$0=v_0-gt_1$$

$$t_1=\frac{v_0}{g}$$

$$\boldsymbol{t_1=\frac{v_0}{g}}$$ ……答

POINT

最高点 ⇒ 速度の鉛直成分が0

つづき Q

(4) 最高点の座標 x_1〔m〕を求めよ。

この問題は(3)の答えを使っても求めることはできますが，(4)は時刻 t が直接問題に関わっていないので，公式3を使ってみましょう。問題の情報を整理すると，最高点なので $v=0$, v_0 はそのままで，$a=-g$, $x=x_1$ として，これを求めればよいので，公式3に代入していきましょう。

解答 $v^2-v_0{}^2=2ax$ に $v=0$, $a=-g$, $x=x_1$ を代入して

$$0^2-v_0{}^2=2\times(-g)\times x_1$$

$$x_1=\frac{v_0{}^2}{2g}$$

$$\boldsymbol{x_1=\frac{v_0{}^2}{2g}}$$ ……答

つづき Q

(5) 物体が原点Oに戻ってくる時刻 t_2〔s〕を求めよ。

問題の情報を整理すると，原点Oなので，$x=0$, v_0 はそのままで，$a=-g$, $t=t_2$ として，これを求めるのだから，公式2を使えばいいですね。原点Oに戻ってくるまで時間は経過しているので，$t_2 \neq 0$ です。

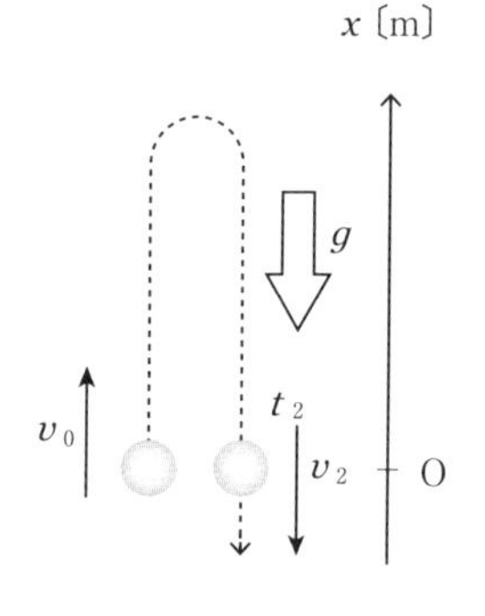

解答

$x=v_0t+\frac{1}{2}at^2$ に $x=0$, $t=t_2$, $a=-g$ を代入して

$$0=v_0t_2-\frac{1}{2}gt_2{}^2$$

$t_2 \neq 0$ より

$$t_2=\frac{2v_0}{g}$$

$\boldsymbol{t_2=\frac{2v_0}{g}}$ ……答

(6) 物体が原点Oに戻ってくるときの速度 v_2〔m/s〕を求めよ。

問題の情報を整理すると，v_0 はそのまま，$a=-g$，原点Oに戻ってくるので $x=0$，$v=v_2$ として，これを求めるのだから，公式3を使えばいいですね。原点Oに戻ってきたとき，速度 v_2 は鉛直下向きなので，$v_2<0$ です。

解答

$v^2-v_0{}^2=2ax$ に $v=v_2$, $a=-g$, $x=0$ を代入して

$$v_2{}^2-v_0{}^2=2\times(-g)\times 0$$

$$v_2{}^2=v_0{}^2$$

$v_2<0$ より

$$v_2=-v_0$$

$\boldsymbol{v_2=-v_0}$ ……答

9　水平投射

解説動画

＼押さえよ／

放物運動
水平方向　⇒　等速直線運動
鉛直方向　⇒　等加速度直線運動

今回は水平投射について学んでいきます。水平投射とは，**水平に投げ出したときの物体の運動**のことです。

それでは，くわしく見ていきましょう。

小球を水平方向に初速度 v_0〔m/s〕で投げ出します。投げた時刻を $t=0$s，はじめの位置を原点Oとします。初速度の向きに x 軸をとり，鉛直下向きに y 軸をとります。小球は xy 平面内で運動するものとし，重力加速度の大きさを g〔m/s^2〕とします。

この設定を図にしてみると右図のようになります。

等速直線運動
O
v_0
x〔m〕
$t=0$
g
y〔m〕

小球の xy 平面内での運動を，**水平（x 軸）方向と鉛直（y 軸）方向に分けて考えていきます**。

水平（x 軸）方向の運動

まずは，水平（x 軸）方向の運動について考えてみましょう。投げ出された小球には，鉛直下向きの重力だけがはたらいています。水平方向には力がはたらいていないので，小球の**水平（x 軸）方向の運動は，一定速度 v_0〔m/s〕の等速直線運動**となります。

したがって，時刻 t〔s〕での小球の速度の x 成分 v_x〔m/s〕は

$$\boldsymbol{v_x = v_0}$$

また，位置座標 x〔m〕は次のようになります。

$$\boldsymbol{x = v_0 t} \quad \cdots ①$$

鉛直（y 軸）方向の運動

次に鉛直（y 軸）方向の運動について考えてみましょう。投げ出された小球は，重力に引かれて**鉛直（y 軸）方向には等加速度直線運動**をします。時刻 t〔s〕での小球の速度の y 成分 v_y〔m/s〕と位置座標 y〔m〕は，**等加速度直線運動の 3 公式**を使って求めることができます。公式の確認はしませんが，大丈夫ですか。忘れてしまった人は，前に戻って覚えなおしてください。小球は水平方向に投げ出されたので，**鉛直方向の初速度は 0** ですね。また，重力加速度は下向きで大きさが g なので，$a = g$ となります。**y 軸は鉛直方向の下向きが正なので加速度 a も $-g$ ではなく g になっていることに注意**しましょう。

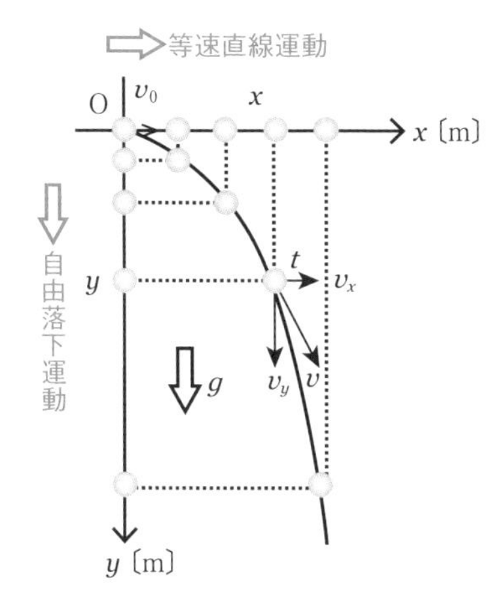

では，公式に当てはめていきます。時刻 t での小球の速度の y 成分 v_y は

$$v = v_0 + at$$

に $v = v_y$，$v_0 = 0$，$a = g$ を代入して

$$\boldsymbol{v_y = gt}$$

となります。また，時刻 t での小球の位置座標 y は

$$x = v_0 t + \frac{1}{2}at^2$$

に $x = y$，$v_0 = 0$，$a = g$ を代入して

$$\boldsymbol{y = \frac{1}{2}gt^2} \quad \cdots ②$$

となります。

POINT

放物運動
水平方向 ⇒ 等速直線運動
鉛直方向 ⇒ 等加速度直線運動

経路を表す式を求めよう

位置座標x, yをtの関数として表すことができたので，最後に2つの式からtを消去して，xとyの関係式を求めてみましょう。

①より，$t=\frac{x}{v_0}$なので，これを②に代入すると

$$y=\frac{1}{2}g\left(\frac{x}{v_0}\right)^2$$

$$\boldsymbol{y=\frac{g}{2v_0{}^2}x^2}$$

となります。

この式は位置座標x, yの関係式なので，小球の運動の経路を表しています。$y=○x^2$の形をしているので，運動の経路は，**投げ出した点(原点O)を頂点とする放物線**になっていることがわかりますね。

10 斜方投射①

◉解説動画

今回は，物体を**斜め上方に投げ上げたときの運動**，斜方投射について学んでいきます。

水平右向きにx軸，鉛直上向きにy軸をとり，小球を原点Oから斜め上方に投げ出します。このときの時刻を$t=0$sとします。小球はxy平面内を運動するものとし，初速度は大きさv_0〔m/s〕で，x軸より角θ上向きです。重力加速度の大きさはg〔m/s^2〕とします。

この設定を図で表してみると，右図のようになりますね。

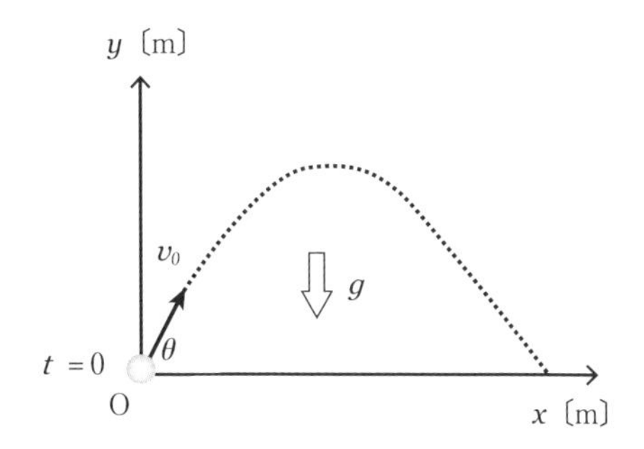

9と同様に，**水平(x軸)方向の運動と鉛直(y軸)方向の運動に分けて考えていきましょう。**

水平(x軸)方向の運動について考えよう

まずは，水平(x軸)方向の運動についてです。重力は水平方向にははたらかないので，**水平方向の運動は等速直線運動**となります。また，初速度のx成分はθを用いて$v_0\cos\theta$〔m/s〕と表すことができます。

したがって，時刻t〔s〕での小球の速度のx成分v_x〔m/s〕は

$$\boldsymbol{v_x = v_0\cos\theta}$$

位置座標x〔m〕は

$$\boldsymbol{x = (v_0\cos\theta)t} \quad \cdots①$$

となります。

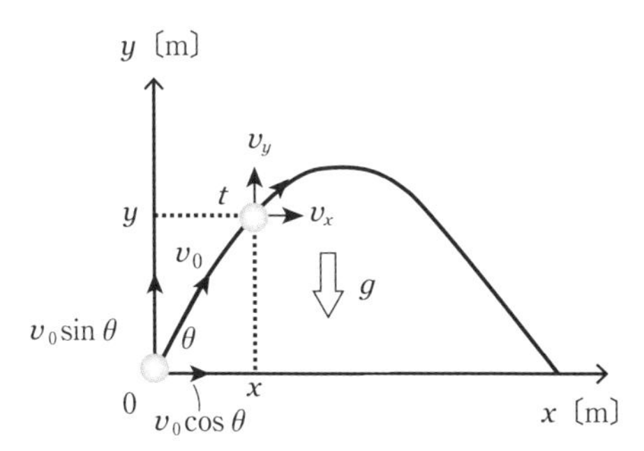

鉛直(y 軸)方向の運動について考えよう

次に，鉛直(y 軸)方向の運動について考えてみましょう。**初速度の y 成分は $v_0\sin\theta$**〔m/s〕ですね。また，前ページの図を見ると，y 軸の正の向きは鉛直上向きで重力加速度は鉛直下向きなので，**加速度は $a=-g$**〔m/s²〕となります。

よって，時刻 t〔s〕での小球の速度の y 成分 v_y〔m/s〕は

$$v=v_0+at$$

に　$v=v_y$，$a=-g$，v_0 には $v_0\sin\theta$ を代入します。

ここで，公式中にある v_0 は「初速度」の意味を表す記号ですから，v_0 には初速度の y 成分 $v_0\sin\theta$ を代入しなければなりません。

これらを代入すると

$$\boldsymbol{v_y=v_0\sin\theta-gt}$$

となります。

次に，時刻 t〔s〕での小球の位置座標 y〔m〕は次のように求めます。

$$x=v_0t+\frac{1}{2}at^2$$

に　$x=y$，$a=-g$，さらに v_0 に $v_0\sin\theta$ を代入して

$$\boldsymbol{y=(v_0\sin\theta)t-\frac{1}{2}gt^2}\quad\cdots②$$

だんだん式が複雑になってきましたが，心配しないでくださいね。わかっている条件を整理して，どの公式を用いればよいかを考えて，その式に文字を代入するというプロセスはいつも同じです。あせらずに考えれば必ず答えにたどり着けるので，じっくり取り組んでください。

経路を表す式を求めよう

位置座標x，yをtの関数として表すことができました。最後に2つの式から，**tを消去してxとyの関係式**(**経路を表す式**)を求めていきましょう。

①より，$t=\dfrac{x}{v_0\cos\theta}$

これを②に代入すると

$$y=v_0\sin\theta\times\frac{x}{v_0\cos\theta}-\frac{1}{2}g\times\left(\frac{x}{v_0\cos\theta}\right)^2$$

$$\boldsymbol{y=-\frac{g}{2v_0{}^2\cos^2\theta}x^2+(\tan\theta)x}$$

となります。

yはxの2次関数で，$x=0$とすると$y=0$なので，経路は**原点を通る放物線**になりますね。水平投射や斜方投射で学習したように，空中に投げ出された物体は，鉛直下向きの重力だけを受けて運動するので，水平方向には等速直線運動，鉛直方向には等加速度直線運動をします。そして，**運動の経路は2次関数で表され**，**放物線**になります。

P.42

放物運動

水平方向　⇒　等速直線運動

鉛直方向　⇒　等加速度直線運動

11 斜方投射②

今回は，斜方投射の２回目です。実際に問題を解きながら，理解を深めていきましょう。

水平な地面から60°上向きに初速度 v_0 で物体を投げ出した。重力加速度の大きさを g として，次の問いに答えよ。

まず，この問題には座標軸が設定されていないので，水平右向きに x 軸，鉛直上向きに y 軸を設定しましょう。物体を投げ出した位置を原点Ｏとします。

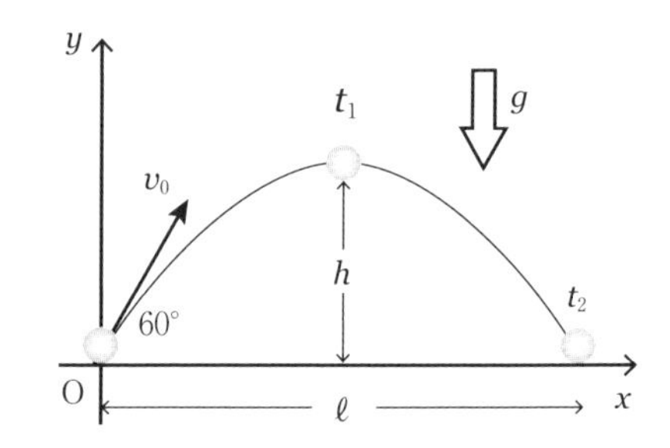

(1) 最高点における，物体の速度の向きと大きさはいくらか。

斜方投射の鉛直（y 軸）方向の運動は，鉛直投げ上げと同じ運動になります。したがって，物体が最高点にあるとき，速度の y 成分 $v_y = 0$ となります。

復習 最高点 ⇒ 速度の鉛直成分が０

P.38

水平（x 軸）方向の運動は，初速度の x 成分 $v_0\cos 60°$ の等速直線運動となるので，最高点における物体の速度は，x 成分 v_x のみで表され，次のようになります。

解答　$v_x = v_0\cos 60° = \dfrac{v_0}{2}$

最高点における速度の向きは水平方向，大きさは$\boldsymbol{\dfrac{v_0}{2}}$ …… 

(2) 投げ出してから最高点に達するまでの時間 t_1 を求めよ。

最高点での速度の y 成分 $v_y = 0$ がわかっているので，鉛直方向の運動で考えましょう。鉛直上向きが y 軸の正の向きで，重力加速度は鉛直下向きなので $a = -g$ ですね。y 軸方向の初速度は，初速度 v_0 の y 成分 $v_0\sin 60° = \dfrac{\sqrt{3}v_0}{2}$ です。したがって，公式 1 を用いて

公式 1　$v = v_0 + at$ に $v = v_y = 0$，$a = -g$，$t = t_1$，v_0 に $\dfrac{\sqrt{3}v_0}{2}$ をそれぞれ代入して

$$0 = \frac{\sqrt{3}v_0}{2} - gt_1$$

$$t_1 = \frac{\sqrt{3}v_0}{2g}$$

$\boldsymbol{t_1 = \dfrac{\sqrt{3}v_0}{2g}}$ …… 答

(3) 最高点の高さ h を求めよ。

(2)と同じく，$v_y = 0$ を使って鉛直方向の運動で考えます。(2)と同様にして，公式 3 を用いると，次のようになります。

解答　公式 3　$v^2 - v_0{}^2 = 2ax$ に $v = v_y = 0$，$a = -g$，$x = h$，v_0 に $\dfrac{\sqrt{3}v_0}{2}$ をそれぞれ代入して

$$0^2 - \left(\frac{\sqrt{3}v_0}{2}\right)^2 = 2 \times (-g) \times h$$

$$h = \frac{3v_0{}^2}{8g}$$

$\boldsymbol{h = \dfrac{3v_0{}^2}{8g}}$ …… 答

つづき Q (4) 投げ出してから地面に達するまでの時間 t_2 を求めよ。

地面に達するとき，y 軸方向の変位は 0 なので

解答 公式 2 $x=v_0t+\frac{1}{2}at^2$ に $x=0$，$t=t_2$，$a=-g$，v_0 に $\frac{\sqrt{3}v_0}{2}$ を

それぞれ代入して

$$0=\frac{\sqrt{3}v_0}{2}t_2-\frac{1}{2}gt_2{}^2$$

$t_2 \fallingdotseq 0$ より

$$0=\frac{\sqrt{3}v_0}{2}-\frac{1}{2}gt_2$$

$$t_2=\frac{\sqrt{3}v_0}{g}$$

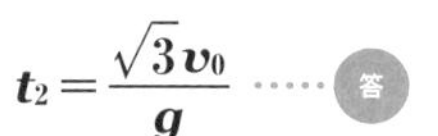

$\boldsymbol{t_2=\frac{\sqrt{3}v_0}{g}}$ …… 答

つづき Q (5) 水平到達距離 ℓ を求めよ。

物体の水平(x 軸)方向の運動は，$v_0\cos60°\left(=\frac{v_0}{2}\right)$ の等速直線運動になるので，到達時間がわかれば距離を求めることができます。到達時間は，すでに(4)で求めた t_2 です。

解答 距離＝速さ×時間 より

$$\ell=\frac{v_0}{2}\times t_2=\frac{v_0}{2}\times\frac{\sqrt{3}v_0}{g}=\frac{\sqrt{3}v_0{}^2}{2g}$$

$\boldsymbol{\ell=\frac{\sqrt{3}v_0{}^2}{2g}}$ …… 答

解答は理解できましたか。放物運動の問題を解くポイントをもう一度おさらいしておきましょう。まず，**水平方向と鉛直方向に分けて**考えます。**水平方向は等速直線運動**になります。**鉛直方向は等加速度直線運動**になり，**3 公式を使って**解いていきます。

復習 放物運動　水平方向 ⇒ 等速直線運動

鉛直方向 ⇒ 等加速度直線運動

P.42

12 力の表しかた

力とは何か？

ここからは，力について学んでいきましょう。

力という言葉は日常でもよく使われる言葉ですが，そもそも力とは，いったいどのようなものでしょうか？

力とは，物体を変形させたり，物体の運動状態を変化させたりする原因となるものです。物の形を変えたり，物を動かしたり，止めたりするときにも力ははたらきます。

力はどのように表されるのか？

力は大きさと向きをもっているので，速度や加速度と同じように**ベクトル**で表します。したがって，**力は矢印を用いて表します**。

次に，力の単位についてお話しします。力の単位は，ニュートンで記号は〔N〕です。1ニュートン〔N〕の定義については25で説明しますので，ここでは，力の単位がニュートン〔N〕であるということだけ覚えておいてください。

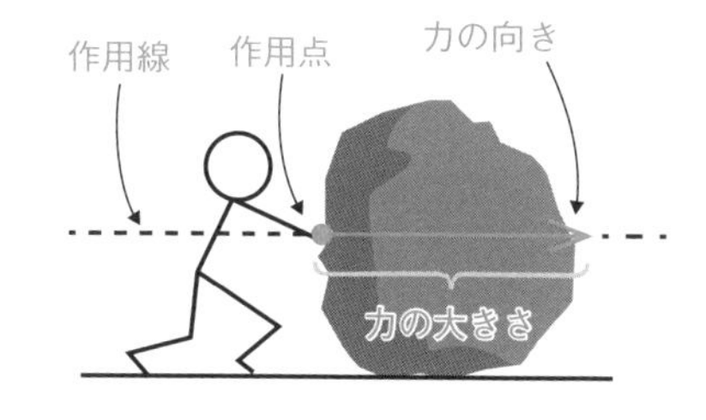

右図を見てみましょう。人が大きな岩を押していますね。**力を加える点**を作用点といいます。作用点から力の向きに矢印(ベクトル)をかき，**力の大きさはベクトルの長さで表します**。また，**力のベクトルの両端を延ばしてできる直線**のことを，作用線といいます。

では，問題によく出てくる基本的な力について，いくつか見ておきましょう。

重力

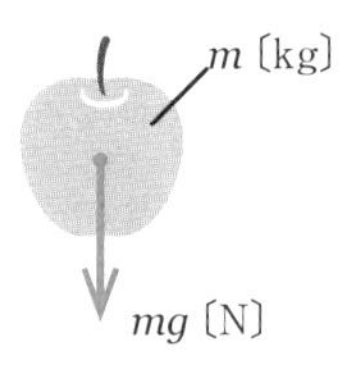

地球上にあるすべての物体は地球に引かれています。この力を重力といいます。物体にはたらく重力の向きは，地球の中心に向かう向きで，この向きを鉛直下向きといいます。

物体の質量を m〔kg〕としたとき，**重力の大きさ(重さ)**は mg〔N〕と表されます。つまり，物体の重さは質量に比例するということです。

補足

地球上では質量m〔kg〕の物体の重さはmg〔N〕ですが，月の上では重さは地球上の約6分の1，すなわち$\frac{mg}{6}$〔N〕になります。質量は物体固有の値なので，どこでもm〔kg〕のまま変化しませんが，地球に比べて質量の小さい月は地球より物体を引き付ける力が弱いため，重力加速度が小さくなります。

すなわち，重さが6分の1になるのは月の上における重力加速度が$\frac{g}{6}$になるからです。

弾性力

伸びたり縮んだりしているばねがもとの長さ(自然長)に戻ろうとして，他の物体に及ぼす力を弾性力といいます。**弾性力の大きさFは，ばねの伸び(または縮み)xに比例**し，次のように表されます。この法則をフックの法則といいます。

POINT

フックの法則　$F=kx$

F〔N〕：弾性力の大きさ
k〔N/m〕：ばね定数
x〔m〕：ばねの伸びまたは縮み

右の上の図は，伸びたばねがもとの長さ(自然長)に戻ろうとして，手に及ぼす力，すなわち，弾性力を表しています。一方，右の下の図は，縮んだばねが手に及ぼす弾性力を表しています。力の向きが変わることに気をつけましょう。

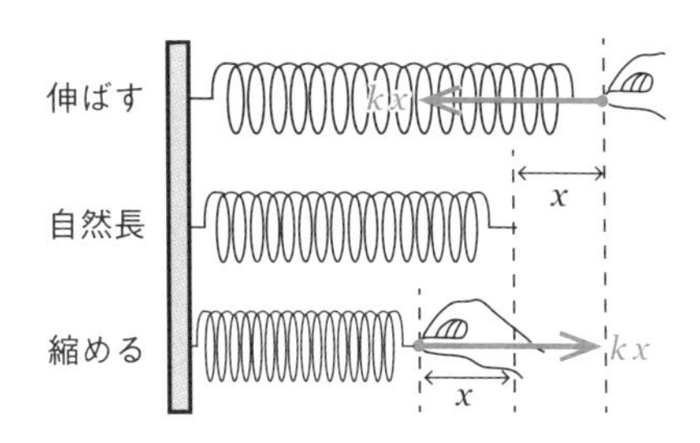

張力

ピンと張った糸が物体を糸の方向に引っ張る力を糸の**張力**といいます。なお，糸が物体につながっていてもピンと張っていなければ，張力ははたらきません。

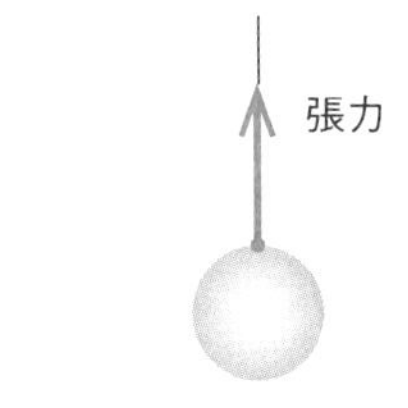

抗力

面が物体を押す力を**抗力**といいます。右図のように，机の上に物体が置かれている状態を考えてみましょう。もし机の面がなければ物体は重力によって落下してしまうので，机の面は物体を上向きに支えていることになります。この力が，物体にはたらく抗力です。

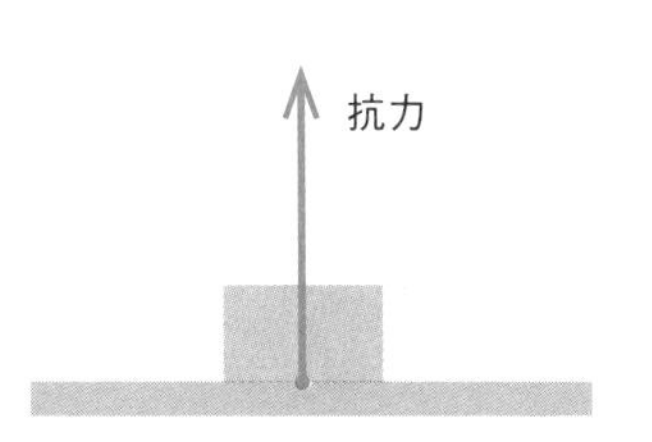

他にも摩擦力や浮力など，たくさんの力がありますが，これらは順々に学んでいきますので，今回はここまでにしておきましょう。

13 物体にはたらく力の見つけかた

物体にはたらく力の見つけかた
1.重力　2.近接力　(3.慣性力)

力学の問題を解くには，物体にはたらく力を過不足なく見つけることが大切です。今回は，物体にはたらく力の見つけかたについて学んでいきます。

質量 m の小球にばね定数 k のばねをつけて，右図のように，傾斜角30°のなめらかな斜面上に置きます。

重力加速度の大きさを g とします。

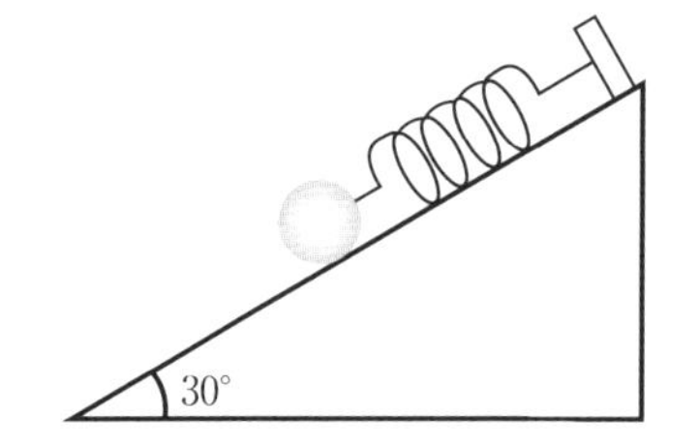

小球にはたらく力を図示しよう

問題が与えられたら，小球にはたらく力を矢印で示して，その大きさを適切な文字で表してみましょう。そのために，次のテクニックを覚えておくと便利です。

秘テクニック

物体にはたらく力の見つけかた
1.重力　2.近接力　(3.慣性力)

まず，1.重力について考えます。力学の問題は，ほとんどが地球上で考える問題なので，ほとんどの物体には重力がはたらくと考えてよいでしょう。重力は，12で学習したように，**鉛直下向きで大きさは mg** でした。次ページの図のように，鉛直下向きの矢印をかき，そこに mg とかいてください。

次に，2.近接力について考えます。近接力とは，**他の物体に触れて(近接して)はたらく力**のことをいいます。ここでは，小球はばねと斜面の2か所で他の物体と触れて(近接して)いるので，近接力は2つはたらきます。

まずは，ばねとの接点です。小球は伸びたばねから**弾性力**を受けています。弾性力は斜面に沿って上向きで，フックの法則より，ばねの伸びを x とおくと，弾性力の大きさは kx となります。**斜面に平行上向き**の矢印をかき，そこに $\boldsymbol{kx}$ とかいてください。そして，斜面との接点です。小球はなめらかな斜面によって支えられています。このように，物体が面から受ける力を**抗力**といいます。なめらかな斜面ということで，摩擦力ははたらかないので，抗力は斜面に対して垂直上向きにはたらきます。大きさは今の段階ではわからないので R としておきましょう。**斜面に垂直上向き**の矢印をかき，そこに $\boldsymbol{R}$ とかいてください。これで作図は完成です。

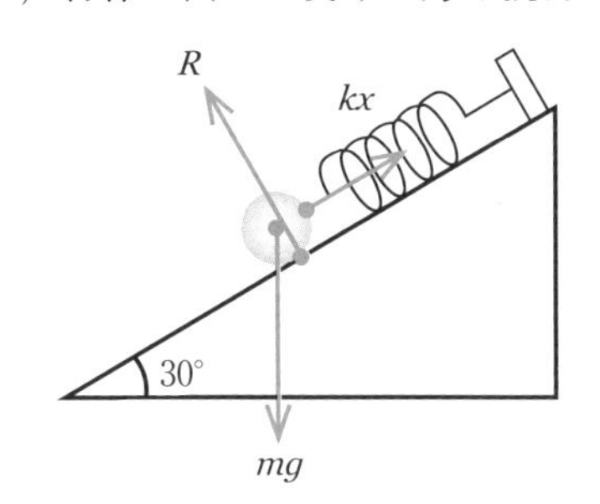

この例では出てきませんでしたが，将来的には，慣性力（かんせいりょく）という力が出てきますので，ついでに3. 慣性力と覚えておきましょうね。

力を斜面に平行な方向と斜面に垂直な方向に分解しよう

この問題のように，**斜面上にある物体にはたらく力を考える場合，力を斜面に平行な方向と斜面に垂直な方向に分解して考えます**。これは将来，斜面に沿った物体の運動を調べるときに便利だからです。力のベクトルの分解は，斜面に平行な補助線と斜面に垂直な補助線で長方形をつくればできます。

この例では重力だけが斜面に平行でも垂直でもないので，重力を分解すればよいですね。実際に分解すると次の図のようになります。

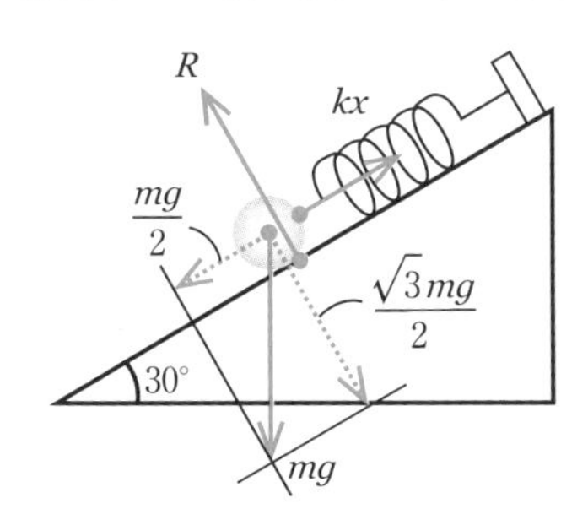

重力を斜面に平行な方向と垂直な方向に分解すると，次のようになります。

斜面に平行な方向：　$mg\sin 30^\circ = \dfrac{mg}{2}$

斜面に垂直な方向：　$mg\cos 30^\circ = \dfrac{\sqrt{3}mg}{2}$

ここまででの作業をまとめると，次のようになります。

①　**物体にはたらいている力を矢印で示す。**

②　**力の大きさを適切な文字で表す。**

③　**力を分解する。**

この一連の作業は大切なので，慎重に進めていきましょうね。

力のつりあいの式を立てよう

次に，前ページの図を見ながら力のつりあいの式を立てましょう。斜面に平行な方向では，kx と $\dfrac{mg}{2}$ がつりあっています。斜面に垂直な方向では，R と $\dfrac{\sqrt{3}mg}{2}$ がつりあっています。

したがって，力のつりあいの式は

斜面に平行な方向：　$\boldsymbol{kx = \dfrac{mg}{2}}$　…①

斜面に垂直な方向：　$\boldsymbol{R = \dfrac{\sqrt{3}mg}{2}}$　…②

となります。

ばねの伸び x と抗力の大きさ R を求めよう

上の①式と②式より，x と R を問題文中で与えられていた m，k，g で表せばよいですね。

①より，$\boldsymbol{x = \dfrac{mg}{2k}}$　②より，$\boldsymbol{R = \dfrac{\sqrt{3}mg}{2}}$

14 力のつりあい

静止または等速直線運動をしている物体
⇒ 力のつりあい

今回は力のつりあいについて考えていきましょう。

下の図のように，質量 m の小球に 2 本の糸 A，B をつけて，水平な天井からつるします。糸 A，B は天井とそれぞれ 30°，60° の角度をなして静止しました。重力加速度の大きさを g とします。

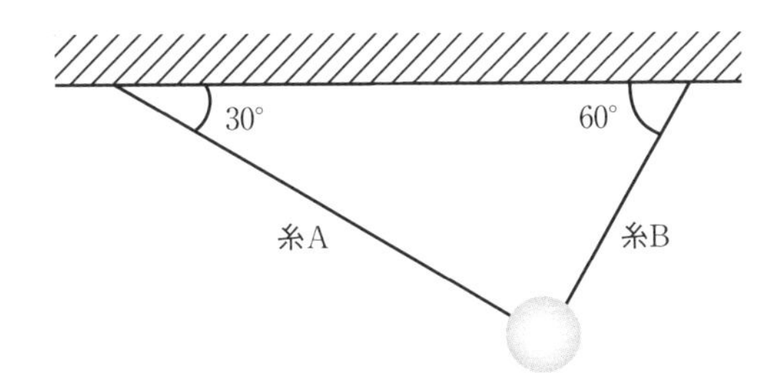

小球にはたらく力を図示しよう

まず，物体にはたらく力を探しましょう。ここで復習です。

P.52

物体にはたらく力の見つけかた
1. 重力　2. 近接力　(3. 慣性力)

まず，**1. 重力**は鉛直下向きで大きさは mg ですね。

次の **2. 近接力**についてですが，2 つの糸で引っ張られているため，2 つの張力がはたらいています。それぞれの力の向きは糸の方向ですが，大きさが両方ともわからないので，糸 A の張力の大きさを T_A，糸 B の張力の大きさを T_B としておきましょう。

小球にはたらくすべての力を図に表すと右図のようになります。

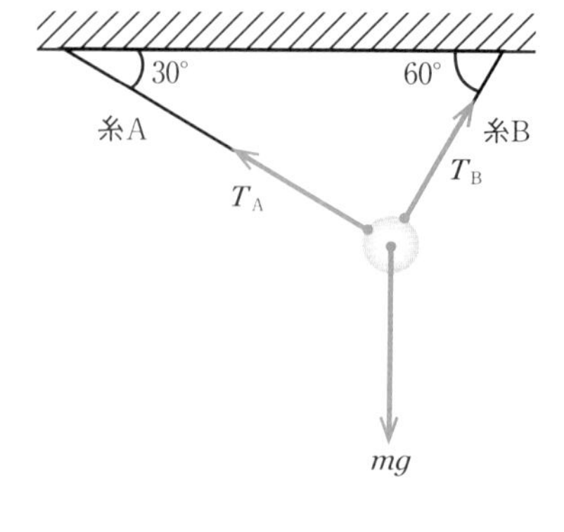

力を水平方向と鉛直方向に分解しよう

次に，力の分解です。今回は水平方向と鉛直方向に力を分解していきます。

小球にはたらく2つの張力の向きが，水平・鉛直どちらの方向でもないので，T_A と T_B を水平成分の大きさと，鉛直成分の大きさに分解します。

T_A の水平成分：　$T_A\cos30° = \dfrac{\sqrt{3}T_A}{2}$

T_A の鉛直成分：　$T_A\sin30° = \dfrac{T_A}{2}$

T_B の水平成分：　$T_B\cos60° = \dfrac{T_B}{2}$

T_B の鉛直成分：　$T_B\sin60° = \dfrac{\sqrt{3}T_B}{2}$

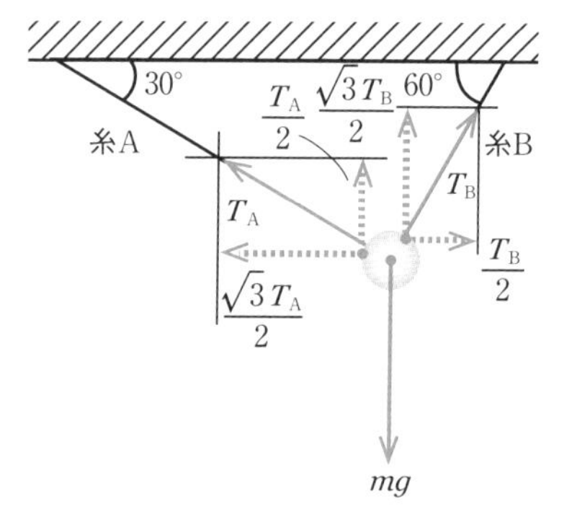

分解した力も図に表してみると上の図のようになりますね。

力のつりあいの式を立てよう

この例では小球が静止しているので，次のように考えましょう。

秘テクニック

静止または等速直線運動をしている物体
⇒　力のつりあい

物体が静止または等速直線運動をしているとき，物体にはたらく力はつりあっているので，力のつりあいの式を立てることができます。

補足

物体が等速直線運動をしているときにも，力はつりあっています。このことがよくわからないときは，カーリングのように，摩擦のないスケートリンク上をすべっていく物体をイメージするとよいでしょう。すべっている物体には，重力と抗力がはたらいていますが，これら2つの力はつりあっているので，物体は等速直線運動を続けます。

では，前ページの図を見ながら，水平方向と鉛直方向の力のつりあいの式を立てていきましょう。

水平方向：$\boldsymbol{\frac{\sqrt{3}T_{\mathrm{A}}}{2} = \frac{T_{\mathrm{B}}}{2}}$ …①

鉛直方向：$\boldsymbol{\frac{T_{\mathrm{A}}}{2} + \frac{\sqrt{3}T_{\mathrm{B}}}{2} = mg}$ …②

張力の大きさ T_{A}, T_{B} を求めよう

最後に力のつりあいの式から糸 A, B の張力の大きさ T_{A}, T_{B} を求めましょう。①を②に代入して

$$\frac{T_{\mathrm{A}}}{2} + \sqrt{3} \times \frac{\sqrt{3}T_{\mathrm{A}}}{2} = mg$$

$$2T_{\mathrm{A}} = mg$$

$$\boldsymbol{T_{\mathrm{A}} = \frac{mg}{2}}$$

これを①に代入して，

$$\frac{\sqrt{3}}{2} \times \frac{mg}{2} = \frac{T_{\mathrm{B}}}{2}$$

$$\boldsymbol{T_{\mathrm{B}} = \frac{\sqrt{3}mg}{2}}$$

15 物体が面から離れる条件

物体が面から離れる ⇔ 抗力$R=0$

今回は，物体が面から離れる条件を問題を解きながら学んでいきましょう。

ばね定数kのばねの一端を天井に固定し，他端に質量mのおもりをつるす。このおもりを板で支えて，ばねが自然長となる位置で静止させた。このとき，板の位置を点Oとする。また，重力加速度の大きさをgとする。

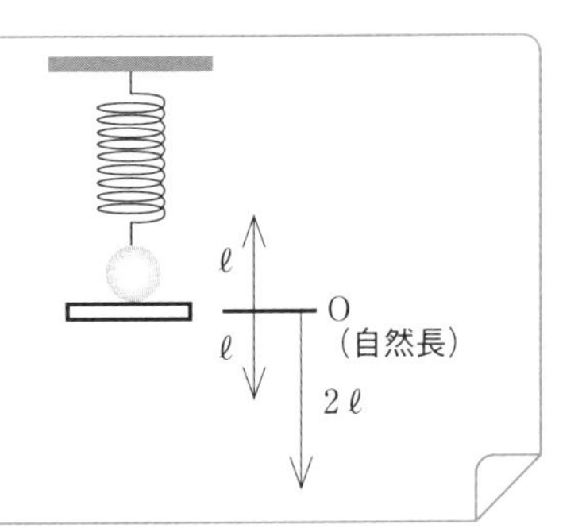

解答を始める前に，**14**の復習からです。**静止または等速直線運動をしている物体に対しては，力のつりあいが成り立つ**ので，この問題は力のつりあいの式を立てて，解いていくことができます。

静止または等速直線運動をしている物体
⇒ 力のつりあい

(1) 板の位置が点Oのとき，板がおもりに及ぼす抗力の大きさRはいくらか。

まず，おもりにはたらいている力を図示していきましょう。重力は鉛直下向きで大きさはmgでしたね。また，おもりはばねと板に接している（近接している）ので近接力についてはこの2か所を考えればよいことになります。

しかし，ばねは自然長なので，弾性力の大きさは0になります。また，板からの抗力は鉛直上向きで大きさは R です。

よって，おもりにはたらいている力を図示すると，右図のようになります。

おもりは静止しているので，力のつりあいが成り立っています。

解答　力のつりあいの式：　$R = mg$　より
抗力の大きさ R は　mg

(2) 板の位置を点Oより ℓ だけ引き上げた。抗力の大きさ R はいくらか。

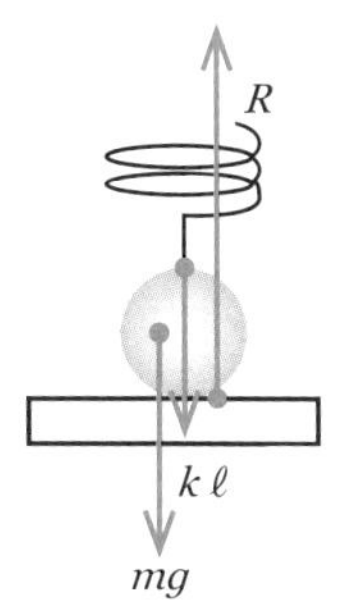

重力は常に鉛直下向きで大きさが mg，抗力は上向きで大きさが R ですね。板を ℓ だけ持ち上げると，ばねは ℓ だけ縮みます。縮んだばねがおもりに及ぼす弾性力は，鉛直下向きで大きさは $k\ell$ ですね。

よって，おもりにはたらいている力を図示すると，右図のようになります。

ここでも，おもりは静止しているので，力のつりあいが成り立っています。

解答　力のつりあいの式：　$R = mg + k\ell$
より，抗力の大きさ R は　$mg + k\ell$

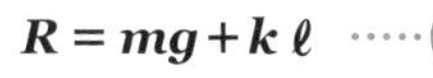

(3) 板の位置を点Oより ℓ だけ下げた。抗力の大きさ R はいくらになるか。

重力は，鉛直下向きで大きさは mg，抗力は上向きで大きさは R です。板を ℓ だけ下げるとばねは ℓ だけ伸びるため，伸びたばねがおもりに及ぼす弾性力は上向きで大きさは $k\ell$ ですね。

よって，おもりにはたらいている力を図示すると，次のようになります。

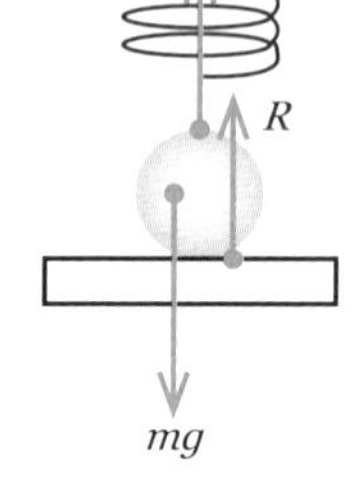

おもりは静止しているので，力がつりあっています。

解答　力のつりあいの式：　$R+k\ell=mg$

$R=mg-k\ell$　　　　**$R=mg-k\ell$** ……答

つづき Q

(4) 板の位置をさらに下げていくと，点Oより 2ℓ だけ下げたところでおもりが板から離れた。ℓ の値を求めよ。

重力は，鉛直下向きで大きさは mg，ばねは 2ℓ だけ伸びているため，弾性力は上向きで大きさは $2k\ell$ ですね。

さて，ここからが今回のポイントですよ。抗力の値はいくらでしょうか？おもりが板から離れると板はおもりを支えることができませんね。したがって，**おもりが板から離れたときの抗力の大きさは0**となります。

秘テクニック　**物体が面から離れる　⇔　抗力 $R=0$**

よって，おもりにはたらいている力は右図のようになります。

おもりは静止しているので，力のつりあいの式を立てることができますね。

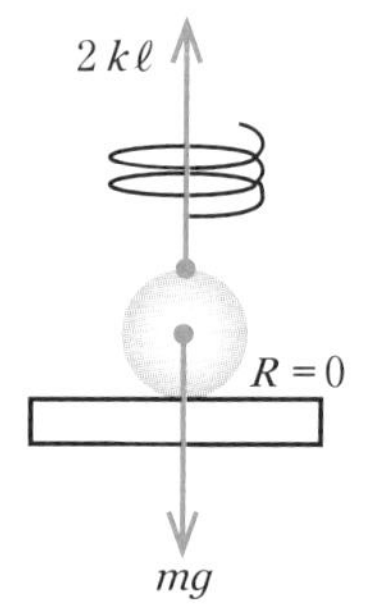

解答　力のつりあいの式：　$2k\ell=mg$

$\ell=\dfrac{mg}{2k}$　　　　**$\ell=\dfrac{mg}{2k}$** ……答

16 作用・反作用の法則

作用・反作用の法則
物体Aから物体Bに力(作用)がはたらくと，物体Bから物体Aに同じ作用線上で，大きさが等しく，向きが反対の力(反作用)がはたらく。

作用・反作用の法則

下の図のように，一端を固定したばねを手で引っ張るとき，はたらく力について考えてみましょう。

図1　手AがばねBを引く力（作用）

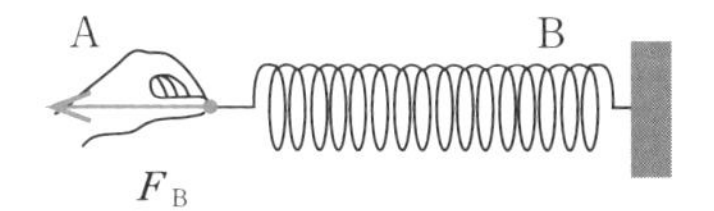

図2　ばねBが手Aを引く力（反作用）

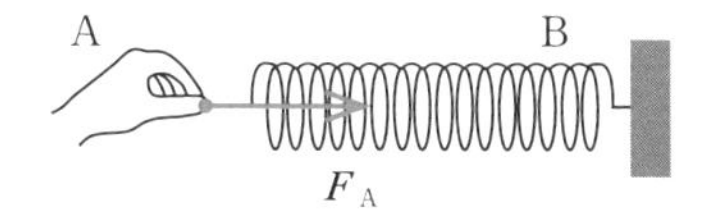

手Aは，ばねBを引っ張っているので，**ばねBにはたらく力は左向き**ですね。この力を**作用**とよび，その大きさを F_B とします(図1)。

同時に，ばねBも手Aを引っ張っているので，**手Aにはたらく力は右向き**になります。この力を**反作用**とよび，その大きさを F_A とします(図2)。

作用・反作用の法則は，上で示した**2つの力が，大きさが等しく逆向きであるという法則**です。よって，次の式が成り立ちます。

$$F_A = F_B$$

もう一度整理しましょう。作用・反作用の法則によれば，**AがBを引く力(作用)**があれば，必ず**BがAを引く力(反作用)**があり，作用と反作用の2つの力は，同じ作用線上で**大きさが等しく，向きが反対**になるということです。そして，**作用と反作用の関係にある2つの力は，AとBが入れ替わっているだけの力**であることにも注意しましょう。したがって，BがAを引く力を作用とよぶときは，AがBを引く力が反作用となりますね。

もう１つ例を見てみましょう。次の図のように，スケート靴をはいている人Ａが氷の上で壁Ｂを押しているときを考えてみましょう。

人Aが壁Bを押す力（作用）

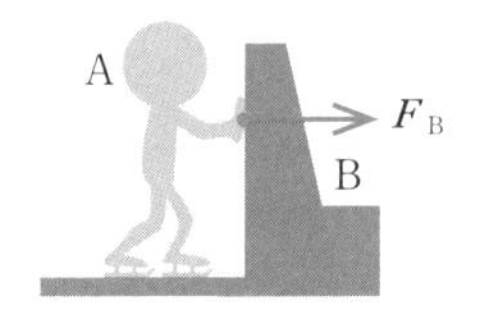

壁Bが人Aを押す力（反作用）

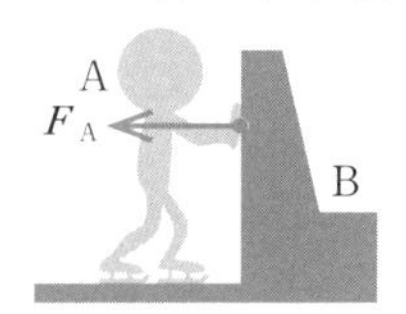

人Ａは壁Ｂを右向きに大きさ F_B の力(作用)で押していますね。ということは作用・反作用の法則より，壁Ｂも人Ａを左向きに同じ大きさ F_A($=F_B$)の力(反作用)で押していることになります。この力は少しイメージしにくいですが，スケートリンクで壁を押したとき，押した自分は後ろにすべっていきますね。これは，壁Ｂが人Ａを左向きに大きさ F_A で押しているからです。

では，作用・反作用の法則を使う問題をやってみましょう。

やってみよう Q

質量 m_A の物体Ａと質量 m_B の物体Ｂが，床の上に重ねて置かれている。重力加速度の大きさを g として，次の問いに答えよ。

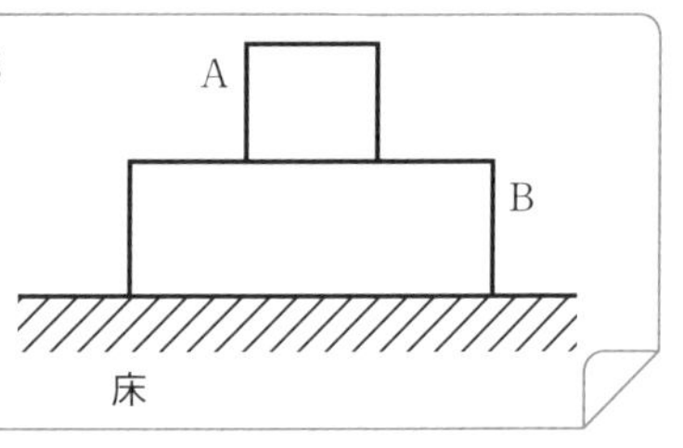

つづき Q

(1) 両物体Ａ，Ｂにはたらく力を矢印で示し，その大きさを 適切な文字で表現せよ。

このように複数の物体が力を及ぼしあっている問題では，上の図にすべての力をかき込んでしまうと，何から何にどんな力がはたらいているのか，見つけにくくなり，ミスが多くなります。

そこで，ミスを防ぐために次の㊙テクニックを使いましょう。

秘 テクニック **接触している2物体 ⇒ 別々に図をかく**

では，**物体 A，B を別々にして，それぞれにはたらいている力をかいてみましょう**。

物体 A には，重力 $m_{\mathrm{A}}g$ がはたらいていますね。また，物体 A は B に支えられているので抗力を受けています。抗力の大きさを R_{A} とおきます。

解答 物体 A にはたらく力
物体 A の重力 $m_{\mathrm{A}}g$
物体 B が A に及ぼす抗力 R_{A}

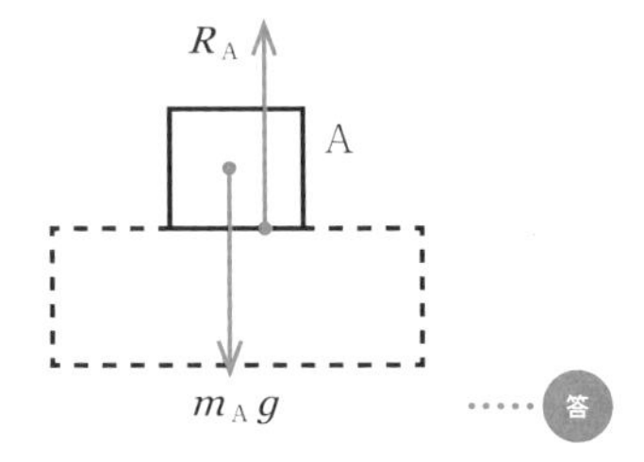

……答

一方，物体 B には重力 $m_{\mathrm{B}}g$ がはたらいています。また，物体 B は床から抗力を受けているので，その大きさを R_{B} とします。

さらに，B は A からも力を受けています。この力は「A が B を押す力」なので，「B が A を押す力」すなわち，大きさ R_{A} で表した A にはたらく抗力と**作用・反作用の関係**にあります。したがって，**B が A から受ける力の大きさも R_{A}** と表すことができます。

物体 B にはたらく力
物体 B の重力 $m_{\mathrm{B}}g$
床が B に及ぼす抗力 R_{B}
物体 A が B を押す力 R_{A}

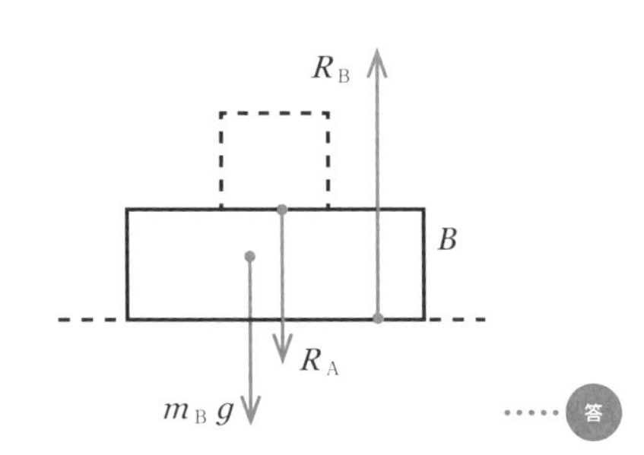

……答

つづき Q

(2) (1)で示した力の中で，作用・反作用の関係にある２力を選び，「○が●を押す力」の言いかたで答えよ

作用・反作用の関係にある２力は，ＡとＢが入れ替わっているだけの２力なので，

「ＡがＢを押す力」と「ＢがＡを押す力」……

(3) Ａ，Ｂにはたらく力のつりあいの式をかき，ＢがＡに及ぼす抗力の大きさと床がＢに及ぼす抗力の大きさをそれぞれ求めよ。

(1)でかいた２つの図を見ながら，物体Ａと物体Ｂにはたらく力のつりあいの式を立ててみましょう。

解答

物体Ａの力のつりあいの式：　$R_A = m_A g$　…①

物体Ｂの力のつりあいの式：　$R_B = R_A + m_B g$　…②

①式より

ＢがＡに及ぼす抗力の大きさ　$\boldsymbol{R_A = m_A g}$……答

①を②に代入して

$R_B = m_A g + m_B g = (m_A + m_B)g$

床がＢに及ぼす抗力の大きさ　$\boldsymbol{R_B = (m_A + m_B)g}$……答

17 圧力

解説動画

圧力 $P=\dfrac{F}{S}$

圧力とは何か？

右図のように，親指と人差し指で鉛筆を持って，力を少し加えてみましょう。どちらが痛くなりましたか？

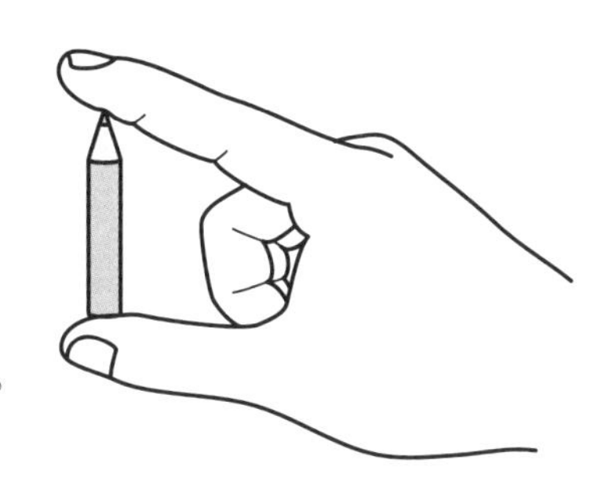

当然，人差し指のほうがとがっているので痛くなるのは当たり前ですよね。この場合，親指と人差し指には同じ大きさの力が加わっているのですが，人差し指のほうが小さい面積に力が集中しているため，痛くなるのです。

つまり，面を押す力のはたらきは，力の大きさだけではなく，その力を受ける面積にも関係してくるということです。**1m² あたりの面を垂直に押す力の大きさ**を圧力といいます。面積が S〔m²〕の面を垂直に押す力が F〔N〕であるとき，圧力 P は次の式で表されます。

圧力 $P=\dfrac{F}{S}$

この式から，圧力の単位は〔N/m²〕と表されることがわかります。この単位は，パスカル〔Pa〕と表されます。すなわち，1N/m² = 1Pa ということです。台風が接近したとき，天気予報では，台風の気圧をパスカルの100倍であるヘクトパスカル〔hPa〕で表していますね。気圧は**空気から受ける圧**

力です。空気にも質量があるので，その空気の重さが地球の表面や私たち人間にもかかっています。**1m^2 あたりにかかる，空気の重さ（重力の大きさ）が気圧**なのです。気圧のことを**大気圧**ともいいます。

水圧について考えよう

もう1つ，基本的な圧力である水圧について考えてみましょう。

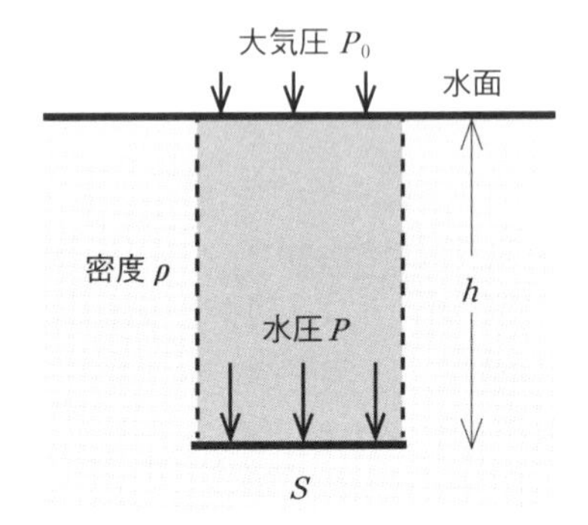

水から受ける圧力を**水圧**といいます。深さ h〔m〕の水中で受ける水圧 P〔Pa〕を求めてみましょう。ただし，大気圧を P_0〔Pa〕，水の密度を ρ〔kg/m^3〕，重力加速度の大きさを g〔m/s^2〕とします。

図のように，水の中に底面積 S〔m^2〕で高さ h〔m〕の水の柱があると考えます。まず，この水の柱の質量 m〔kg〕を求めてみましょう。

その前に，中学校の理科で学習した，密度について確認しておきます。密度とは，1m^3 あたりの質量ですから，密度は質量 m〔kg〕と体積 V〔m^3〕を用いて次のように表せます。

密度 $\overset{ロウ}{\rho}=\dfrac{質量m〔kg〕}{体積V〔m^3〕}$

よって，**水の柱の質量 m**〔kg〕は次のように表せます。

$$m=\rho V$$

ここで，水の柱の体積 $V=$ 底面積 $S\times$ 高さ h ですから

$$m=\rho V=\rho Sh$$

となります。

次に，**水の柱の重さ**を求めましょう。質量 m〔kg〕にはたらく重力の大きさは mg〔N〕でしたね。ですから，水の柱にかかる重力の大きさ（重さ）は次のようになります。

$$mg = \rho Shg$$

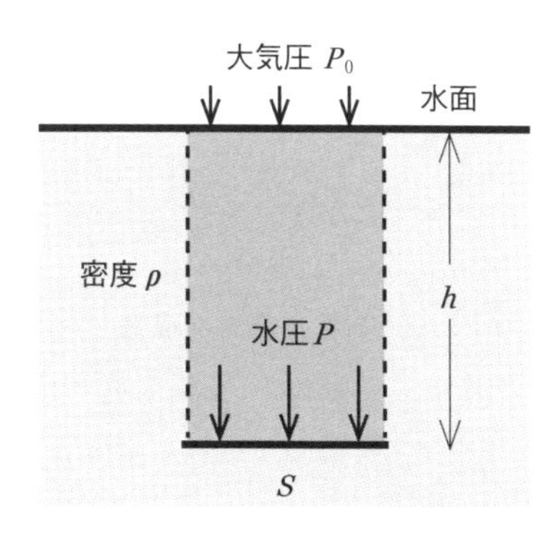

続いて，**水の柱の重さによる圧力**を求めましょう。ここで，今回学んだポイントを使います。圧力は 1m^2 あたりの面を垂直に押す力の大きさなので，力の大きさを面積で割ればよいですね。$P = \dfrac{F}{S}$ より，**水の柱の重さによる圧力**は

$$\frac{mg}{S} = \rho hg$$

となります。

最後に，**深さ h〔m〕の水中で受ける水圧 P〔Pa〕**を求めましょう。深さ h での水圧 P は

$$P = (\text{大気圧 } P_0) + (\text{水の重さによる圧力 } \rho hg)$$

したがって，水圧 P は次のように表せます。

$$\boldsymbol{P = P_0 + \rho hg}$$

POINT

水圧　$P = P_0 + \rho hg$

18 浮力①

\押さえよ/ →

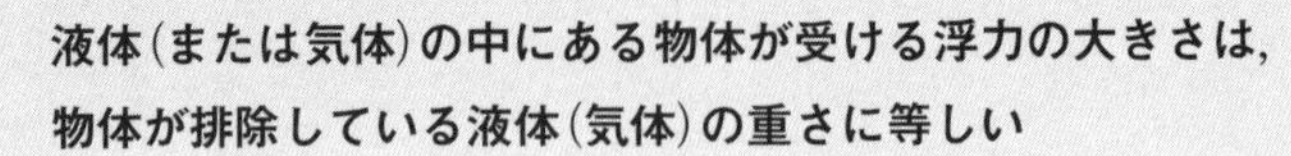

アルキメデスの原理

液体(または気体)の中にある物体が受ける浮力の大きさは,物体が排除している液体(気体)の重さに等しい

浮力とは何か?

液体(または気体)の中にある物体は,液体(気体)から力を受けます。この力を浮力といいます。**浮力は重力と反対の向き**にはたらきます。例えば,浮き輪はプールの中に沈めても水面に浮き上がってきますね。また,ヘリウムガスの入った風船は手をはなすと,上昇していきますね。これらの現象が起こるのは,浮き輪や風船に重力と反対向きの浮力がはたらいているからです。

浮力はアルキメデスの原理によって表されます。「**液体(または気体)の中にある物体が受ける浮力の大きさは,その物体が排除しているまわりの液体(気体)の重さに等しい**」,これがアルキメデスの原理です。ここでは,前回学んだ水圧の式を用いて,アルキメデスの原理が成り立つことを確かめていきます。

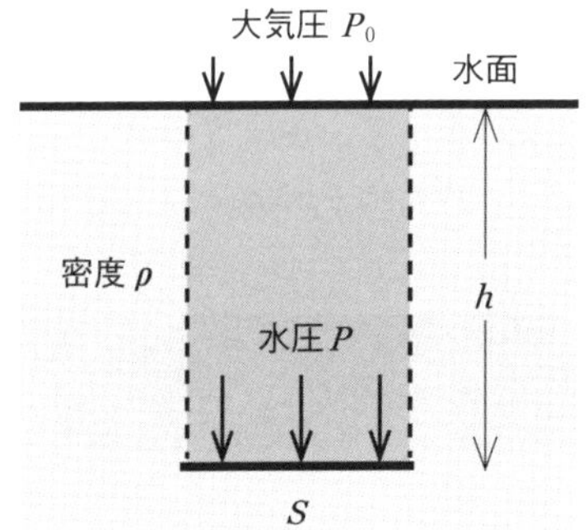

それでは,前回学んだ水圧の復習をしておきましょう。深さ h〔m〕の水中で受ける水圧 P〔Pa〕は,大気圧を P_0〔Pa〕,水の密度を ρ〔kg/m^3〕,重力加速度の大きさを g〔m/s^2〕としたとき,次のように表すことができましたね。

復習 水圧 $P=P_0+\rho hg$

P.67

浮力の大きさを求めよう

底面積S〔m²〕で高さℓ〔m〕の四角柱の物体を，右図のように物体の上面の深さがh〔m〕になるように沈めました。物体にはたらく浮力の大きさF〔N〕を求めましょう。

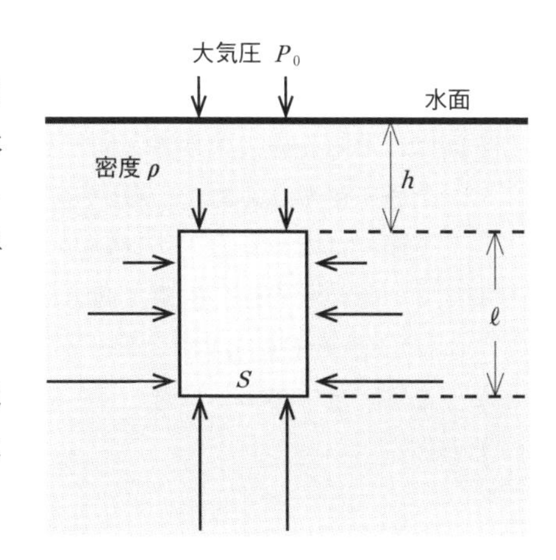

ここで，**水圧のはたらく向きは面を垂直に押す向き**であることに気をつけましょう。

まず，物体の**上面が受ける水圧**について考えます。

前ページで復習した水圧の式より，上面の深さはhなので圧力の大きさは

$$P_0+\rho hg$$

となります。上図を見てわかるとおり，向きは**鉛直下向き**です。

同じように，物体の**下面が受ける水圧**についても考えましょう。水圧の式より，下面の深さは$(h+\ell)$なので，圧力の大きさは

$$P_0+\rho(h+\ell)g$$

となります。向きは**鉛直上向き**です。

次に，物体の側面が受ける水圧について考えましょう。

圧力は面に対して垂直にはたらくので，水平方向となります。物体は左右対称ですから，右側の側面を左に押す圧力の大きさと，左側の側面を右に押す圧力の大きさは同じはずです。

前後の面についても同じことがいえるので，物体の側面が受ける水圧はつりあっています。**側面が受ける水圧による力の合力は0**であるとも言い換えられます。

そして，本題である物体全体が受ける水圧による力について考えましょう。

力の大きさは圧力に面積をかければ求めることができますね。物体の上面と下面にはたらく力の大きさと向きを整理すると，下のようになります。

上面にはたらく力：　$(P_0+\rho hg)S$　（鉛直下向き）

下面にはたらく力：　$\{P_0+\rho(h+\ell)g\}S$　（鉛直上向き）

よって，その**合力は**，**鉛直上向き**にはたらき，その大きさは

$$\{P_0+\rho(h+\ell)g\}S-(P_0+\rho hg)S=\rho S\ell g$$

となります。水中の物体に対して，鉛直上向きにかかるこの力こそ，**浮力**なのです。

アルキメデスの原理

最後に，上で求めた**$\rho S\ell g$という値が何を表しているか**を考えてみましょう。$S\ell$は四角柱の体積なのでVとしておきます。また，ρは液体(ここでは水)の密度なので，ρVは物体の体積分の液体の質量になります。よって，ρVg（$=\rho S\ell g$）は物体が排除している，まわりの液体の重さになりますね。

したがって，**液体の中にある物体が受ける浮力の大きさは，物体が排除しているまわりの液体の重さに等しい**，というアルキメデスの原理はちゃんと成り立っていることがわかります。

POINT

浮力　$F=\rho Vg$　（ρ（ロウ）：液体の密度　V：物体の体積）

19 浮力②

今回は，浮力の式を使って問題を解いてみましょう。

浮力　$F=\rho Vg$　（$\overset{ロウ}{\rho}$：液体の密度　V：物体の体積）

P.70

密度ρ〔kg/m^3〕の液体を入れた水槽を台ばかりにのせたところ，台ばかりの目盛りは，Mg〔N〕を示した。ただし，重力加速度の大きさをg〔m/s^2〕とする。また，密度ρ'〔kg/m^3〕のおもりをバネばかりにつるしたところ，バネばかりの目盛りは，mg〔N〕を示した。

おもりを液体中に沈めて中央付近でつるすと，バネばかりと台ばかりの目盛りはそれぞれ何〔N〕を示すか。

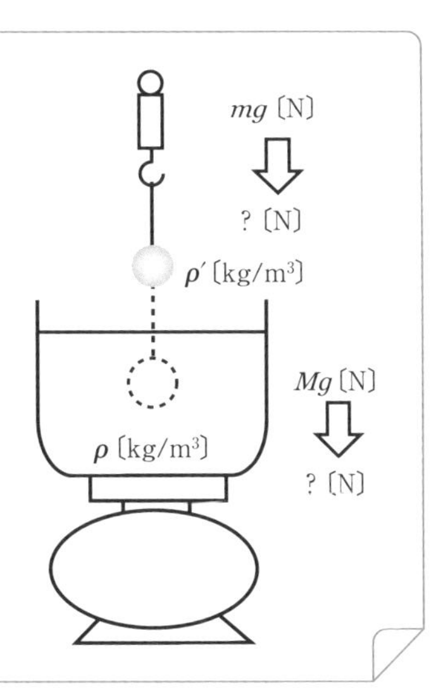

問題の状況を図を見て理解しましょう。

まず，問われているバネばかりの目盛りは，バネばかりにはたらく糸の張力の大きさと同じ値になることに気をつけましょう。

よって，バネばかりの目盛りは，糸の張力の大きさTを求めればよいことになります。

次に，物体にはたらく力を図示していきます。上の図に，いろいろな力をすべてかき込んでいくとゴチャゴチャになってしまうので，次の㊙テクニックを思い出しましょう。

秘テクニック　**接触している2物体 ⇒ 別々に図をかく**

では，液体中のおもりにはたらく力だけをかいてみましょう。

まず，重力 mg がはたらいていますね。近接力としては，糸と液体に接しているので，張力と浮力がはたらいています。

張力は大きさが T で上向きです。浮力は，おもりの体積を V とおけば，大きさが ρVg で上向きになります。よって，おもりにはたらく力は右図のようになります。

おもりは静止しているので，力のつりあいの式が使えますね。

$$T+\rho Vg=mg \quad \cdots ①$$

①式にはおもりの体積 V がありますが，この問題で V は与えられていません。V はおもりの質量 m とおもりの密度 ρ' で表しましょう。

復習　密度 $\overset{ロウ}{\rho}=\dfrac{質量m〔kg〕}{体積V〔m^3〕}$

P.66

解答

$\rho'=\dfrac{m}{V}$ なので

$$V=\frac{m}{\rho'}$$

これを力のつりあいの式（①式）に代入して

$$T+\rho\cdot\frac{m}{\rho'}\cdot g=mg$$

$$T=\frac{(\rho'-\rho)\,mg}{\rho'}〔N〕$$

この張力の大きさ T の値がバネばかりの目盛りを表します。

バネばかりの目盛り： $\boldsymbol{\dfrac{(\rho'-\rho)\,mg}{\rho'}}$〔N〕……答

次に問われているのは台ばかりの目盛りです。

水槽は台ばかりに支えられているので，水槽には台ばかりから上向きの抗力がはたらいていますね。そして，作用・反作用の法則より，台ばかりには抗力の反作用が，下向きにはたらいています。この台ばかりにはたらく抗力の反作用の値が，台ばかりの目盛りと同じになっているのです。したがって，台ばかりの目盛りは，抗力の大きさ R を求めればよいことになります。

では，水槽にはたらく力をかいてみましょう。

まず，重力 Mg ですね。また，台ばかりから受ける抗力は，大きさが R で上向きになります。

さらに，おもりは水槽(液体)から鉛直上向きに ρVg の浮力を受けていたので，作用・反作用の法則より**水槽(液体)はおもりから鉛直下向きに $\boldsymbol{\rho Vg}$ の力(浮力の反作用)を受けます**ね。

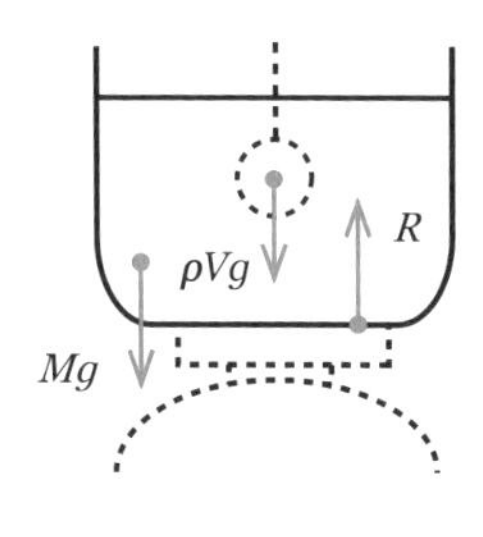

よって，水槽にはたらく力は右図のようになります。

解答

力のつりあいより

$$R=\rho Vg+Mg$$

$V=\dfrac{m}{\rho'}$ を代入して

$$R=\rho\cdot\frac{m}{\rho'}\cdot g+Mg$$

$$R=\frac{(\rho m+\rho' M)\,g}{\rho'}\ \text{〔N〕}$$

この抗力の大きさ R の値が台ばかりの目盛りを表します。

台ばかりの目盛り： $\boldsymbol{\dfrac{(\rho m+\rho' M)\,g}{\rho'}}$ 〔N〕 ……答

20 力のモーメント

力のモーメント　$M=F\ell$

力のモーメントとは何か？

今回は，物体を回転させるはたらきである力のモーメントについて学んでいきます。

右図のように，スパナに大きさFの力を垂直に加えて，ボルトを回すことを考えてみます。どうすればボルトを回転させるはたらきを大きくできるでしょうか？

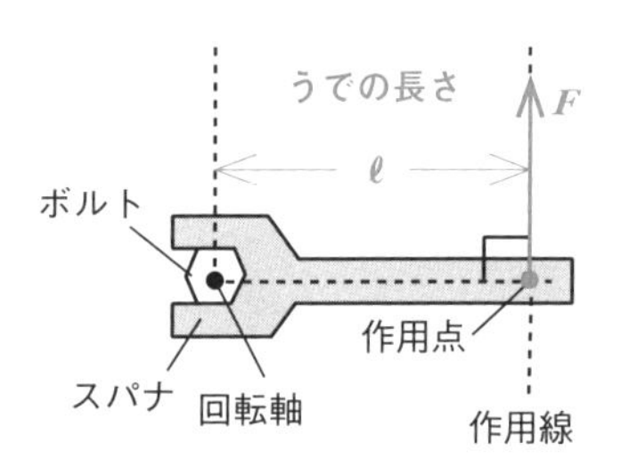

まず，力の大きさFを大きくすればボルトは回転しやすくなりますね。力の大きさが2倍，3倍，…になると，回転させるはたらきも2倍，3倍，…になるので，回転させるはたらきは力の大きさFに比例します。

回転軸から力の作用線に下ろした垂線の長さを**うでの長さ**といいます。上の図で，スパナに力を加える点(作用点)を回転軸から遠ざけて，うでの長さを長くしてもボルトを回転させるはたらきは大きくなります。うでの長さが2倍，3倍，…になると，回転させるはたらきも2倍，3倍，…になるので，回転させるはたらきは，うでの長さℓにも比例しますよ。

物体を**回転させるはたらきを表す量**を**力のモーメント**とよびます。**力のモーメントMは力の大きさFとうでの長さℓの両方に比例**して，次の式のように表されます。

POINT !

力のモーメント　$M = F\ell$

力のモーメントは力の向きで変化する

ここで，うでの長さは必ずしも作用点と回転軸との距離ではないことに注意しましょう。なぜなら，力のモーメントは力の加える向きによって変化するからです。

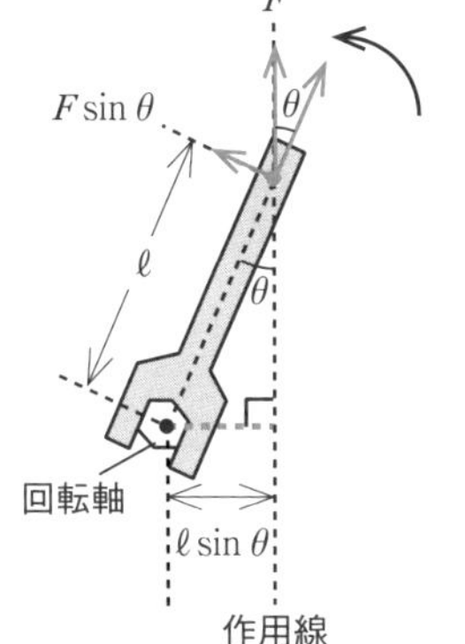

右図のように回転軸からの距離がℓの点に大きさFの力を加えたときについて考えてみましょう。スパナに加えた力とスパナのなす角をθとします。**回転軸から力の作用線に下ろした垂線の長さ**（色つきの点線の長さ）$\ell\sin\theta$が**うでの長さ**なので，この場合の力のモーメントは次のようになります。

$$M = F \cdot \ell \sin\theta \qquad \cdots①$$

力のモーメントMは，次のように考えることもできます。

スパナでボルトを押したり引いたりしても回らないので，スパナに平行な力の成分はボルトの回転に無関係であることがわかります。**物体の回転に関係するのは，スパナの向きに垂直な力の成分だけ**となります。図を見ると，スパナに垂直な力の成分は$F\sin\theta$なので，力のモーメントMは$F\sin\theta$と作用点の回転軸からの距離ℓとの積として表すこともできます。

$$M = F\sin\theta \cdot \ell \qquad \cdots②$$

要するに，力とうでの長さが垂直の関係になるように，力または長さを分解して垂直成分を取り出せばよいということです。

また，回転の向きを符号を用いて表す場合は，反時計回りを正，時計回りを負とすることが多いです。

やってみよう Q

長さ2mの棒ABにいずれも6Nの力F_1～F_4がはたらいている。このとき，ABの中点Cのまわりの力F_1～F_4のモーメントM_1～M_4を求めよ。ただし，反時計回りに回転させる力のモーメントを正とする。

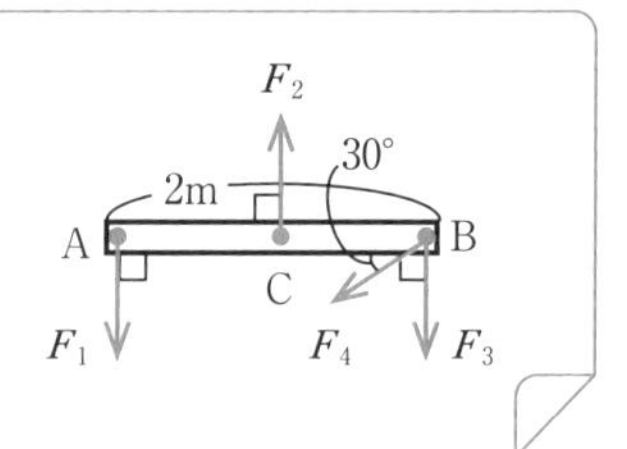

力F_1によるモーメントM_1を例に考えてみましょう。この問題では，点Cが回転軸なので，点Cを固定し，力F_1を図の向きに加えます。すると，棒は反時計回りに回転するので，M_1の符号は正ですね。そして，$F_1 = 6$N，うでの長さ$\ell_1 = 1$mなので

解答

$M_1 = F_1 \ell_1 = 6 \times 1 = 6$〔N·m〕　**6N·m** ……答

M_2について，$F_2 = 6$〔N〕，$\ell_2 = 0$〔m〕より

$M_2 = F_2 \ell_2 = 6 \times 0 = 0$〔N·m〕　**0N·m** ……答

M_3について，$F_3 = 6$〔N〕，$\ell_3 = 1$〔m〕，時計回りなので符号は負になります。

$M_3 = -F_3 \ell_3 = -(6 \times 1) = -6$〔N·m〕　**−6N·m** ……答

M_4について，$F_4 = 6$〔N〕，時計回りなので符号は負，うでの長さℓ_4は右図のように作用線に垂線を下ろせばよいですね。

$\ell_4 = 1 \times \sin 30°$
$= 0.5$〔m〕

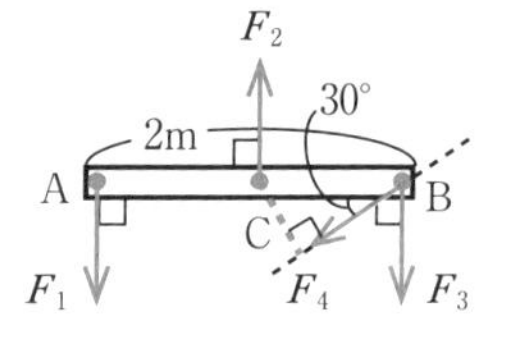

よって，モーメントM_4は次のようになります。

$M_4 = -F_4 \ell_4$
$= -(6 \times 0.5) = -3$〔N·m〕　**−3N·m** ……答

21 剛体のつりあい

剛体(ごうたい)のつりあいの問題は
1. 力のつりあい
2. 力のモーメントのつりあい
の式を立てて解く

剛体のつりあいについて考えよう

大きさを考慮し，力を加えても変形しない物体を剛体といいます。ここまで学習してきたのは，質量はあるけれども大きさのない質点についての力学でした。**質点がつりあうためには，力のつりあいを考えるだけで十分**でしたが，剛体がつりあうためには，力のつりあいとともに，剛体が回転しないための条件として，力のモーメントのつりあいが必要となります。

右の図で確認してみましょう。物体を質点とみなしている図①では，左右の力の大きさが等しく，力のつりあいが成り立っていれば，物体を静止させることができました。しかし，物体を剛体とみなしている図②では，左右の力の大きさが等しくても静止させることはできず，物体は回転してしまいます。物体を静止させる，つまり剛体のつりあいを考えるときには，力のつりあいと力のモーメントのつりあい**の 2 式が成り立っている必要があります。**

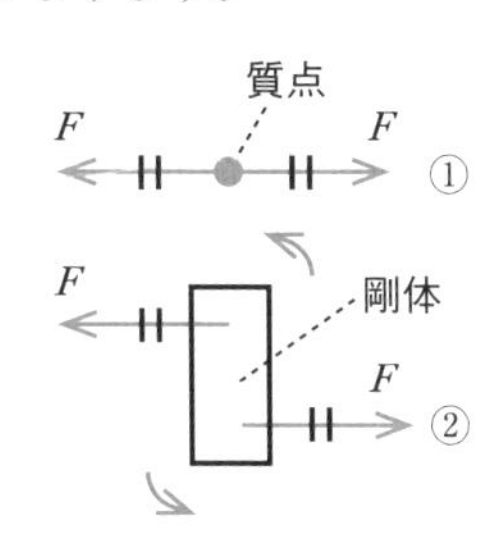

剛体のつりあいの問題は
1. 力のつりあい
2. 力のモーメントのつりあい
の式を立てて解く

では，剛体のつりあいについての考えかたを確認するために，次の問題を解いてみましょう。

図のように，長さがℓで質量が無視できる棒 AB に質量mのおもりをつるし，両端につけた2本の糸で支えます。棒 AB は水平と 30°，A，B 端につけた糸は，それぞれ水平と 30°，60°の角をなしています。

重力加速度の大きさをgとして，A 端，B 端につけた糸の張力の大きさと，おもりをつるした位置(A 端からの長さx)を求めてみましょう。

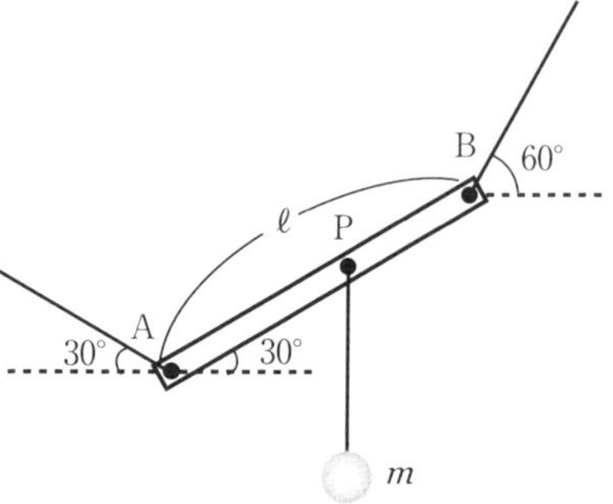

力のつりあいの式を立てよう

まず，棒にはたらいている力をかき込んでいきます。点 A，B にはそれぞれ糸の向きに張力がはたらいています。その大きさをそれぞれ T_A，T_B とします。また，点 P にはおもりの重さによる糸の張力が鉛直下向きに大きさ mg ではたらいています。よって，棒にはたらく力は下図のようになります。

POINT にあるとおり，まず，力のつりあいの式を立てましょう。

水平方向と鉛直方向に分けて，**力のつりあいの式**を立てていきます。

水平方向：$\dfrac{\sqrt{3}T_A}{2}=\dfrac{T_B}{2}$　…①

鉛直方向：$\dfrac{T_A}{2}+\dfrac{\sqrt{3}T_B}{2}=mg$　…②

となりますね。

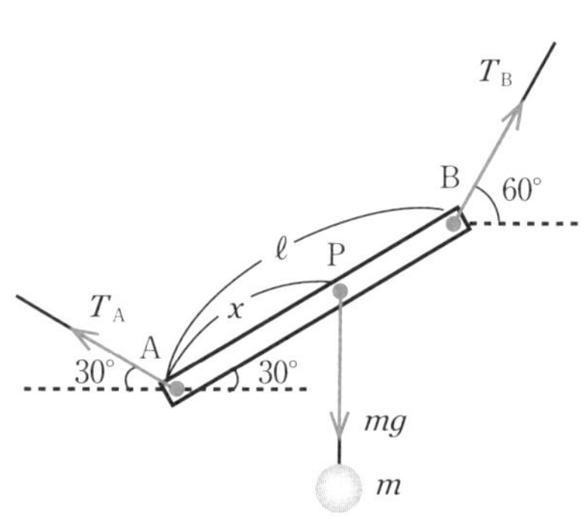

力のモーメントのつりあいの式を立てよう

次に，力のモーメントのつりあいの式を立てましょう。**力のつりあいが成り立っている場合，モーメントを考える中心はどこでもよい**のですが，今回は点 A のまわりの力のモーメントのつりあいの式を立ててみましょう。

力のモーメントのつりあいの式は，反時計回りのモーメントと時計回りのモーメントが等しいという式を立てます。力のモーメントは力の大きさと，うでの長さの積で表されましたね。T_A はうでの長さが0なので無視できます。角度を整理すると下図のようになるので，T_B，mg のうでの長さはそれぞれ $\dfrac{\ell}{2}$，$\dfrac{\sqrt{3}x}{2}$ となります。点 A のまわりの反時計回りのモーメントは $T_B \times \dfrac{\ell}{2}$，時計回りのモーメントは $mg \times \dfrac{\sqrt{3}x}{2}$ なので，**力のモーメントのつりあいの式**は，次のようになります。

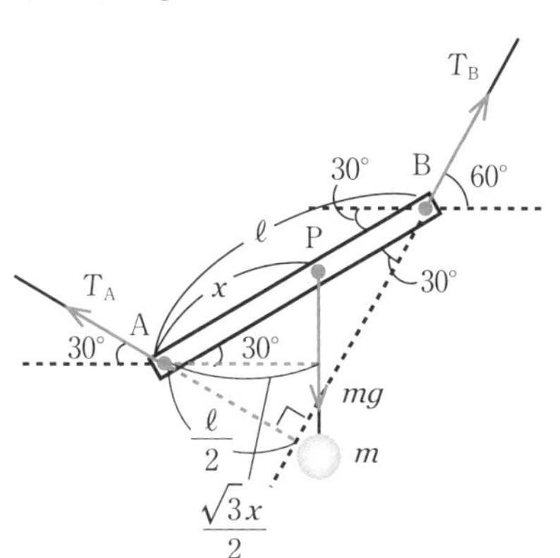

$$\boldsymbol{T_B \times \frac{\ell}{2} = mg \times \frac{\sqrt{3}x}{2}} \quad \cdots③$$

張力の大きさを求めよう

力のつりあいの式から A，B 端につけた張力の大きさを求めることができます。

①より $\dfrac{T_B}{2} = \dfrac{\sqrt{3}T_A}{2}$ なので，これを②に代入して

$$\frac{T_A}{2} + \sqrt{3} \times \frac{\sqrt{3}T_A}{2} = mg$$

$$2T_A = mg$$

$$\boldsymbol{T_A = \frac{mg}{2}}$$

これを①に代入して

$$\frac{\sqrt{3}}{2} \times \frac{mg}{2} = \frac{T_B}{2}$$

$$\boldsymbol{T_{\mathrm{B}} = \frac{\sqrt{3}mg}{2}}$$

おもりをつるした位置を求めよう

xが関係する式は③の式ですね。T_{B}の値はわかっているので，③の式にT_{B}の値を代入して

$$\frac{\sqrt{3}mg}{2} \times \frac{\ell}{2} = mg \times \frac{\sqrt{3}x}{2}$$

$$\boldsymbol{x = \frac{\ell}{2}}$$

22 重心

解説動画

押さえよ

重心…剛体の全質量が集中しているとみなせる点(質量中心)
⇒　重心で剛体を支えると回転を起こさない。

重心とは何か？

重心とは**剛体の全質量が集中しているとみなせる点**のことをいいます。全質量が集中していると見なせる点なので，重心のことを**質量中心**ともいいます。

では，物体の重心の位置について，次の例を通して考えてみましょう。

右図のように，質量 m_1 のおもりPと質量 m_2 のおもりQを軽い棒でつないだ物体について考えます。この物体の重心Gの位置座標 x_G を，おもりP，Qの位置座標 x_1，x_2 を用いて表してみましょう。

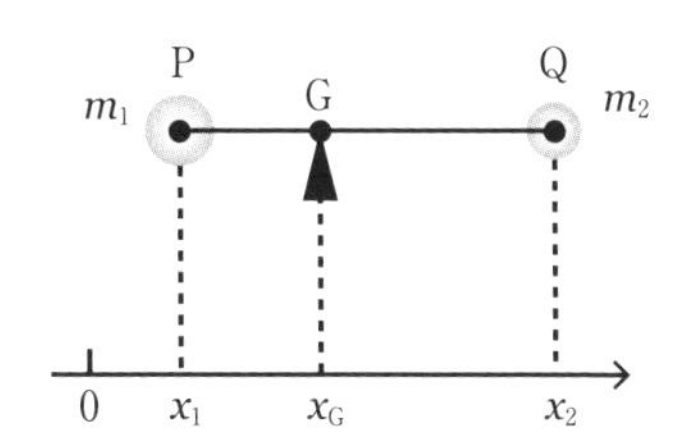

重心Gは，物体の全質量が集中していると見なせる点なので，**重心Gで物体を支えると回転を起こさない**，という性質があります。したがって，**Gのまわりの力のモーメントのつりあいの式を立てることができます。**

重力加速度の大きさを g とすると，Gのまわりの力と，そのうでの長さは右図のようになります。よって，Gのまわりの力のモーメントのつりあいの式は次のようになります。

$$m_1g(x_G-x_1)=m_2g(x_2-x_G)$$

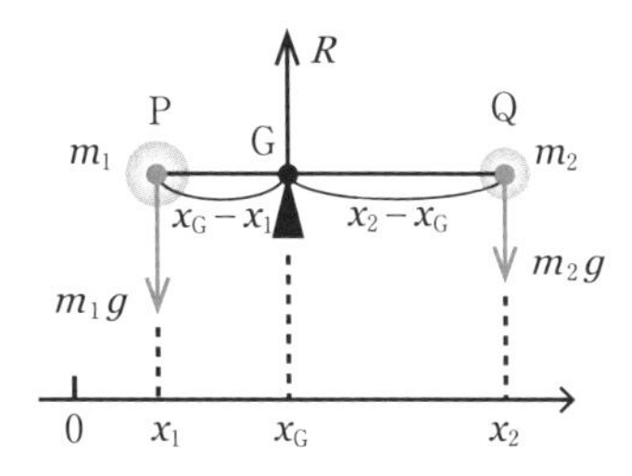

重心Gの位置座標 x_G は，この式から求めることができます。

$$m_1(x_G - x_1) = m_2(x_2 - x_G)$$

$$m_1x_G - m_1x_1 = m_2x_2 - m_2x_G$$

$$(m_1 + m_2)x_G = m_1x_1 + m_2x_2$$

$$\boldsymbol{x_G = \frac{m_1x_1 + m_2x_2}{m_1 + m_2}}$$

一般に，質量 m_1，m_2，m_3，…の質点の位置座標を x_1，x_2，x_3，…とすると，質点全体の重心の位置座標 x_G は，次のように表されます。

重心G $\boldsymbol{x_G = \frac{m_1x_1 + m_2x_2 + m_3x_3 + \cdots}{m_1 + m_2 + m_3 + \cdots}}$

重心についてイメージがつかめてきたところで，問題を解いてみましょう。

質量が $4m$ で厚さが一様な正方形の板から，中心Oを通るように板の4分の1の正方形を切り取る。残った右図のような板の重心の位置を求めよ。

ただし，OAの長さを ℓ とする。

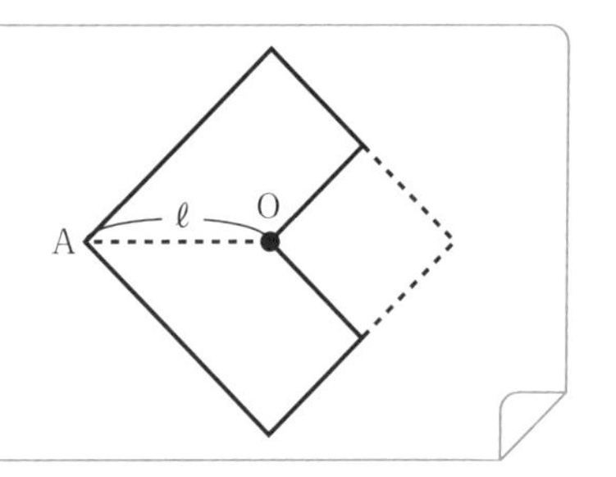

厚さが一様なので，はじめの正方形の重心は中心O，切り取った4分の1の正方形の重心はOから右に $\frac{\ell}{2}$ の位置にあります。また，4分の1の正方形の重さは mg です。

右の図を見てください。残りの重さ $3mg$ のL字型の板は直線OAに関して対称なので，質量の中心である重心はOA上にあることがわかります。そこでL字型の板の重心を中心Oから左に x の位置にあるとして，この x を求めていきましょう。

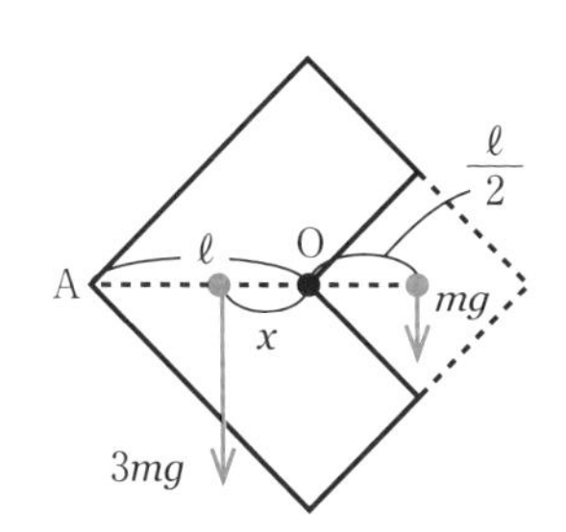

ここで，切り取った重さ mg の正方形の板を元に戻してみてください。元の正方形が出来上がりますね。元の正方形の重心は中心Oなので，中心Oのまわりの右図L字型の部分の重力 $3mg$ によるモーメントと切り取った正方形の重力 mg によるモーメントはつりあうことになります。

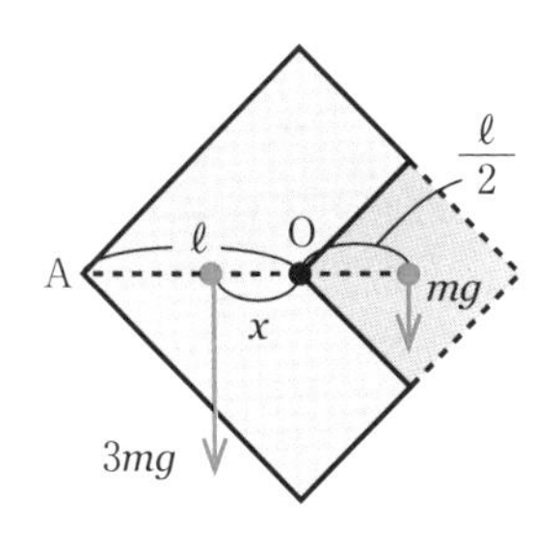

解答

点Oのまわりの力のモーメントのつりあいより

$$3mg \times x = mg \times \frac{\ell}{2}$$

$$x = \frac{\ell}{6}$$

OからAに向かって $\frac{\ell}{6}$ の位置 ……答

23 慣性の法則

\押さえよ/

→ **力のつりあい ⇔ 静止または等速直線運動**

今回は，慣性（かんせい）の法則について学んでいきましょう。

力がつりあっている物体について考えよう

右図のように，摩擦のない水平面上で静止している物体について考えます。

この物体には重力 mg と抗力 R がはたらいていますね。物体は静止しているので物体にはたらく**力はつりあっています**。

その後，この物体は**静止を続けます**。当たり前ですね。

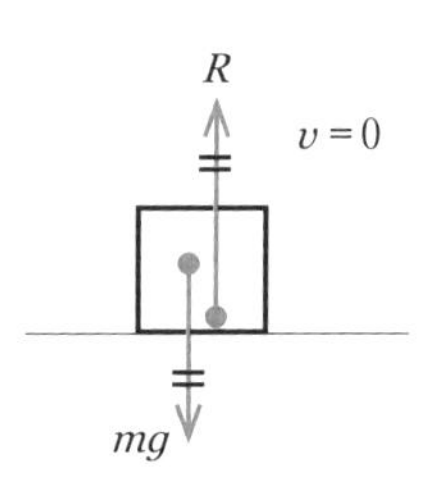

次に，下の図のように摩擦のない水平面上で，速さ v の運動をしている物体について考えます。摩擦がないので水平方向の力ははたらきませんね。鉛直方向の**力はつりあっています**。このとき，物体は速さ v で**等速直線運動を続けます**。

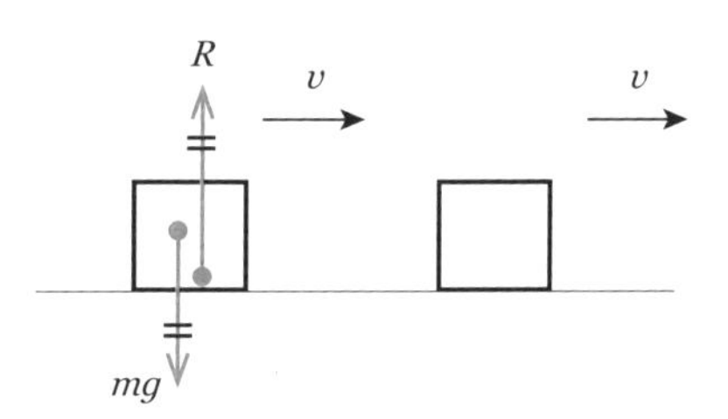

慣性の法則とは何か？

つまり，**物体に力がはたらかないか，またははたらく力がつりあっている場合，静止している物体は静止を続け，運動している物体は等速直線運動を続けようとします**。これを慣性の法則（運動の第1法則）といいます。

POINT

力のつりあい ⇔ 静止または等速直線運動

また，慣性の法則より，**物体には，力を受けなければ同じ速度を保とうとする性質がある**ことがわかります。この性質を**慣性**といいます。

ちなみに，静止している物体が静止を続けようとするということは，0という速度を続けようとするともいえますね。

慣性は，日常生活のいろいろな場面でみることができます。電車の中でよく体験する次の現象について考えてみましょう。

やってみよう Q

「慣性」という語を用いて，次の現象が起こる理由を説明せよ。
「電車内に立っているとき，電車が急停車したので倒れそうになった」

急停車するまでは電車の中にいる人は電車と同じ速度で運動しています。慣性の法則によれば，人はこの速度で運動を続けようとしますね。しかし，電車が急停車すると，電車の床も静止しようとします。足と床の間には摩擦力がはたらいているので，床は足を静止させようとして，右図のように人は倒れそうになるのです。これをまとめると次のようになります。

解答　体は慣性によって運動を続けようとするのに，足だけが床との摩擦によって静止しようとするから。 ……解答例

24 運動の法則

運動の法則　$\vec{a} = k\dfrac{\vec{F}}{m}$

物体に力を加えると，物体はその後どうなるか？

図のように，摩擦のない水平面上に物体があり，この物体に水平方向の力$\vec{F}$を加えます。物体はこの後どうなるでしょうか？

23では，慣性の法則を習いました。物体に力がはたらいていない，または力がつりあっているとき，物体は静止または等速直線運動をするのでしたね。今回は，摩擦のない水平面上にある物体に，水平方向の力$\vec{F}$を加えています。水平方向の力はつりあっていないので，等速直線運動とは異なる運動になりますね。

物体に力を加えると，物体の速度は加えた力の向きに変化していきます。すなわち，物体には加速度が生じるということです。

つまり，物体に力$\vec{F}$がはたらくと，**力$\vec{F}$の向きに加速度$\vec{a}$が生じる**ということです。記号がベクトルになっているのは，力を加えた向きに物体は加速することを表しているからです。

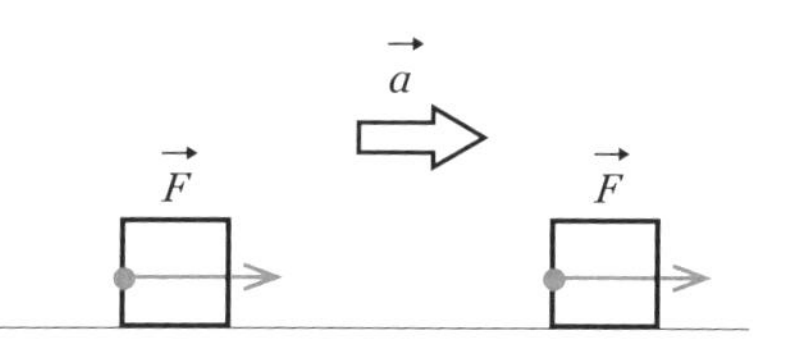

力と加速度の関係を考えよう

物体に加える力の大きさを大きくすると，生じる加速度はどのように変化するのでしょうか？　力が強くなっているのですから，加速度も大きくなりそうですね。

結論からいえば，物体に加える力の大きさを2倍，3倍，…にすると，生じる加速度の大きさは2倍，3倍，…になります。つまり，**加速度の大きさ a は，加えた力の大きさ F に比例します**。たとえば，自転車をこぐ力の大きさを2倍，3倍，…にすると，自転車の加速度の大きさ a も2倍，3倍，…になるということです。

質量と加速度の関係を考えよう

今度は，物体の質量を変化させたとき，加速度はどのように変化するかを考えていきましょう。質量を大きくすると重くなりますから，加速度は小さく(のろく)なりそうですね。

物体に加える力を一定にして，物体の質量を2倍，3倍，…にすると，物体に生じる加速度の大きさは $\frac{1}{2}$ 倍，$\frac{1}{3}$ 倍，…になります。つまり，**加速度の大きさ a は，物体の質量 m に反比例する**ことがわかります。

たとえば，自転車をこぐ力を一定にしておいて，運ぶ荷物を増やして全体の質量 m を2倍, 3倍, …にすると，自転車の加速度の大きさ a は $\frac{1}{2}$ 倍，$\frac{1}{3}$ 倍，…になるということです。

運動の法則(運動の第2法則)とは何か？

ここまでをまとめてみましょう。

物体に生じる加速度の大きさ a は，加えた力の大きさ F に比例し，物体の質量 m に反比例するので，比例定数を k として，次のように表すことができます。

$$a = k\frac{F}{m}$$

さらに，**物体に生じる加速度 $\vec{a}$ は，加えた力 $\vec{F}$ の向きに生じる**ので，べクトルを使って次のように表すことができます。

$$\vec{a} = k\frac{\vec{F}}{m}$$

これを，**運動の法則**（**運動の第 2 法則**）といいます。

POINT

運動の法則　$\vec{a} = k\frac{\vec{F}}{m}$

今回学んだ運動の法則は，物理の問題を考えるための大切な考えかたです。力を大きくすると加速度はどうなるか，質量を大きくすると加速度はどうなるか，しっかりイメージできるようにしておきましょうね。

25 運動方程式

運動方程式　$ma = F$

今回は運動方程式について学んでいきましょう。

24 では運動の法則について学習しましたね。質量 m の物体が力 $\vec{F}$ を受けるとき，生じる加速度 $\vec{a}$ は，運動の法則（運動の第２法則）より次のように表されました。

$$\vec{a} = k\frac{\vec{F}}{m}$$ …①　（k は比例定数）

運動の３法則とは何か？

これまでに学習した運動の３つの法則について，復習をしておきましょう。

運動の第１法則は慣性の法則ですね。慣性の法則とは，**物体に力がはたらいていない，または力がつりあっているとき，物体は静止または等速直線運動を続ける**という法則です。

運動の第２法則は前回学んだばかりの運動の法則ですね。**物体に力 $\vec{F}$ を加えると力 $\vec{F}$ の向きに加速度 $\vec{a}$ が生じ，加速度の大きさは，加えた力の大きさに比例し，物体の質量 m に反比例します**。すなわち，式で表せば①です。

そして運動の第３法則は作用・反作用の法則です。作用・反作用の法則は，**物体 A から物体 B に力（作用）がはたらくと，物体 B から物体 A に同じ作用線上で，大きさが等しく，向きが反対の力（反作用）がはたらく**という法則ですよ。

覚えていましたか？

これらの3つの法則はニュートンによって見つけられたため，**ニュートンの運動の3法則**といわれています。

運動方程式とは何か？

運動の法則の式

$$\vec{a} = k\frac{\vec{F}}{m} \quad \cdots ①$$

は m，$\vec{a}$，$\vec{F}$ の関係がわかるとても便利な式なのですが，比例定数の k が少し気になりますね。そこで，①式において $k=1$ となるように，力の単位を定めてしまいましょう。つまり，**質量1kgの物体にはたらいて，1m/s^2 の加速度を生じる力の大きさを1ニュートン〔N〕**と定めれば，$k=1$ とすることができて便利です。

①式を，$k=1$ とおいて整理した，$m\vec{a}=\vec{F}$ という式を**運動方程式**といいます。したがって，**運動方程式では，力の単位はニュートン〔N〕を用いる**ことになります。運動方程式は，とても便利なので覚えてしまいましょう。

POINT

運動方程式　$m\vec{a}=\vec{F}$

運動方程式の $\vec{a}$，$\vec{F}$ は，大きさと向きをもつので**ベクトル**ですが，一直線上の運動の場合，これらの向きは変位や速度と同じように正負の符号で区別することができます。実際に運動方程式を使うときは，**符号を区別する a，F を用いて**，$ma=F$ とかくことが多いです。

一直線上の運動でない場合でも，直交する x 軸と y 軸をおいて，力をそれぞれの方向に分解して，x 方向と y 方向についての運動方程式を別々に立てればよいです。

運動方程式は物理においてとても重要な式の一つなので，しっかり使いこなせるようにしましょうね。

26 運動方程式の立てかた①

今回は，運動方程式の立てかたについて学んでいきましょう。

物理では運動方程式を立てて解く問題が多いので，運動方程式をきちんと立てられるようになることが大切です。以下の手順をしっかり身につけましょう。

秘 テクニック

運動方程式を立てる手順

手順1 m：注目する物体を決める。

手順2 a：加速度aと同じ向きにx軸，それと垂直な方向にy軸を設定する。

手順3 F：力を図示し，x，y方向に分解する。

それではくわしく見ていきます。

まずは**25**の復習からです。運動方程式は覚えていますか？

運動方程式　$ma = F$

P.90

運動方程式を立てる

次の例を通して，運動方程式を立てる手順を学びます。

右図のように，傾斜角θのなめらかな斜面上に質量mの物体を静かに置きます。重力加速度の大きさをgとします。

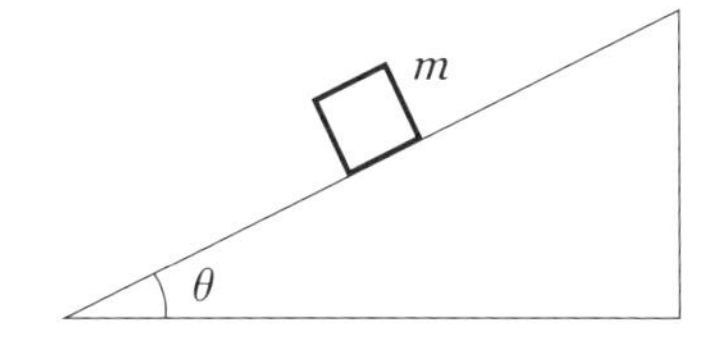

秘 テクニックの手順にしたがって，運動方程式を立ててみましょう。

手順1：まず，**mすなわち注目する物体を決めます**。今回は斜面上の物体で，

質量はもちろん m ですね。

この手順は必要ないと思われるかもしれませんが，問題が複雑になると，今どの物体に注目しているのかがわからなくなってくるので要注意です。たとえば，下の図のように，質量 m と M の2物体が重なっているような場合，質量 m の物体に注目しているのか，質量 M の物体に注目しているのか，それとも質量 $(M+m)$ の両物体に注目しているのかによって，物体にはたらく力が，まったく違ってくるのですよ。

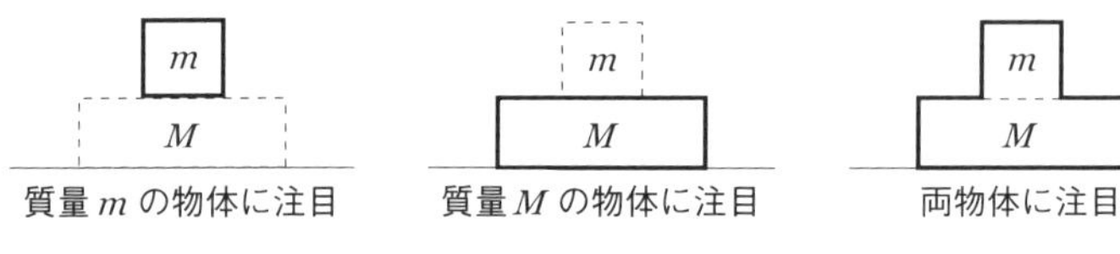

手順2：次に，**a すなわち物体の加速度と座標軸を設定します**。物体は斜面に沿って下向きにすべっていくため加速度の向きは斜面に沿って下向きになります。ですから，加速度 a と同じ，斜面に沿って下向きに x 軸を，それと垂直な方向に y 軸を設定します。

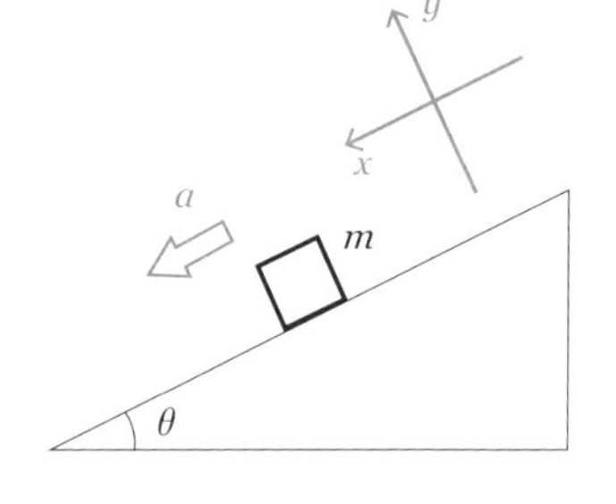

手順3：最後に，**F すなわち力を図示し，その力を x，y 方向に分解します**。物体にはたらく力には重力と抗力がありますね。抗力の大きさを N としましょう。重力だけが座標軸に対して斜めになっているので，x，y 方向に分解する必要があります。各成分の大きさは三角比を用いれば計算できますね。

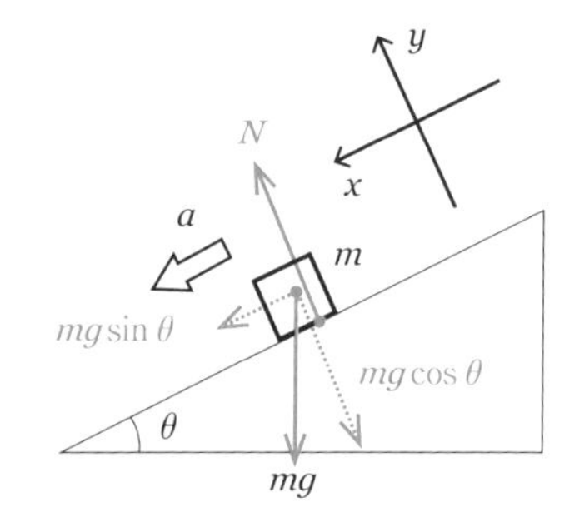

では，運動方程式を立ててみましょう。

まずは，x 軸方向の運動方程式からです。物体の x 軸方向の加速度は a，

x 軸方向の力は $mg\sin\theta$ ですから，運動方程式は次のようになります。

x 方向：　$\boldsymbol{ma = mg\sin\theta}$　…①

次に，y 軸方向の運動方程式です。物体は y 軸方向には動いていないので，加速度はもちろん0ですね。y 軸方向の力は，正の向きに N，負の向きに $mg\cos\theta$ ですから，運動方程式は次のようになります。

y 方向：　$\boldsymbol{m\times 0 = N - mg\cos\theta}$　…②

ここで，②式は $\boldsymbol{N = mg\cos\theta}$ のように表すと，**y 軸方向の力のつりあいの式**であることがわかりますね。

運動方程式から問題を解く

運動方程式を立てることができれば，問題を解くことは決して難しくありません。運動方程式を正しく立てられるようになることのほうが重要なのです。では，いくつか問題を解いてみましょう。

(1)　物体の加速度 a の大きさはいくらか？

①式より

$$\boldsymbol{a = g\sin\theta}$$

(2)　斜面が物体に及ぼす抗力 N の大きさはいくらか？

②式より

$$\boldsymbol{N = mg\cos\theta}$$

(3)　物体を置いてから時間が t だけ経過したときの，物体の速さ v とすべった距離 x はいくらか？

(1)より加速度は $g\sin\theta$ で一定なので等加速度直線運動になりますから，等加速度直線運動の公式を使いましょう。覚えていますか？

$$公式\quad v = v_0 + at,\quad x = v_0t + \frac{1}{2}at^2$$

に，それぞれ $v_0 = 0$，$a = g\sin\theta$ を代入すればすぐ求まりますね。

$$\boldsymbol{v = (g\sin\theta)t}$$

$$\boldsymbol{x = \frac{1}{2}(g\sin\theta)t^2}$$

27 運動方程式の立てかた②

26 で学んだ，運動方程式を立てる手順を思い出しながら，実際に問題を解いてみましょう。

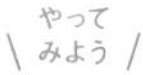

Q

傾斜角 30° のなめらかな斜面上に質量 m の物体 A をのせ，これに糸をつないで軽い滑車を経て同じ質量の物体 B をつるす。手をはなすと両物体は動き始める。重力加速度の大きさを g とする。

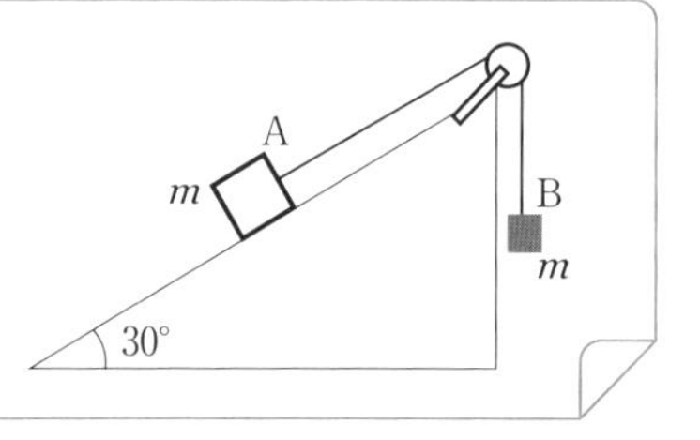

問題を解く前に，運動方程式を立てる手順を確認しましょう。

P.91

運動方程式を立てる手順

手順 1　m：注目する物体を決める。

手順 2　a：加速度 a と同じ向きに x 軸，それと垂直な方向に y 軸を設定する。

手順 3　F：力を図示し，x，y 方向に分解する。

Q

(1) A，B の加速度の大きさを求めよ。

加速度の大きさを求めるので，運動方程式を立てることになります。まず，物体 A について考えましょう。

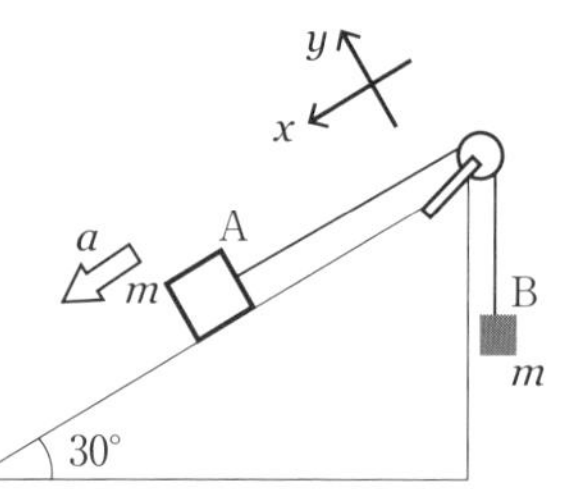

手順 1：**注目する物体を A にします**。今は B のことは考えずに A だけに注目してください。質量はもちろん m ですね。

手順 2：A が斜面に沿って上向きにすべるか下向きにすべるかはまだわからないので，とりあえず斜面に沿って下向きにすべるとして，この向きの加速度を a とします。また，**a と同じ向き，すなわち斜面に沿って下向きを x 軸**とします。また，それと**垂直な方向に y 軸を設定**します。

手順３：**A にはたらく力を考えていきましょう**。A には，1. 重力　2. 近接力である抗力と張力がはたらいていますね。ここで，抗力の大きさを N，張力の大きさを T としましょう。**重力 mg は座標軸に対して斜めの力なので，x，y 方向に分解する**必要がありますね。

重力 mg を x，y 方向に分解すると，次のようになります。

x 方向：　$mg\sin 30^\circ = \dfrac{mg}{2}$

y 方向：　$mg\cos 30^\circ = \dfrac{\sqrt{3}mg}{2}$

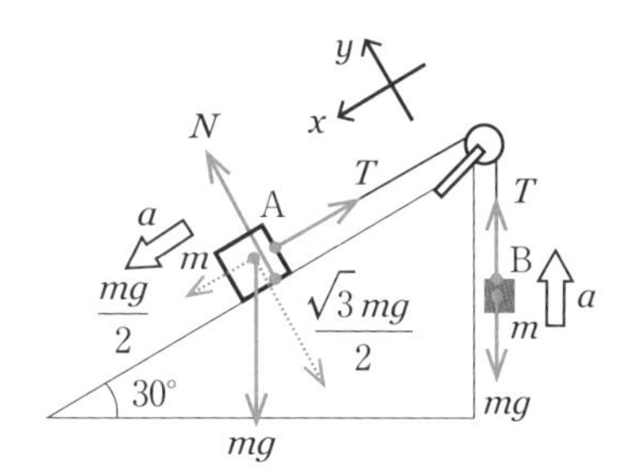

手順１～手順３を行うと右上図のようになります。同様に物体 B についても考えましょう。

手順１：A は考えずに **B に注目**しましょう。質量は A と同じ m ですね。
手順２：B は水平方向の力を受けておらず，鉛直方向にしか運動しないので，わざわざ x，y 方向を決めなくてもよいでしょう。A では斜面下向きを加速度の正の方向としたので，**自動的に B は鉛直上向きが加速度の正の向き**となり，加速度の大きさは糸でつながっている A と同じ a となります。
手順３：**B にはたらく力を考えていきましょう**。B には，重力と張力がはたらいていますね。張力の大きさは A と同じ T ですね。

以上で，A と B それぞれにはたらく力とその大きさを表すことができました。上の図で確認をしてください。力とその大きさが図示できたので，次に運動方程式を立てていきましょう。

加速度 a に関係する式は，A の x 軸方向と，B の鉛直方向なので，この 2 つについて運動方程式 $ma = F$ を立てると次のようになります。

解答

運動方程式

$$\text{A}: \quad ma = \frac{mg}{2} - T \quad \cdots①$$

$$\text{B}: \quad ma = T - mg \quad \cdots②$$

①＋②より

$$2ma = -\frac{mg}{2}$$

$$a = -\frac{g}{4}$$

$\boldsymbol{\frac{g}{4}}$ ……答

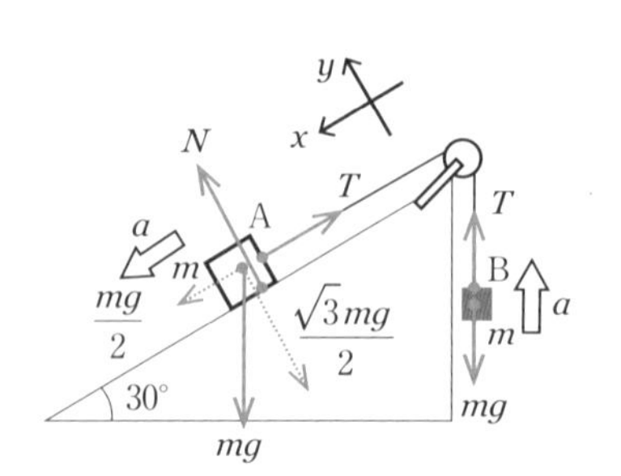

求めるのは加速度の大きさなので，$a = -\frac{g}{4}$ の絶対値をとって$\frac{g}{4}$が答えになります。

ところで，なぜ加速度aが負の値になったのでしょうか？ (1)の 手順2 で，斜面に沿って下向きに物体Aの加速度をaとして $a = -\frac{g}{4}$ となったので，**実際には，物体Aは斜面に沿って上向き(物体Bは鉛直下向き)に，大きさ$\frac{g}{4}$の加速度で等加速度直線運動をする**ことになります。

つづき Q

(2) 糸の張力の大きさを求めよ。

$a = -\frac{g}{4}$ を②式に代入すればよいですね。

解答

$$-\frac{mg}{4} = T - mg$$

$$T = \frac{3mg}{4}$$

$\boldsymbol{\frac{3mg}{4}}$ ……答

(3) 斜面が物体Aに及ぼす抗力の大きさを求めよ。

抗力は，斜面に垂直な方向にはたらいているので，斜面に垂直な方向について考えればよいですね。物体は斜面に沿って運動するので物体Aのy座標は一定ですから，力のつりあいを考えればよいです。

解答　Aのy軸方向の力のつりあいより

$$N=\frac{\sqrt{3}mg}{2}$$

(3)の別解として，y軸方向の運動方程式を立ててもよいと思います。物体Aのy軸方向の加速度は0で，Aにはたらく力は，正の向きにN，負の向きに$\frac{\sqrt{3}mg}{2}$なので，Aのy軸方向の運動方程式は，

$$m\times 0=N-\frac{\sqrt{3}mg}{2}$$

となり，(3)の力のつりあいと同じ式が導けます。

28 動滑車を含む物体の運動

解説動画

今回は，動滑車を含む物体の運動について考えていきましょう。動滑車とは，文字どおり，動く滑車のことをいいます。また今まで，たびたび問題に出てきた固定されている滑車を定滑車といいます。

なめらかな水平面上に質量 m の物体Pをのせ，これに糸をつけて，軽くて摩擦のない滑車A，B(Aは定滑車，Bは動滑車)を経て，他端を天井に固定する。Bの両端の糸はともに鉛直で，Bには質量 m の物体Qをつるす。重力加速度の大きさを g とする。

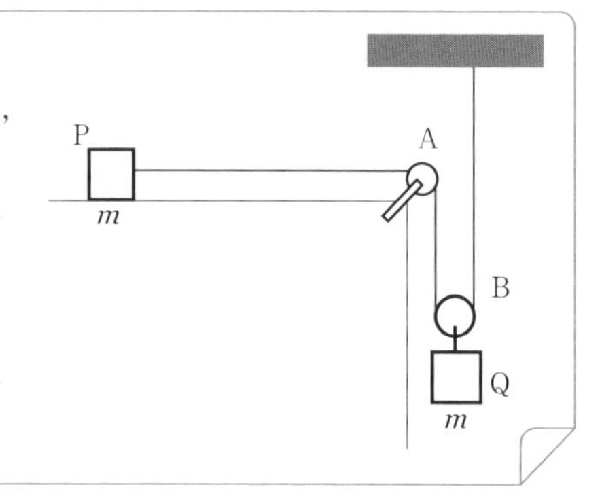

(1) Qの移動距離が s のとき，Pの移動距離はいくらか。

Qが s だけ下がった状態を考えてみましょう。このとき，動滑車側の糸は動滑車の左右にある赤い部分の長さだけ長くなりますね。そして，その長さの分だけ物体Pが移動することになります。赤い部分の長さの合計は s が2本で $2s$ なので，Pの移動距離も $2s$ となります。

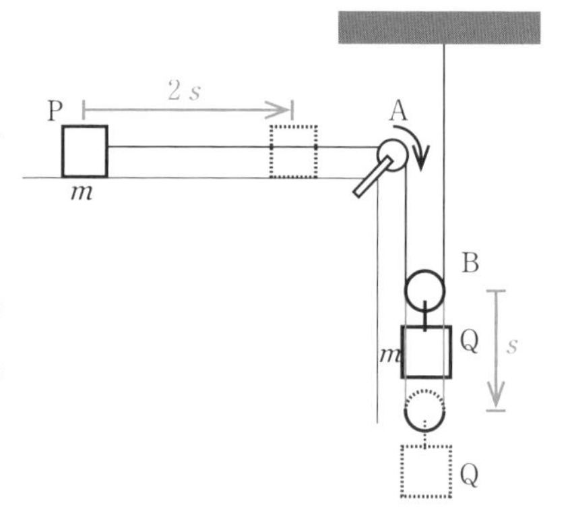

$2s$ ……答

(2) Qの速さがvのとき，Pの速さはいくらか。

速さとは1秒間あたりの移動距離ですね。Qが1秒でs移動すれば，(1)よりPは1秒で$2s$だけ移動するので，QとPの速さの比は，つねに1：2となります。

Qの速さがvのとき，Pの速さは$2v$

(2)よりQとPの速さの比が1：2であることがわかりましたね。

では，同じように加速度の比についても考えてみましょう。加速度とは1秒間あたりの速度変化のことでした。Qが静止した状態から1秒間で速さがvとなったとき，Pは静止した状態から1秒間で速さが$2v$となるので，QとPの加速度の大きさの比も1：2となります。

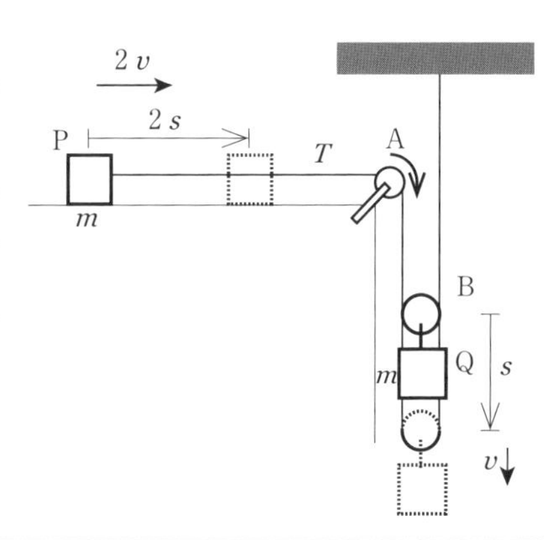

(3) P，Qの加速度の大きさをそれぞれ求めよ。

P，Qの加速度を求める問題なので，P，Qそれぞれについて運動方程式を立てていきましょう。手順はm，a，Fの順番でしたね。

まずPに注目します。質量はmですね。Pの右向きの加速度を$2a$としておきましょう。これは，QとPの加速度の大きさの比が1：2なので計算しやすくするためです。

そして，右向きを加速度の正の向きとします。Pにはたらいている力は重力mg，抗力，張力です。抗力の大きさをN，張力の大きさをTとおきます。ここまでを図に表すと右上のようになります。

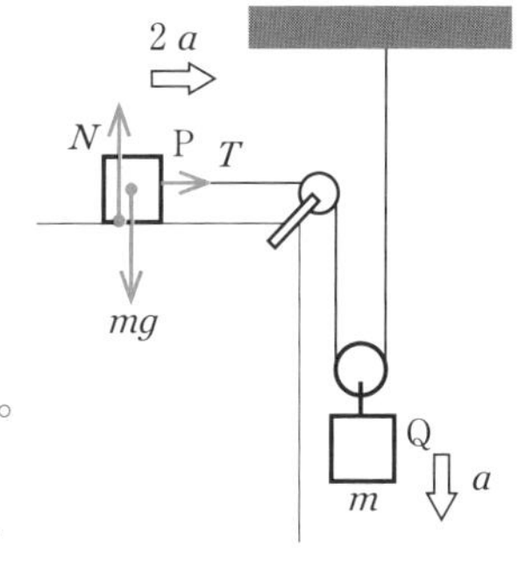

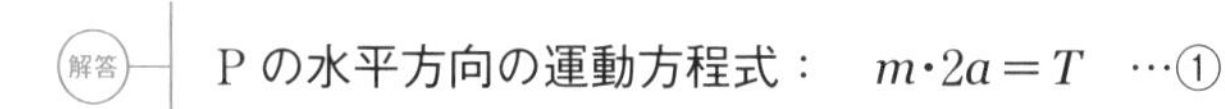

解答　Pの水平方向の運動方程式：　$m \cdot 2a = T$　…①

次に，Qに注目します。質量はmですね。Pの右向きの加速度を$2a$としたので，自動的にQの下向きの加速度はaとなります。そして，下向きを加速度の正の向きとします。

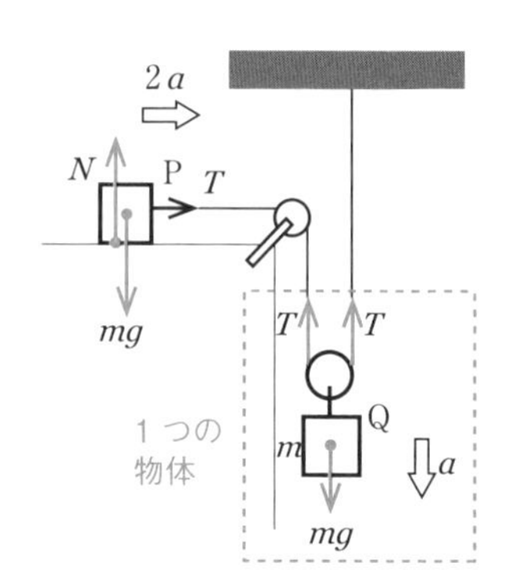

Qにはたらいている力を考えるのですが，動滑車からQにはたらく力の大きさがよくわかりませんね。動滑車は軽く質量が無視できるので，このようなときは，Qと動滑車をまとめて質量mの1つの物体とみなして考えましょう。すると，この物体には重力mgと2つの張力がはたらいていることになります。それぞれの張力の大きさはPにはたらく張力と同じ大きさなのでTとなります。ここまでを図に表すと右上のようになります。

Qの鉛直方向の運動方程式：　$m \cdot a = mg - 2T$　…②

①を②に代入すると

$$ma = mg - 4ma$$

$$a = \frac{g}{5}$$

P，Qの加速度の大きさはそれぞれ$2a$，aなので

$$\text{P}：\frac{2g}{5}\quad \text{Q}：\frac{g}{5}$$

P：$\frac{2g}{5}$　Q：$\frac{g}{5}$ ……答

つづき Q

(4) 糸の張力の大きさを求めよ。

解答　$a = \frac{g}{5}$ を①式に代入して

$$T = 2m \times \frac{g}{5} = \frac{2mg}{5}$$

$\frac{2mg}{5}$ ……答

29 静止摩擦力

▽解説動画

\押さえよ/

→ **最大摩擦力 （すべり始める直前の摩擦力） $F_0 = \mu_0 N$** (ミュー)

今回は静止摩擦力と最大摩擦力について学びます。この2つの摩擦力は，求め方がまったく異なりますので，その違いに注意してくださいね。

静止摩擦力とは何か？

今まで扱った問題では，なめらかな面という設定が多かったと思いますが，身のまわりでは，なめらかな面はあまり存在しません。つるつるした氷の上に置いてある物体は，押せば簡単にすべっていきますが，コンクリートや土の上に置いてある物体は，押してすべらせることは難しいですね。このように，物体を押してもすべり出さない原因となる力，すなわち**静止している物体にはたらいている摩擦力**を**静止摩擦力**といいます。

まずは，あらい(摩擦のある)水平面上に置かれている物体について考えてみましょう。今，この物体には重力 mg と抗力 R がはたらいていて，それらの力はつりあっているので，物体にはたらく力は右図のようになりますね。

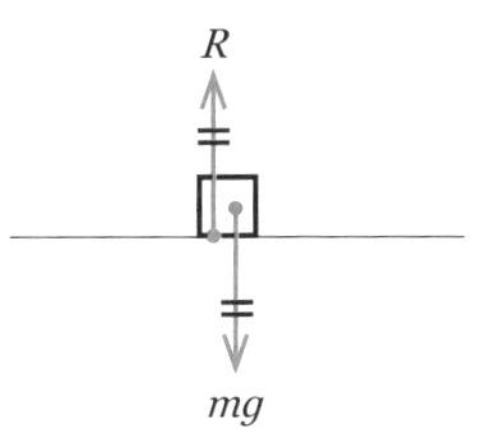

次に，物体に水平右向きの力 f を加えても，物体は静止したままである状態について考えてみましょう。物体には重力 mg，力 f，抗力 R がはたらいていますね。今，物体が静止しているのは，はたらいている力がつりあっているからです。したがって，抗力 R の向きは図のように左に傾きます。

このときの抗力 R は面に垂直な方向と水平な方向に分けて考えることができます。**抗力の面に垂直上向きの分力**を**垂直抗力** N，**面に平行左向き**

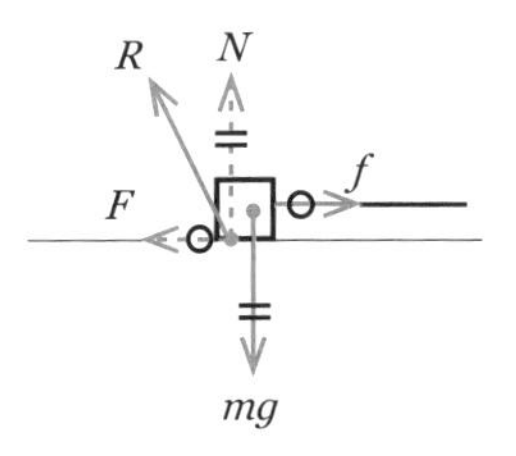

の分力を静止摩擦力 F といいます。ここで出てきた mg, f, N, F は，それぞれの**力の大きさ**を表すこととします。

物体は静止しているので，前ページの図を見て力のつりあいの式を立てると，次のようになります。

水平方向： $F=f$ …①　　鉛直方向： $N=mg$

物体が水平面から受ける力はあくまで抗力 R のみです。しかし，摩擦力のある問題を解くときには，抗力 R を面に平行な分力と面に垂直な分力に分けて考えることが多いので，**はじめから抗力 R をかくかわりに垂直抗力 N と摩擦力 F を図示するほうがよい**でしょう。

最大静止摩擦力とは何か？

①式より，物体に加える力 f を大きくしていくと静止摩擦力 F も大きくなっていきますが，力 f がある限界値を超えると，物体はついにすべり始めます。f を大きくしていき，物体が**すべり始める直前**になったときについて考えてみましょう。

抗力を垂直抗力と摩擦力に分けて図示すると，物体にはたらいている力は，重力 mg, 力 f, 垂直抗力 N, 静止摩擦力 F となりますね。

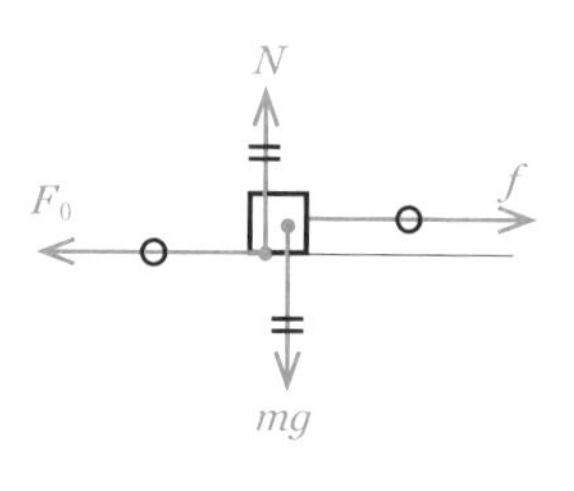

物体が**すべり始める直前，静止摩擦力 F は最大値 F_0** になっており，このときの摩擦を最大摩擦力（最大静止摩擦力）といいます。よって，物体にはたらく力は右図のようになります。

ここで，**最大摩擦力の大きさ F_0 は垂直抗力の大きさ N に比例**し，次のように表すことができます。

POINT

最大摩擦力　$F_0=\mu_0 N$　　μ_0：静止摩擦係数

比例定数 μ_0 を静止摩擦係数といいます。これは，**接触する両物体の面の**

状態によって定まる定数です。氷のようにつるつるしたものどうしだと μ_0 は小さく，紙ヤスリのようにざらざらしたものどうしだと μ_0 は大きくなります。

ここで，$\boldsymbol{F_0 = \mu_0 N}$ **の式は，物体が動き始める直前にしか用いることができないことに注意**しましょう。一方，最大静止摩擦力ではない，単なる静止摩擦力は，力のつりあいの式を立てて求めないといけません。

ではここで，少し問題を解いてみましょう。

質量 m の物体をのせた板を徐々に傾けていくと，傾斜角が 30° を超えたところで物体がすべり始めた。物体と板との間の静止摩擦係数はいくらか。

問題文より，傾斜角が 30° のとき，物体はすべり始める直前の状態にあることがわかるので，このとき摩擦力は最大摩擦力となっています。物体にはたらいている力は重力 mg，垂直抗力 N，最大摩擦力 $F_0 = \mu_0 N$（mg，N，$\mu_0 N$ は，それぞれ力の大きさを表す）で，重力を斜面に垂直な方向と平行な方向に分解すると，下図のようになります。

物体は静止しているので，立てる式は力のつりあいの式です。

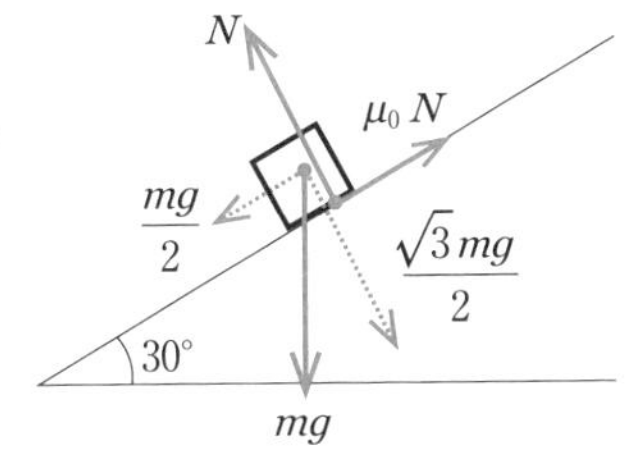

解答

力のつりあい

斜面に平行な方向：　$\mu_0 N = \dfrac{mg}{2}$

斜面に垂直な方向：　$N = \dfrac{\sqrt{3}mg}{2}$

上の 2 式より N を消去して

$\mu_0 = \dfrac{1}{\sqrt{3}}$

30 動摩擦力

▽解説動画

\押さえよ/ →

動摩擦力 $F=\mu N$

動摩擦力とは何か？

29 では，静止摩擦力について学びました。物体がすべり始める直前の摩擦力を最大摩擦力といいましたね。今回は，物体がすべり始めたあと，すなわち動いている物体にはたらく摩擦力について見ていきましょう。

あらい水平面上を，質量 m の物体が図のように右向きにすべっている状態を考えます。このとき，物体には重力 mg の他に垂直抗力 N と摩擦力 F がはたらいていますね。

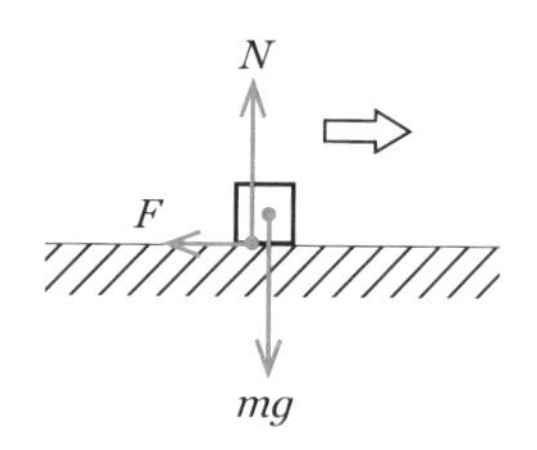

動いている物体にはたらく摩擦力を動摩擦力といいます。最大摩擦力と同じように，**動摩擦力の大きさ F も垂直抗力の大きさ N に比例し**，次のように表されます。

POINT

動摩擦力 $F=\mu N$ 　 μ: 動摩擦係数

比例定数 μ は，**接触する両物体の面の状態によって定まる定数**で，動摩擦係数といいます。

動摩擦力と最大摩擦力の関係について考えよう

動摩擦力の式は，29 で学んだ最大摩擦力の式とよく似ていますね。

最大摩擦力　$F_0 = \mu_0 N$　　μ_0：静止摩擦係数

P.102

一般に，動摩擦係数 μ は静止摩擦係数 μ_0 よりも小さいことがわかっています。したがって，動摩擦力 μN は最大摩擦力 $\mu_0 N$ よりも小さいことになります。

重い荷物を横にすべらせて移動させる場合，荷物が動き出す直前がいちばん加える力が大きくて，動き出した後は割とラクにすべらせることができた，という経験はありませんか？　これはまさに，動摩擦力のほうが最大摩擦力よりも小さいことを表しています。

動摩擦力についてわかってきたところで，動摩擦力に関する問題を少し解いてみましょう。

傾斜角が 30° のあらい斜面上を物体がすべり降りている。運動の向きを正の向きにとると，加速度はいくらになるか。

ただし，面と物体との間の動摩擦係数を μ，重力加速度の大きさを g とする。

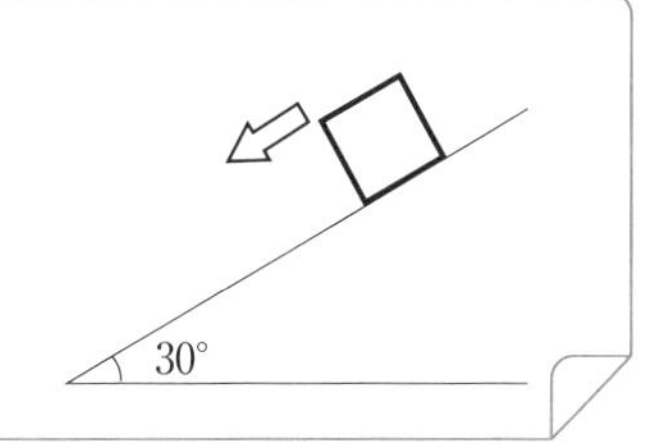

加速度を求める問題なので，運動方程式を立てればよいですね。

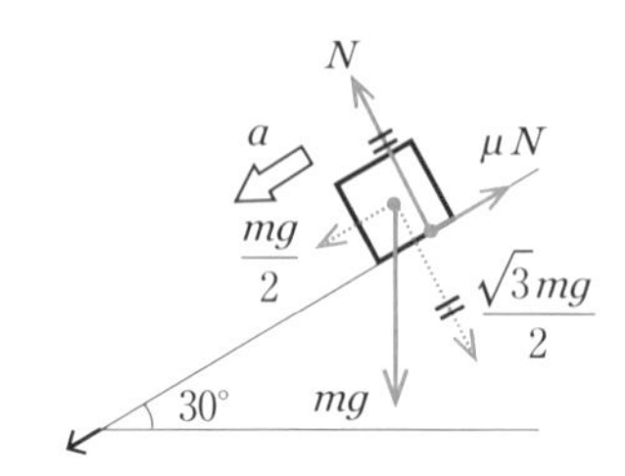

物体の質量は与えられていないので m としておきましょう。加速度は斜面に平行下向きに a とおきます。

物体には重力 mg，垂直抗力 N，さらに，N に比例した大きさをもつ動摩擦力 $F=\mu N$ がはたらいています（mg，N，μN はそれぞれの力の大きさを表しています）。重力を斜面に垂直な方向と平行な方向に分解すると，右図のようになります。

解答

斜面に平行な方向の運動方程式

$$ma=\frac{mg}{2}-\mu N \quad \cdots ①$$

斜面に垂直な方向の力のつりあいの式

$$N=\frac{\sqrt{3}mg}{2} \quad \cdots ②$$

②を①に代入すると

$$ma=\frac{mg}{2}-\frac{\sqrt{3}\mu mg}{2}$$

$$a=\frac{(1-\sqrt{3}\mu)\,g}{2}$$

$$\boldsymbol{\frac{(1-\sqrt{3}\mu)\,g}{2}}$$ ……答

31 摩擦のある運動①

29と30では，静止摩擦力と動摩擦力について学びました。今回は，摩擦力のおさらいをしながら，摩擦のある運動の問題を解いていきましょう。

あらい水平な床上をすべっている物体は，徐々に減速していきます。これは，**動いている向きと逆向きに動摩擦力がはたらいているから**です。また，あらい水平な床の上に置かれた物体に小さな力を加えても物体は動きません。これは，**物体が動こうとする向きと逆向きに静止摩擦力がはたらいているから**です。そこで，摩擦力のはたらく向きについてまとめると，次の秘テクニックのように言い表すことができます。

秘テクニック

摩擦力の向き
物体が動いている向き，または動こうとする向きと逆向きにはたらく

では問題を解いてみましょう。

傾斜角30°のあらい斜面上に，質量Mの物体が糸に結ばれて静止している。糸は滑車を経て他端に質量の無視できる皿をつけている。

皿には砂がのせられ，この砂の質量をわずかずつ変えていく。斜面と物体との間の静止摩擦係数をμ_0，動摩擦係数をμ，重力加速度の大きさをgとする。

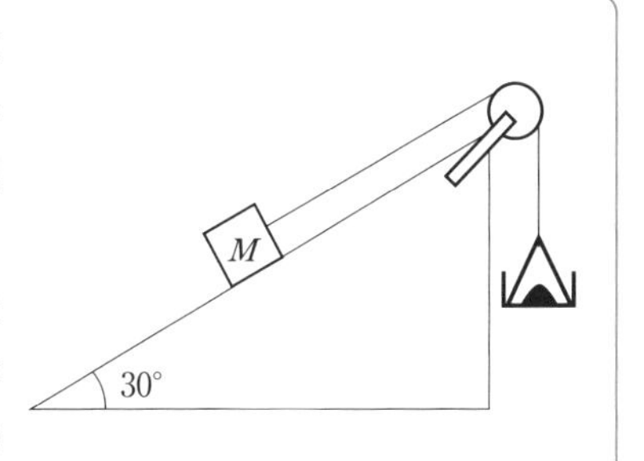

つづき Q

(1) 砂の質量を m_1 より大きくすると，物体は斜面を上り始める。
質量 m_1 はいくらか？

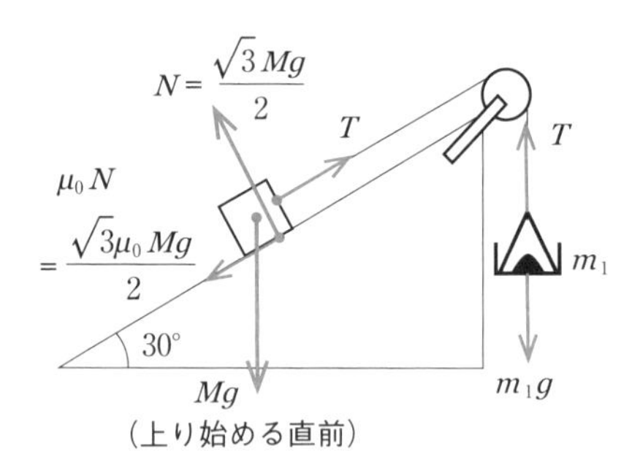

(上り始める直前)

砂の質量が m_1 のとき，物体は上り始める直前の状態なので，物体には最大摩擦力がはたらきます。ここで，物体は斜面に平行上向きに動こうとしているので，摩擦力の向きは 秘 テクニックより，**動こうとする向きと逆向き**にはたらくので，斜面に平行下向きです。

したがって，物体にはたらく力は，重力 Mg，張力 T，垂直抗力 N，最大摩擦力 $\mu_0 N$(Mg，T，N，$\mu_0 N$ はそれぞれの力の大きさを表す)なので，これらを図示すると右上のようになります。

砂の質量が m_1 のとき，物体は斜面を上り始める直前，すなわち**静止しているので**，**力のつりあいの式**を立てることができます。この問題のように式がたくさん出てきそうなときには，わかりきっている力の大きさは，図の中にあらかじめかき込んでおくとよいでしょう。この場合，N の値がそれに当たります。物体について斜面に垂直な方向の力のつりあいから，

$N=\frac{\sqrt{3}Mg}{2}$ はわかりきっているので図の中にかき込んでしまいましょう。

したがって，物体の斜面に平行な方向の力のつりあいの式と砂の鉛直方向の力のつりあいの式は，次のようになります。

解答

力のつりあい

物体：　$T=\frac{Mg}{2}+\frac{\sqrt{3}\mu_0 Mg}{2}$

砂　：　$T=m_1 g$

上の 2 式より T を消去して

$m_1=\frac{(1+\sqrt{3}\mu_0)M}{2}$

$\boldsymbol{m_1=\frac{(1+\sqrt{3}\mu_0)M}{2}}$ ……答

(2) 砂の質量を m_2 より小さくすると，物体は斜面を下り始めた。質量 m_2 はいくらか？

今度は，物体は斜面に平行下向きに動こうとするので，最大摩擦力の向きは 秘 テクニックより，**動こうとする向きと逆向き**にはたらくので，斜面に平行上向きになります。物体には，重力 Mg，張力 T，垂直抗力 $N=\dfrac{\sqrt{3}Mg}{2}$，最大摩擦力 $\mu_0 N=\dfrac{\sqrt{3}\mu_0 Mg}{2}$ がはたらいています。一方，砂には重力 m_2g と張力 T がはたらいています。よって，それぞれにはたらいている力は右図のようになります。

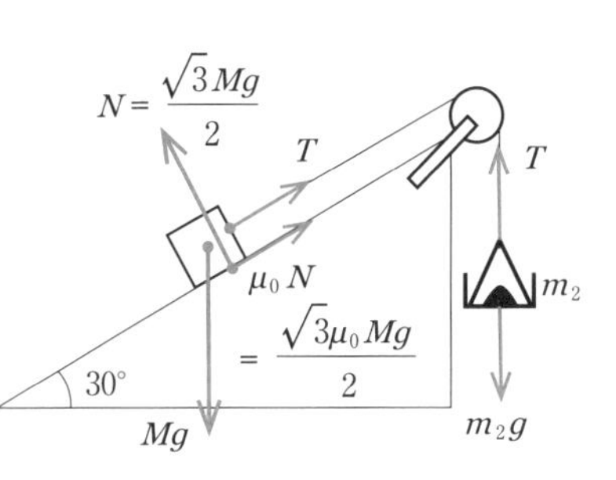

(1)同様，物体と砂は**静止しているので，立てる式は力のつりあい**ですね。

解答

力のつりあい

物体：　$T+\dfrac{\sqrt{3}\mu_0 Mg}{2}=\dfrac{Mg}{2}$

砂　：　$T=m_2g$

よって，2式より T を消去して

$$m_2=\frac{(1-\sqrt{3}\mu_0)M}{2}$$

$\boldsymbol{m_2=\dfrac{(1-\sqrt{3}\mu_0)M}{2}}$ …… 答

＼つづき／
Q

(3) 砂の質量を $2M(>m_1)$ にしたところ，物体は斜面を上っていった。物体の加速度の大きさはいくらか？

このときの物体は斜面に平行上向きに動いているので，㊙ テクニックより，物体には**動いている向きと逆向き**，すなわち斜面に平行下向きに動摩擦力がはたらくことになります。

今回は物体と砂は**加速度運動しているので，力のつりあいではなく運動方程式**を立てましょう。

物体の加速度 a の向き，すなわち斜面に平行上向きを正の向きとします。物体には，重力 Mg，張力 T，垂直抗力 $N=\dfrac{\sqrt{3}Mg}{2}$，動摩擦力 $\mu N=\dfrac{\sqrt{3}\mu Mg}{2}$ がはたらいていますね。

砂は物体と同じ大きさの加速度 a で，鉛直下向きに運動しています。砂には重力 $2Mg$，張力 T がはたらいています。

よって，それぞれにはたらく力は右図のようになります。

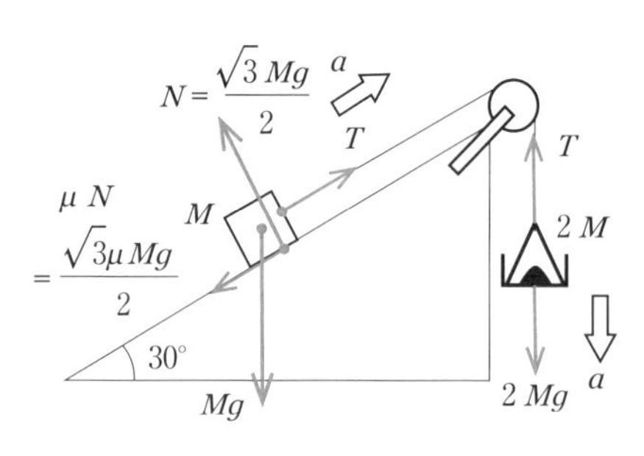

したがって，物体と砂の運動方程式は次のようになります。

解答

運動方程式

物体：　$Ma=T-\dfrac{Mg}{2}-\dfrac{\sqrt{3}\mu Mg}{2}$

砂　：　$2Ma=2Mg-T$

上の 2 式の辺々を加えると，T が消去できて，

$$3Ma=2Mg-\frac{Mg}{2}-\frac{\sqrt{3}\mu Mg}{2}$$

$$a=\frac{(3-\sqrt{3}\mu)\,g}{6}$$

$\dfrac{(3-\sqrt{3}\mu)\,g}{6}$ ……答

32 摩擦のある運動②

31 に続いて，摩擦のある運動の2回目です。今回は「親子亀問題」といって，重ねられた2物体間にはたらく摩擦力についての問題です。入試物理では，典型的な問題の一つです。それでは，やっていきましょう。

なめらかな水平な床の上に，質量 m の物体Aと質量 $2m$ の物体Bが重ねて置かれている。AとBの間にだけ摩擦があり，その動摩擦係数を μ，重力加速度の大きさを g とする。

Aに加える水平な力を徐々に大きくしていき，その大きさが F のとき，A，Bは一体となって運動した。

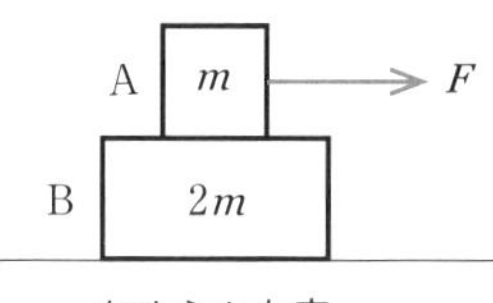

(1) AとBの間にはたらく摩擦力の大きさはいくらか？

解答に入る前に 31 の復習です。摩擦力の向きを考えるときに便利な次の 秘 テクニックを思い出しておきましょう。今回は，この 秘 テクニックをフル活用していきますよ。

秘 テクニック

摩擦力の向き

物体が動いている向き，または動こうとする向きと逆向きにはたらく

まず，ここで立てる式は何でしょうか。**AとBは一体となって運動しているのだから運動方程式**ですね。それでは，Aの運動方程式を立てる準備をしましょう。

Aの加速度は右向きに a_1 とします。Aには，重力 mg，外力 F，垂直抗力 N，Bとの間の摩擦力 f がはたらいていますね（mg，F，N，f はそれぞれの力の大きさを表しています）。**AはBに対して右向きに動こうとしているので，**

Bとの間にはたらく摩擦力の向きは逆向きである左向きとなります。Aにはたらく力を図示すると，右のようになります。

次に，Bの運動方程式を立てる準備をしましょう。

Bの質量は $2m$，加速度はAと同じなので右向きに a_1 ですね。Bには，重力 $2mg$，床からの抗力 R，AがBから受けた垂直抗力の反作用 N，Aとの間の摩擦力 f がはたらいています。**BはAに対して左向きに動こうとしているので，Aとの間にはたらく摩擦力の向きは右向き**になります。Bにはたらく力を図示すると，右のようになります。

図を見ると，**AがBから受ける摩擦力とBがAから受ける摩擦力は，作用・反作用の関係になっているので，大きさは同じ $\boldsymbol{f}$ で表し，向きは反対になっている**ことに注意しましょう。

上の図を見ながら，A，Bそれぞれの水平方向の運動方程式を立てると次のようになります。

解答

運動方程式

A：　$ma_1 = F - f$　…①　　　B：　$2ma_1 = f$　…②

②より，　$a_1 = \dfrac{f}{2m}$

これを①に代入して

$$\frac{f}{2} = F - f$$

$$f = \frac{2F}{3}$$

$\boldsymbol{f = \dfrac{2F}{3}}$ ……答

(2) Aに加える力の大きさが $\dfrac{3F}{2}$ より大きくなると，AはBの上をすべり始める。AとBの間の静止摩擦係数はいくらか？

Aに加える力の大きさが $\dfrac{3F}{2}$ のとき，物体はすべり始める直前の状態なので，AとBの間に生じる摩擦力は**最大摩擦力**となります。

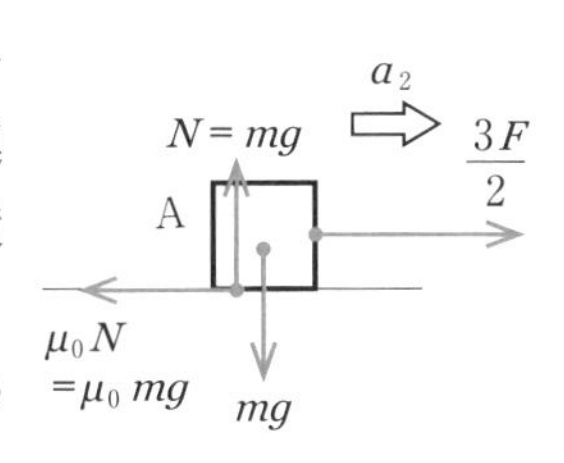

また，すべり始める直前において，AとBは一体となっているため，水平方向に同じ加速度で運動していると考えられます。この右向きの加速度をa_2としましょう。

では，運動方程式を立てる準備からです。Aの質量はm，加速度は右向きにa_2ですね。Aには重力mg，外力$\frac{3F}{2}$，垂直抗力$N = mg$，最大静止摩擦力$\mu_0 N = \mu_0 mg$ がはたらいています。

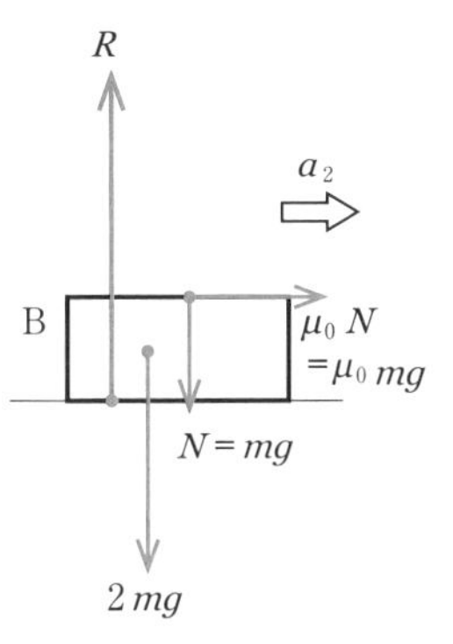

Bの質量は$2m$，加速度はAと同じa_2ですね。Bには，重力$2mg$，床からの抗力R，AがBから受けた垂直抗力の反作用$N = mg$，最大静止摩擦力$\mu_0 N = \mu_0 mg$がはたらいています。

それぞれの物体にはたらいている力を図に表すと上のようになります。摩擦力の向きは(1)のときと変わらないので，A，Bそれぞれの水平方向の運動方程式は次のようになります。

解答

運動方程式

$$\text{A:}\quad ma_2 = \frac{3F}{2} - \mu_0 mg \quad \cdots③$$

$$\text{B:}\quad 2ma_2 = \mu_0 mg \quad \cdots④$$

④より　$a_2 = \frac{\mu_0 g}{2}$

これを③に代入して

$$\frac{\mu_0 mg}{2} = \frac{3F}{2} - \mu_0 mg$$

$$\mu_0 = \frac{F}{mg}$$

つづき
Q

(3) Aに加える力の大きさが$2F$になると，A，Bは別々の加速度で運動する。A，Bの加速度の大きさは，それぞれいくらか？

Aにだけ力を加えて，AとBは右向きに別々の加速度で運動をしているので，AはBの上を右向きにすべっていることがわかります。したがって，AとBの間の摩擦力は動摩擦力となります。A，Bの加速度をそれぞれ右向きにa，a'として，それぞれの運動方程式を立てていきましょう。

では，運動方程式を立てる準備からです。

Aの質量はm，加速度はaですね。Aには，重力mg，外力$2F$，垂直抗力$N=mg$，左向きの動摩擦力$\mu N=\mu mg$がはたらいています。

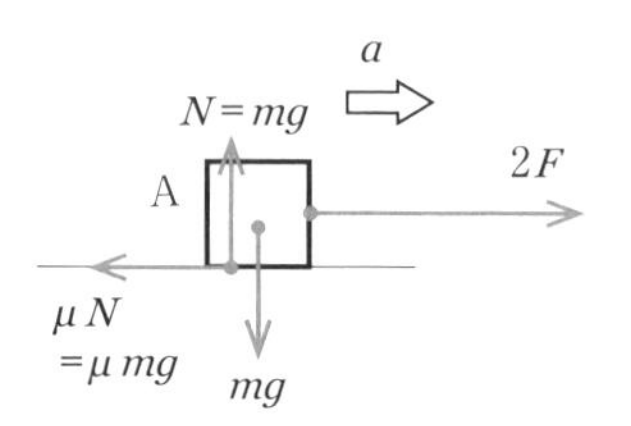

Bの質量は$2m$，加速度はa'ですね。Bには，重力$2mg$，床からの抗力R，AがBから受けた垂直抗力の反作用$N=mg$，右向きの動摩擦力$\mu N=\mu mg$がはたらいています。

よって，それぞれの力を図に表すと右のようになりますね。

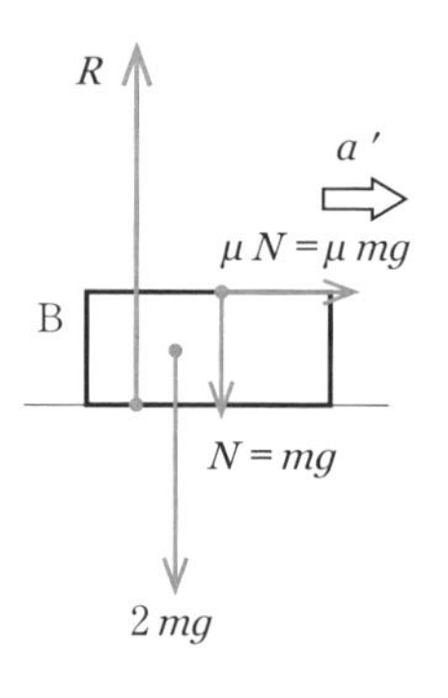

したがって，A，Bそれぞれ水平方向の運動方程式は，次のようになります。

解答

運動方程式

A：　$ma=2F-\mu mg$

$$a=\frac{2F}{m}-\mu g$$

B：　$2ma'=\mu mg$

$$a'=\frac{\mu g}{2}$$

A：$\dfrac{2F}{m}-\mu g$，B：$\dfrac{\mu g}{2}$ ……答

33 空気抵抗と終端速度

今回は空気抵抗と終端速度について学んでいきましょう。

7で学んだ自由落下運動は，空気抵抗を無視することができる場合に起こりますが，実際には空気抵抗を無視することはできません。初速度0で落下を始めても自由落下運動とはならず，別の落下運動になります。その代表的なものが雨粒の運動です。

空気抵抗と終端速度

質量 m の雨粒が空気中を落下する運動について考えます。初速度を0，重力加速度の大きさを g として，雨粒の落下運動を次の❶～❸の過程に分けて考えていきましょう。

❶ 雨粒は落下を始めた瞬間，速さは0なので，雨粒には重力だけがはたらき，雨粒の加速度は鉛直下向きで，大きさは g となります。

❷ 雨粒の速さが v になると，雨粒には重力以外に空気抵抗力がはたらきます。その向きは鉛直上向きで，大きさは速さに比例し，kv となります。したがって，雨粒の運動方程式は鉛直下向きの加速度を a とすると，次のように表すことができます。

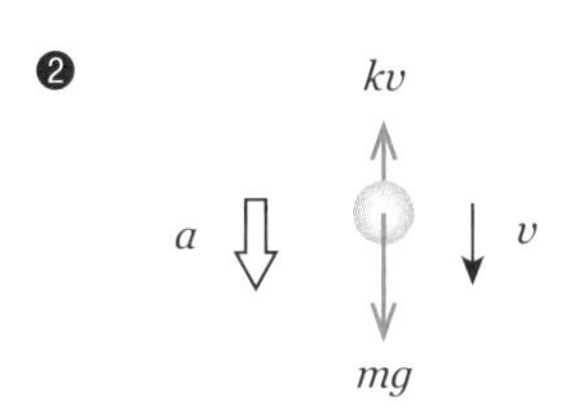

$$ma = mg - kv \quad \cdots(\mathrm{i})$$

$kv<mg$ の間は加速度 $a>0$ であるため，v は時間とともに増加していきます。また(i)式より，v が増加していくのにしたがって a の値が減少していくこともわかります。つまり，速さ v が大きくなると加速度 a は小さくなります。

❸ やがて速さ v が大きくなり，$kv = mg$ になると，(i)式より加速度 $a = 0$ となり，v は一定になります。これ以後，雨粒は等速直線運動をします。このときの速度を**終端速度**といいます。

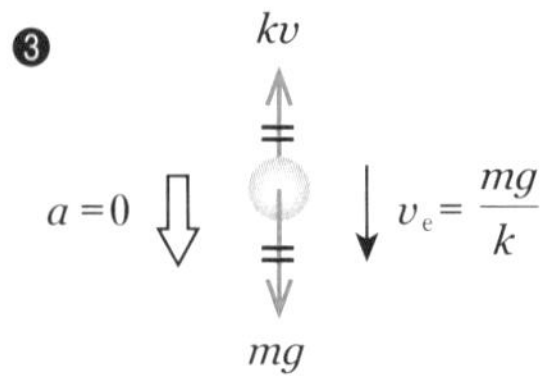

終端速度の大きさ v_e を求めてみましょう。
(i)式において，$a = 0$，$v = v_e$ として，

$$m \times 0 = mg - kv_e$$

$$v_e = \frac{mg}{k}$$

やってみよう Q

雨粒が落下を始めた時刻を $t=0$ として，時刻 t に対する雨粒の速さ v の変化をグラフに表せ。

❶より，$t = 0$ のとき $v = 0$ ですから原点を通ります。また，加速度 a は $a = \dfrac{\Delta v}{\Delta t}$ なので v-t グラフの傾きを表します。したがって，原点Oでの傾きは $\dfrac{\Delta v}{\Delta t} = a = g$ となります。

❷より，時間とともに v は増加し，v-t グラフの傾きである a は減少していくので，上に凸の曲線になります。

❸より，十分に時間経過すると $a = 0$，すなわち v-t グラフの傾きは0となり，v は終端速度 $\dfrac{mg}{k}$ で一定になります。

以上より，解答は次のようなグラフになります。

解答

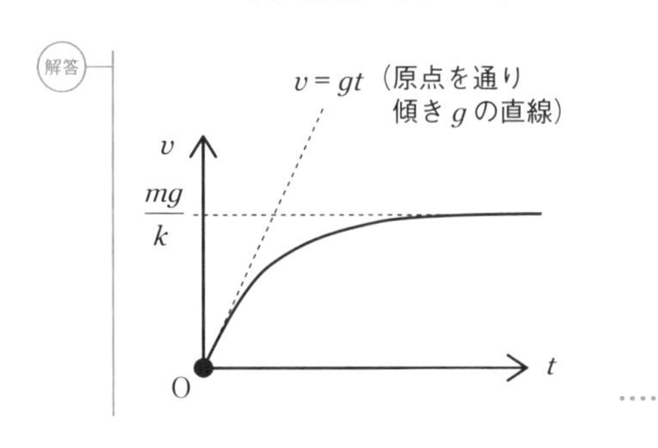

……答

34 運動量と力積の関係

\押さえよ/

→ **運動量の変化は，受けた力積(りきせき)に等しい**

今回は，運動量と力積の関係について学んでいきます。

運動方程式から運動量と力積の関係を導こう

右の図のような，摩擦のない水平面上にある質量 m の物体について考えます。この物体に水平方向の一定の力 $\vec{F}$ を時間 Δt の間加えると，物体の速度が $\vec{v}$ から $\vec{v}'$ に変化しました。

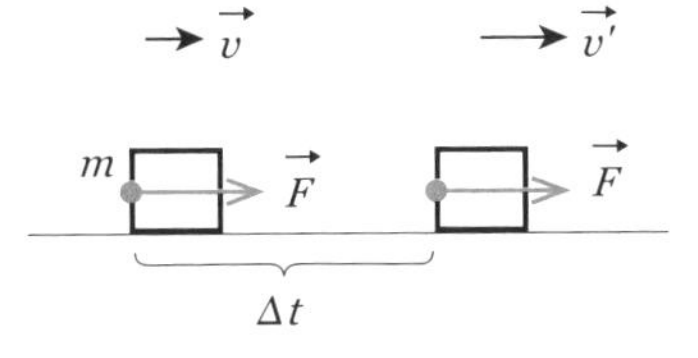

この間の物体の運動方程式を立ててみましょう。加速度は次のように表すことができましたね。

加速度 $\vec{a} = \dfrac{\Delta \vec{v}}{\Delta t}$

P.23

よって，運動方程式 $m\vec{a} = \vec{F}$ は次のように書き表すことができます。

$$m\frac{\vec{v}' - \vec{v}}{\Delta t} = \vec{F}$$

$$m\vec{v}' - m\vec{v} = \vec{F}\Delta t$$

上の式を見ると左辺の各項は(質量)×(速度)，右辺は(力)×(時間)という形をしています。ここで，**(質量)×(速度)**を運動量，**(力)×(時間)**を力積といいます。「運動量」と「力積」という語を用いると，上の式は次のように言い表すことができます。

物体の運動量の変化は，物体が受けた力積に等しい

それでは，問題を解いてみましょう。

やってみよう Q

質量 0.20kgのボールが速さ 30m/s で飛んでくる。

つづき Q

(1) このボールを速さ 50m/s で逆向きにバットで打ち返した。
ボールが受けた力積を求めよ。

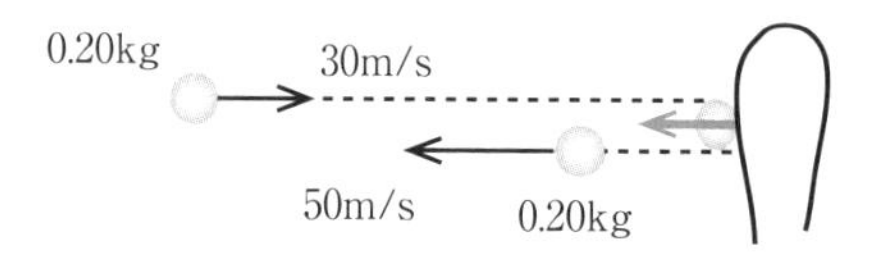

このような力積を求める問題は，先ほどの❗POINTを用いて考えることができます。つまり，**力積を求めるには，物体の運動量の変化を求めればよい**ことになりますね。

ここで，**速度はベクトル**であることに注意しましょう。一直線上で物体が運動しているので，初速度の向き（右向き）を正の向きとして考えます。

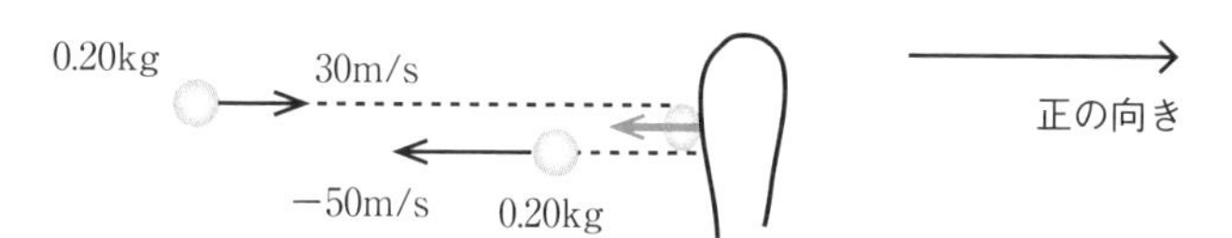

図を見ながら，運動量の変化を求めます。

復習 ○○の変化＝（あと）−（まえ）

P.10

解答

あとの運動量：　0.20×(−50)

まえの運動量：　0.20×30

したがって，運動量の変化は

$$0.20\times(-50)-0.20\times30=-16$$

ここで，**力積 $\vec{F}\Delta t$ はベクトル**ですから，向きと大きさがあることに気をつけましょう。符号が負なので，ボールが受けた力積はボールの初速度と逆向きです。

ボールの初速度と逆向きに 16N·s …… 答

(2) このボールを飛んできた向きと 90° の向きに 40m/s で打ち返した。バットがボールに与えた力積を求めよ。

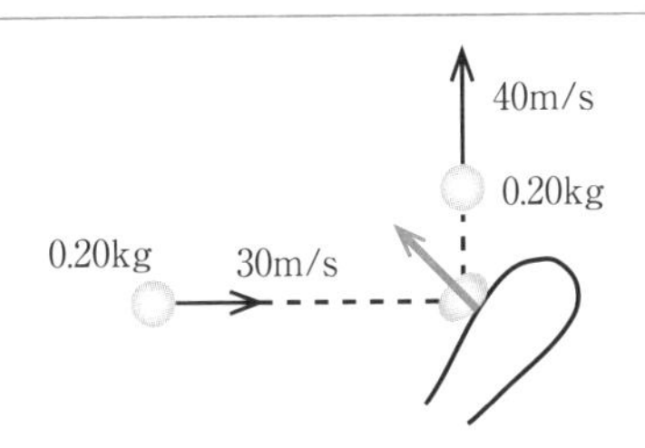

この場合は＋－では向きを表すことができないので，ベクトルの図を用いて運動量の変化を考えます。

運動量の変化は

(あとの運動量)－(まえの運動量)

なので，右図の斜めの矢印がベクトルとなります。

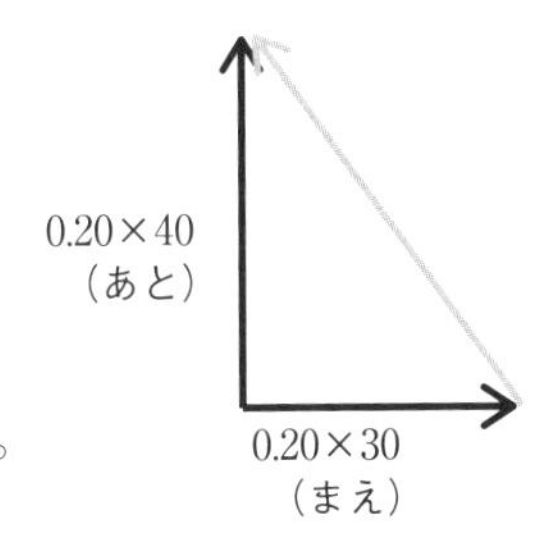

解答

あとの運動量：　0.20×40＝8.0

まえの運動量：　0.20×30＝6.0

三平方の定理より

$$\sqrt{8.0^2+6.0^2}=10$$

図の向きに 10N·s …… 

補足

ベクトルでは，引く側のベクトル ($\overrightarrow{OA}$) の終点Aから引かれる側のベクトル ($\overrightarrow{OB}$) の終点Bへ向かうベクトルが，引き算の結果($\overrightarrow{OB}-\overrightarrow{OA}$)となります。(あと)－(まえ) のベクトルは，(まえ) のベクトルの終点から (あと) のベクトルの終点へ延ばすとできるのです。

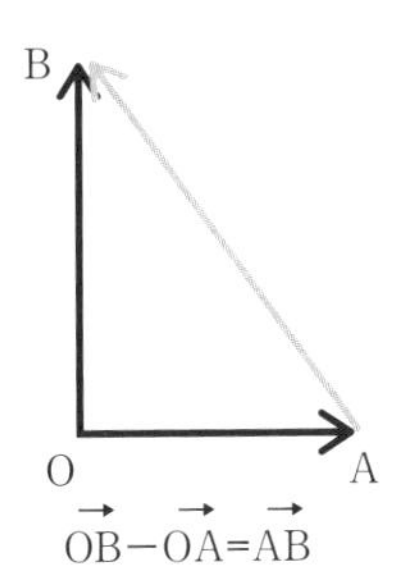

$\overrightarrow{OB}-\overrightarrow{OA}=\overrightarrow{AB}$

35 運動量保存則

運動量保存則

衝突前の運動量の和＝衝突後の運動量の和

34では，$\vec{a}=\dfrac{\Delta\vec{v}}{\Delta t}=\dfrac{\vec{v}'-\vec{v}}{\Delta t}$ を用いることで運動方程式 $m\vec{a}=\vec{F}$ を次のように変形しました。

$$m\vec{v}'-m\vec{v}=\vec{F}\Delta t$$

この式を，言葉で言い表すと次のようになりましたね。

復習 物体の運動量の変化は，物体が受けた力積に等しい

P.117

運動量保存則とは何か？

今回は**運動量の変化と力積の関係式**を使って運動量保存則を導いていきます。では，次の例を考えてみましょう。

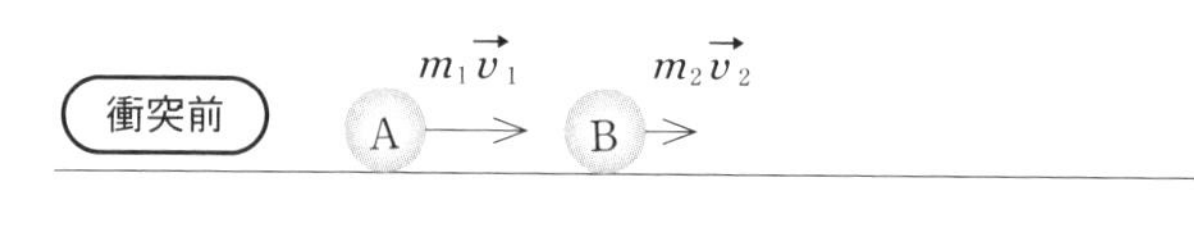

質量 m_1 の小球Aが速度 $\vec{v_1}$，質量 m_2 の小球Bが速度 $\vec{v_2}$ で，同一直線上を動いて衝突し，衝突後の速度がそれぞれ $\vec{v_1}'$，$\vec{v_2}'$ になりました。衝突中，小球AとBが接触している時間を Δt，BがAから受けた平均の力を $\vec{F}$ とします。

まず，**小球Bだけに注目**します。衝突によりBが受けた力積は $\vec{F}\Delta t$ と表すことができるので，**Bについて運動量の変化と力積の関係**を表す式を書くと，次のようになります。

B：　$m_2\vec{v_2}' - m_2\vec{v_2} = \vec{F}\Delta t$

次は，**Aにだけ注目**しましょう。

AがBから受けた平均の力は，**作用・反作用の法則より $-\vec{F}$** となるので，Aが受けた力積は $-\vec{F}\Delta t$ ですね。よって，**Aにおける運動量の変化と力積の関係**を表す式は次のようになります。

A：　$m_1\vec{v_1}' - m_1\vec{v_1} = -\vec{F}\Delta t$

上の2式を辺々加えて，式を整理すると次のようになります。

$$m_1\vec{v_1}' - m_1\vec{v_1} + m_2\vec{v_2}' - m_2\vec{v_2} = \vec{0}$$

$$\boldsymbol{m_1\vec{v_1} + m_2\vec{v_2} = m_1\vec{v_1}' + m_2\vec{v_2}'}$$

この式の左辺は，**衝突前の運動量の和**を表し，右辺は，**衝突後の運動量の和**を表しています。

すなわち，**衝突前後で2物体の運動量の和は変わらない**ことがわかりますね。これを運動量保存則といいます。

POINT

運動量保存則

衝突前の運動量の和＝衝突後の運動量の和

$$\boldsymbol{m_1\vec{v_1} + m_2\vec{v_2} = m_1\vec{v_1}' + m_2\vec{v_2}'}$$

運動量保存則はどんなときに成り立つのか？

複数の物体をまとめて考えるとき，これを系といいます。一般に，**系内の物体が互いに力(内力)を及ぼしあうだけで，系外からの力(外力)を受けない場合，運動量保存則は成り立ちます**。

今回の例で考えてみましょう。小球AとBを1つの系と考えます。衝突の際，BはAから力$\vec{F}$を受け，AはBから力$-\vec{F}$を受けますが，これらの力は系内で互いに及ぼし合う力，すなわち内力です。**衝突の際，水平方向には外力がはたらかないので，水平方向の運動量保存則が成り立つ**のです。

POINT

外力を受けていない ⇒ 運動量保存則が成立

補足

一般に，質量m_1，m_2，m_3，…の物体を1つの系とすると，系全体の運動量の変化は系外から受けた外力による力積に等しく，外力を受けていない場合，系全体の運動量の和は保存します。

つまり，それぞれの物体の速度が$\vec{v_1}$，$\vec{v_2}$，$\vec{v_3}$，…から$\vec{v_1}'$，$\vec{v_2}'$，$\vec{v_3}'$，…へと変化した場合，外力を受けていなければ次の式が成り立ちます。

$$m_1\vec{v_1}+m_2\vec{v_2}+m_3\vec{v_3}+\cdots=m_1\vec{v_1}'+m_2\vec{v_2}'+m_3\vec{v_3}'+\cdots$$

36 運動量保存則の使いかた

今回は運動量保存則の使いかたについて，実際に問題を解きながら学んでいきましょう。

なめらかな水平面上に xy 座標軸がある。x 軸上を 2kg の球Aが 4m/s で正の向きに，y 軸上を 4kgの球Bが 3m/s で正の向きに進んで原点で衝突し，Aは y 軸上を 3m/s で正の向きに進んだ。Bはどの向きにどれだけの速さで進んだか？ 向きは x 軸とのなす角を θ として，$\tan\theta$ の値で表せ。

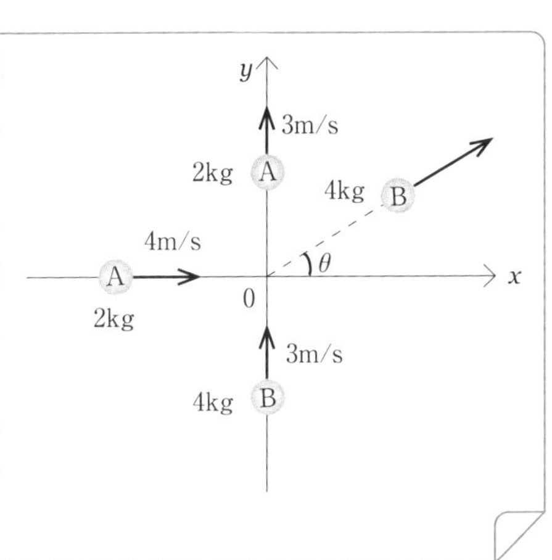

水平面上では，球A，Bを1つの系と考えると，系外から水平方向の外力ははたらいていないので，運動量保存則が成り立ちます。

運動量保存則

衝突前の運動量の和 = 衝突後の運動量の和

P.121

図のように，2球A，Bの衝突前の運動量と衝突後の運動量を x 軸方向と y 軸方向に分けて考えていきます。

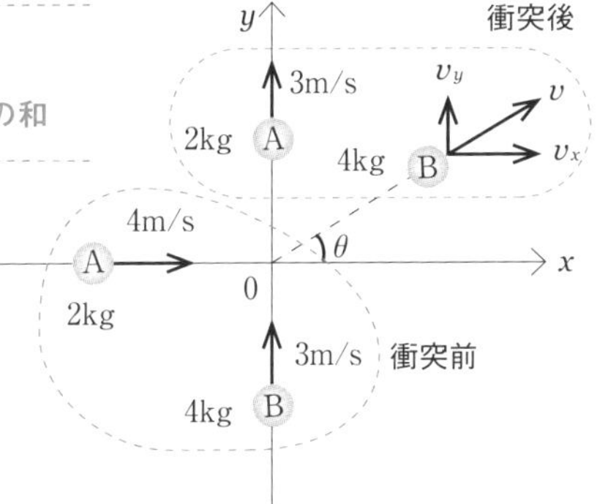

衝突後のBの速度の大きさ(速さ)をv, 速度のx成分をv_x, y成分をv_yとしします。それでは, x, yそれぞれの方向について運動量保存則の式を立てていきましょう。

まずx軸方向について考えます。衝突前のAの運動量は (2kg)×(4m/s), 単位を省略して表すと, 2×4 ですね。衝突前, Bはx軸方向には運動していないので, 2×4 が衝突前の運動量の和になります。衝突後にx軸方向に運動しているのはBだけなので, 衝突後の運動量の和は $4\times v_x$ となります。

衝突前の運動量の和＝衝突後の運動量の和

ですから, x軸方向の運動量保存則の式は次のようになります。

解答

x軸方向： $2\times4=4v_x$ …①

次にy軸方向について考えます。衝突前, y軸方向に運動しているのはBだけなので, 運動量の和は 4×3 ですね。衝突後は, Aの運動量は 2×3, Bの運動量は $4\times v_y$ となります。したがって, y軸方向の運動量保存則の式は次のようになります。

y軸方向： $4\times3=2\times3+4v_y$ …②

①より, $v_x=2$

②より,

$$4v_y=6$$

$$v_y=1.5$$

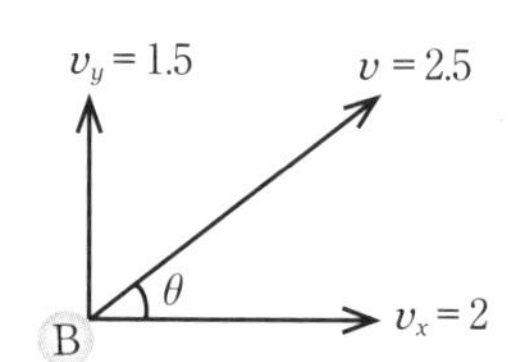

よってBの速さvは三平方の定理より

$$v=\sqrt{{v_x}^2+{v_y}^2}=2.5\text{m/s}$$

また, 速度の向きを表す$\tan\theta$の値は

$$\tan\theta=\frac{v_y}{v_x}=\frac{3}{4}$$

$\tan\theta=\dfrac{3}{4}$を満たす角θの向きに 2.5m/s ……答

37 物体の分裂・結合

解説動画

ここまでは，運動量保存則を物体が**衝突**する場合にのみ用いてきましたが，物体の**分裂**や**結合**にも運動量保存則を用いることができます。分裂や結合をする物体全体を1つの系と見なしたとき，系外から力(外力)を受けていなければ，運動量保存則は成り立ちます。

復習 外力を受けていない ⇒ 運動量保存則が成立

P.122

では，物体の分裂・結合に関する問題を1つずつ解いてみましょう。

やってみよう Q

水平でなめらかな床上に質量Mの板が置かれており，板上に質量mの人が静止している。この人が水平と角度θをなす右斜め上方に速さv_0で跳躍する。跳躍後，板の進む向きと速さを求めよ。

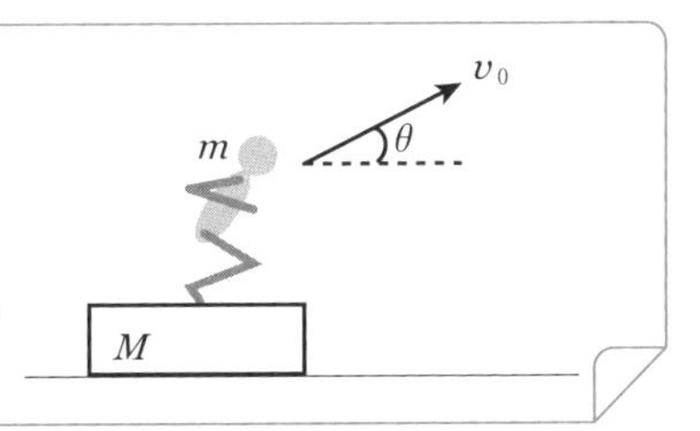

はじめ，板と人は一体となっていて，跳躍後に両者は離れていくので，これは**分裂**の問題と考えられます。分裂の問題は，運動量保存則を使うのですが，少し注意しなければならないことがあります。人と板を一つの系と見なしたとき，系外から重力や床からの垂直抗力という外力がはたらいているということです。重力と垂直抗力は，共に鉛直方向にはたらいている力なので，鉛直方向の運動量保存則は成り立ちません。したがって，この問題では，**水平方向の運動量保存則のみが成り立ちます**。

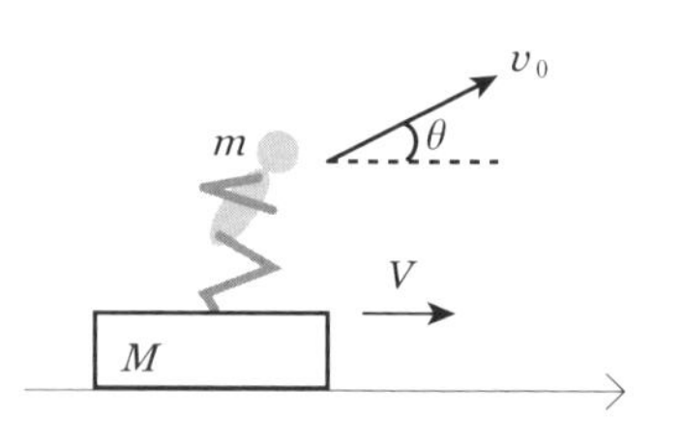

それでは，水平方向の運動量保存則を立ててみましょう。まず，水平方向右向きを正の向きとして座標軸を設定します。**運動量保存則を立てるときは，座標軸をあらかじめ設定することが大切**です。はじめは両方とも静止しているので，運動量は0ですね。分裂後の板の速度をVとします。一般的には，衝突後の物体の運動の向きは不明なので，**未知数はすべて正の値として式を立てましょう**。そして計算した結果，未知数にマイナスの符号がついていたら，座標軸に対して逆向きであると判断するほうが効率的でミスも少なくなります。

POINT

運動量保存則を用いるときは，座標軸を設定する

秘テクニック

未知数は，すべて正の値にしておく

分裂後，水平方向の人の運動量は$mv_0\cos\theta$，板の運動量はMVとなるので，水平方向の運動量保存則は，次のようになります。

解答

水平方向の運動量保存則

$$0=mv_0\cos\theta+MV$$

$$V=-\frac{mv_0\cos\theta}{M}$$

Vの値が負となったので，板の速度は負，すなわち左向き。

左向きに$\dfrac{mv_0\cos\theta}{M}$の速さ ……答

では，もう一つ別の問題も解いてみましょう。

なめらかな水平面上を質量0.20kgの物体Aが右向きに速さ5.0m/sで進んできて，同一直線上を左向きに速さ10m/sで進んできた質量0.30kgの物体Bと正面衝突した。衝突後，2つの物体が一体となる場合，その物体が進む向きと速さを求めよ。

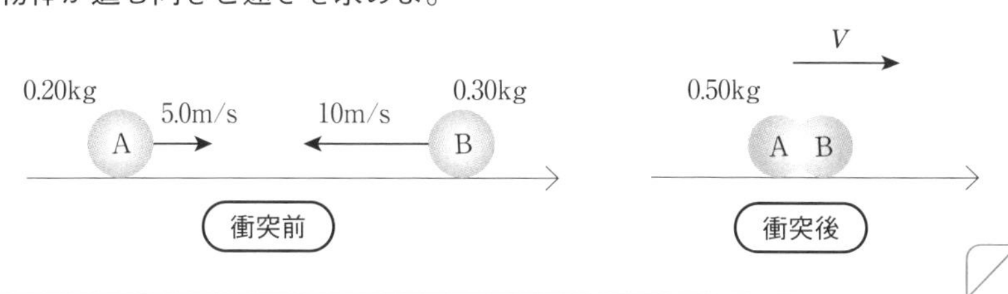

これは，結合の問題です。前の問題と同様に，右向きを正として座標軸を設定します。そして，一体となった物体の速度をVとします。図を見るとBの方が重くて速いので，衝突後は左向きに進みそうですが，やはり未知数は正の値(正の向きにV)としておきましょう。したがって，運動量保存則は次のようになります。

解答

運動量保存則

$$0.20\times5.0+0.30\times(-10)=0.50\times V$$

$$0.50\times V=-2.0$$

$$V=-4.0$$

Vの値が負となったので，一体となった物体の速度は負，すなわち左向き。

左向きに4.0m/sの速さ …… 

ここまで学習してきたように，「**衝突**」「**分裂**」「**合体**」**は，運動量保存則を用いた典型的なテーマ**といえます。このテーマを扱う問題を見たら，ぜひ運動量保存則を試してみてください。

38 はね返り係数

解説動画

\押さえよ/

はね返り係数　$e = -\dfrac{あと}{まえ}$

今回ははね返り係数について学んでいきましょう。

はね返り係数とは何か？

小球A, Bが一直線上を速度v_1, v_2で進んで衝突し，速度がv_1', v_2'になったとします。

v_1　v_2　A　B　衝突前

衝突後　A　B　v_1'　v_2'

このとき，2つの球が**近づく速さと遠ざかる速さの比**eは一定値になります。このことを式で表すと次のようになります。

$$e = \frac{v_2' - v_1'}{v_1 - v_2}$$

このeを，2球の**はね返り係数**(反発係数)といい，**0と1の間の値**をとります。物体の衝突の問題では，運動量保存則とはね返り係数の式を連立させて解くことが多くなります。運動量保存則は速度(ベクトル)の式で表されているので，はね返り係数の式も速度の式として表しておくと便利です。したがって，はね返り係数の式は下のポイントのように**衝突前後の相対速度の比の形で記憶しておきましょう**。

POINT

はね返り係数　$e = -\dfrac{v_1' - v_2'}{v_1 - v_2}$

POINTの式は

$$e = -\frac{\text{衝突後の相対速度}}{\text{衝突前の相対速度}}$$

を表しているので，次の形の式で覚えておくと記憶しやすいでしょう。

秘
テクニック

はね返り係数　$e = -\frac{\text{あと}}{\text{まえ}}$

はね返り係数 e の値によって，物体の衝突は大きく3種類に分けることができます。

(完全)弾性衝突

$e = 1$ の衝突を(完全)弾性衝突といいます。この場合，

$$1 = -\frac{v_1' - v_2'}{v_1 - v_2}$$

$$v_1 - v_2 = v_2' - v_1'$$

となりますので，2球が**近づく速さと遠ざかる速さが等しくなります**。もっともよくはね返る衝突ですね。

非弾性衝突

$0 \leqq e < 1$ の衝突を非弾性衝突といいます。**衝突後に遠ざかる速さが衝突前に近づく速さよりも小さくなります**。

身近にある物体どうしの衝突は，ほとんどが非弾性衝突です。40で学ぶ，小球が床をバウンドする現象も，小球と床という2物体の衝突と考えることができるので，はね返り係数の式を立てて考えることができます。自由落下させた小球は床に衝突するたびに速さが小さくなっていき，やがて速さが0になって床上に止まってしまいます。非弾性衝突を見る身近な現象といえますね。

完全非弾性衝突

$e = 0$ の衝突を完全非弾性衝突といいます。この場合,

$$0 = -\frac{v_1' - v_2'}{v_1 - v_2}$$

$$v_1' = v_2'$$

となります。衝突後，2球の速度が同じになっているということは，**衝突後，2球は一体となって運動する**ということです。これが完全非弾性衝突です。

はね返り係数の式は慎重に立てないと，速度の符号が逆になったり分母と分子が逆になったりしてしまうので，㊙テクニックの形でしっかり覚えておきましょうね。

39　2 物体の衝突

今回は運動量保存則とはねかえり係数の式を連立させて解く問題について考えていきましょう。

0.10kgの小球 A が右向きに 3.0m/s，0.20kgの小球 B が左向きに 2.0m/s で，互いに逆向きに一直線上を進んで衝突した。2 球のはね返り係数を 0.50 とすると，衝突後，A,B はそれぞれどちら向きに何 m/s で進むか？

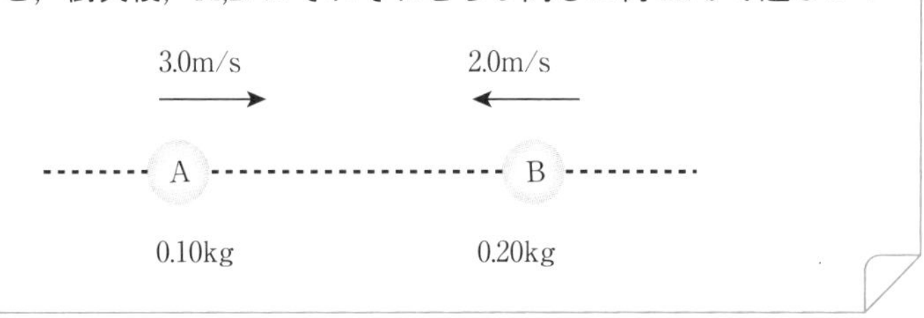

まず，この問題は衝突を扱った問題なので運動量保存則を立てる必要があります。そして，運動量保存則は本来ベクトルの式なので，右向きを正の向きとして座標軸を設定しましょう。ここでは右向きを正の向きとしましたが，どちらの向きを正の向きとしても構いませんよ。

また，衝突後の A，B の速度をそれぞれ v_A，v_B とします。これらの値は未知数なので，もし左向きに進むと予想されても，正の向きである右向きに v_A，v_B としておいて，その値の符号で向きを判断しましょう。

ここまでを図にすると，次のページのような図になります。

復習　運動量保存則を用いるときは，座標軸を設定する。

P.126

秘テクニック　未知数は，すべて正の値にしておく。

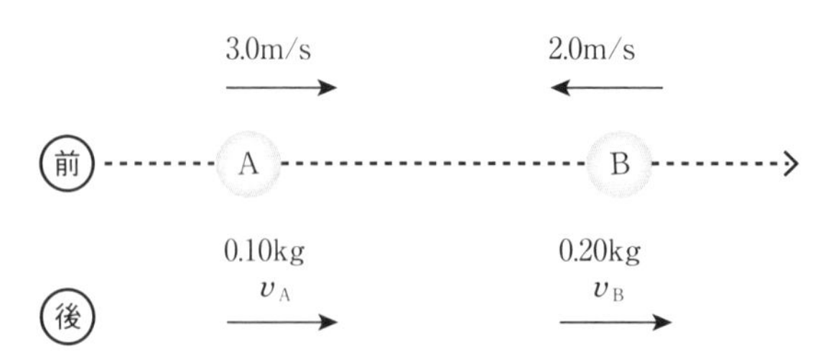

図を見ながら運動量保存則の式を立てると，次のようになります。衝突前のＢの速度の符号に気をつけましょうね。

解答

$$0.10\times3.0+0.20\times(-2.0)=0.10v_A+0.20v_B$$

$$v_A+2v_B=-1 \quad \cdots①$$

v_A，v_B と未知数が２つあるので，もう１つ関係式が必要です。そこで，はね返り係数の式が登場します。

はね返り係数の式は，衝突前後の相対速度の比の形で，次のように表されました。

秘テクニック

はね返り係数　$e=-\frac{あと}{まえ}$

相対速度は，Ａに対するＢの相対速度でも，Ｂに対するＡの相対速度でもよいので，分母と分子でどちらかに統一しましょう。分母をＡに対するＢの相対速度にしたのなら，分子がＢに対するＡの相対速度にしてはならないということです。

ここでは，Ｂに対するＡの相対速度で統一しましょう。Ａの速度からＢの速度を引いた値を衝突前（分母）と衝突後（分子）にそれぞれ代入すればよいので，はね返り係数の式は次のようになります。

$$0.50 = -\frac{v_A - v_B}{3.0 - (-2.0)}$$

$$v_A - v_B = -2.5 \quad \cdots②$$

①－②より

$$3v_B = 1.5$$

$$v_B = 0.50$$

これを①に代入すると

$$v_A = -2.0$$

あとは符号で向きを判断する。

A：左向きに 2.0m/s，B：右向きに 0.50m/s …… 

このように，2物体の衝突の問題では運動量保存則とはね返り係数の式を連立させて解くことが多いです。解き方をしっかり頭に入れておきましょう。

40 なめらかな床との衝突

今回はなめらかな床との衝突について学んでいきましょう。

1. 小球が床に垂直に衝突する場合

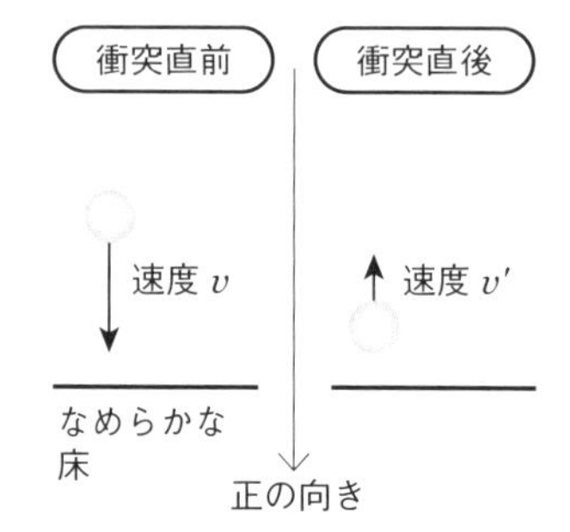

はね返り係数の式は，衝突前後の相対速度の比の形として，次のように表されました。

はね返り係数　$e = -\frac{あと}{まえ}$

P.129

図のように，小球が床に対して垂直に衝突する場合について考えます。座標軸は**床に対して垂直**下向きを正とします。床の速度は0なので，床から見た小球の相対速度は，小球の速度そのものになりますね。小球の衝突直前の速度を v，衝突直後の速度を v' とすると，小球と床との間のはね返り係数の式は，次のように表されます。

$$e = -\frac{v'}{v}$$

ここで，はね返り係数の式を立てる方向を鉛直方向とせずに，わざわざ床に対して垂直な方向としているのは，必ずしも床が水平であるとは限らないからです。斜めに傾斜している床に小球が衝突する場合や，90°傾斜している床，つまり壁に衝突する場合，**床（はね返る面）に対して垂直な方向のはね返り係数の式を立てる**ことが重要です。

2. 小球が床に斜めに衝突する場合

次ページの図のように，小球が水平な床に斜めに衝突する場合，小球は一直線上ではなく鉛直方向と水平方向からなる平面内を運動します。

この場合は，右図のように床に平行な方向にx軸，床に垂直な方向にy軸を設定して，衝突の直前，直後の速度をx成分とy成分に分解して考えましょう。そして，分解後のそれぞれの速度成分を右図のようにおきます。

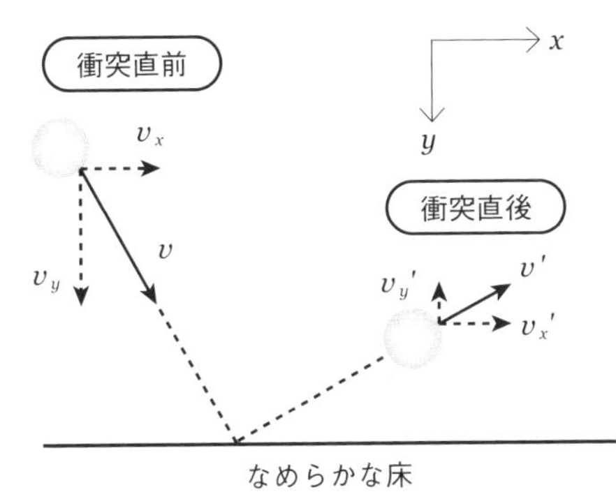

y成分は，床に垂直に衝突する場合と同じように，**はね返り係数の式を立てることができます**。一方，**x成分は，衝突前後で変化しません**。なぜなら，なめらかな床なので衝突の際，小球は床からx軸方向には力を受けないからです。

よって，次のような2つの関係式を立てることができます。

x成分：　$\boldsymbol{v_x' = v_x}$

y成分：　$\boldsymbol{e = -\dfrac{v_y'}{v_y}}$

練習問題を一問解いてみましょう。

やってみよう
Q

右図のように，小球がなめらかな床に30°で衝突し，60°ではね返った。このとき，小球と床との間のはね返り係数eはいくらか？衝突直前，直後の小球の速さをv，v'とする。

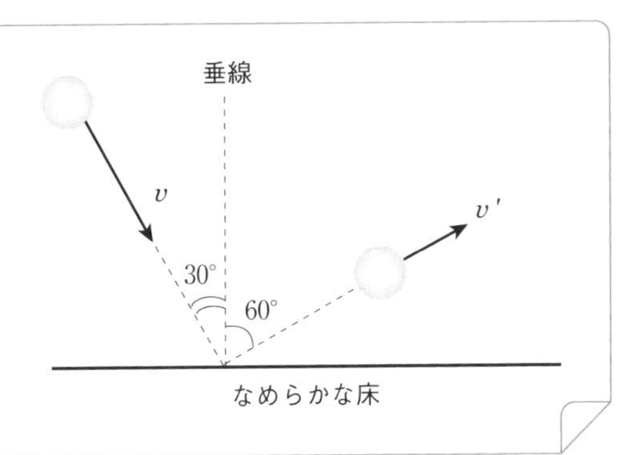

v，v'は，速さすなわちスカラーで正の値をとることに気をつけましょう。

次に，座標軸を設定して，速度を床に平行な成分(x 軸)と床に垂直な成分(y 軸)に分解します。分解後のそれぞれの成分の大きさは図のようになります。

図にかいてある値は各成分の大きさであって，各成分の速度を表しているわけではありません。

たとえば，衝突直後の速度の y 成分は，下向きの座標軸に対して上向きに大きさ$\dfrac{v'}{2}$で進んでいるので，y 方向の速度成分は$-\dfrac{v'}{2}$になります。

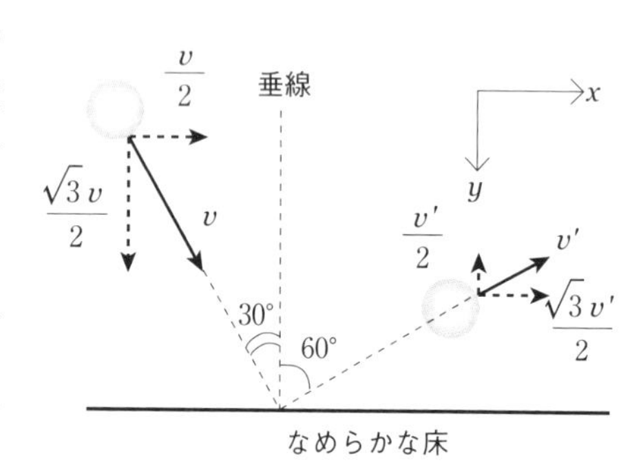

それでは，それぞれの成分について関係式を立てていきましょう。

解答

x 方向の速度成分は一定だから

$$\frac{v}{2}=\frac{\sqrt{3}v'}{2}$$

$$v=\sqrt{3}v' \quad \cdots①$$

y 方向のはね返り係数の式より

$$e=-\frac{v_y{}'}{v_y}=-\frac{-\dfrac{v'}{2}}{\dfrac{\sqrt{3}v}{2}}=\frac{v'}{\sqrt{3}v} \quad \cdots②$$

①を②に代入して

$$e=\frac{v'}{\sqrt{3}v}=\frac{v'}{\sqrt{3}\cdot\sqrt{3}v'}=\frac{1}{3}$$

$$\boldsymbol{e=\frac{1}{3}}$$ ……答

41 仕事

仕事　$W = Fx$

仕事とは何か？

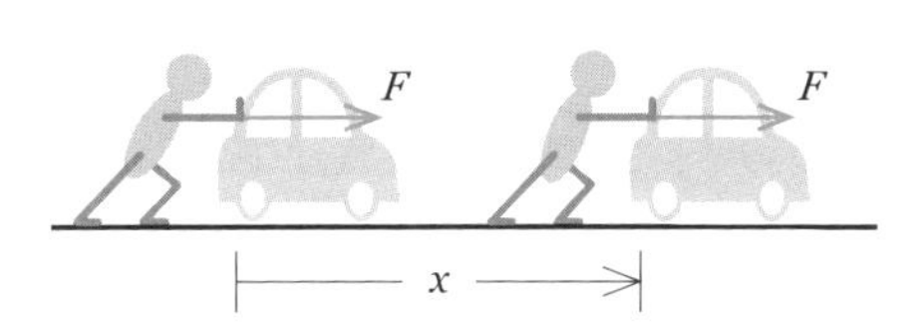

今回は仕事について学んでいきましょう。

図のように，**物体に一定の大きさの力 F〔N〕を加え，力の向きに距離 x〔m〕だけ動かしたとき，力が物体にした仕事 W は，次のように表されます。**

$$W = Fx$$

上の式より，**仕事の単位は N・m** であることがわかりますね。この単位をジュール〔J〕といいます。すなわち，1N・m = 1J ということです。

$$W = F \quad x$$

（仕事〔J〕＝力の大きさ〔N〕×力の向きに動いた距離〔m〕）

POINT

仕事　$W = Fx$　　F：力の大きさ
x：力の向きに動いた距離（力の向きの変位）

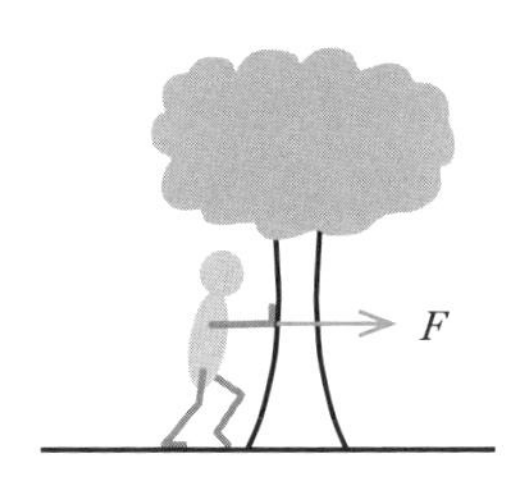

たとえば，右図のような木に力を加えているだけで木がビクともしない場合，力の向きに動いた距離は0なので，木に対してした仕事は0となります。日常の仕事と同じように，努力（力の大きさ）とその成果（力の向きに動いた距離）が大事になってくると考えればわかりやすいですね。

やってみよう Q

物体に一定の大きさの力Fを加え，力と角θをなす向きに距離xだけ動かした。力が物体に対してした仕事Wはどのように表されるか？

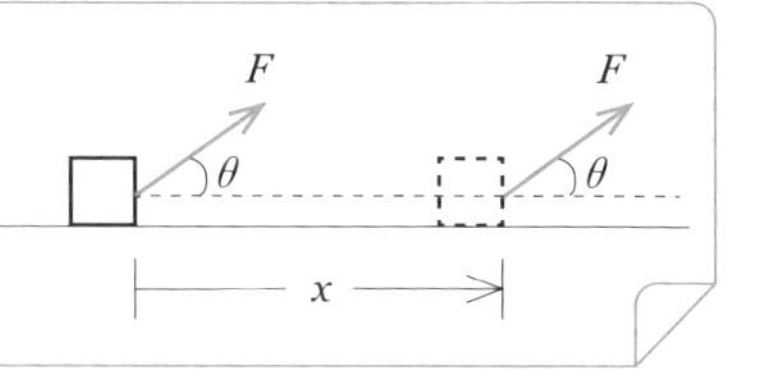

力の大きさはもちろんFとなりますが，力を加えた向きと物体が動いた向きが異なるので，物体の変位xを分解して，Fと平行な成分を求めることになります。これが力の向きに動いた距離です。

よって，力の向きに動いた距離は$x\cos\theta$と表されるので，力がした仕事Wは次のようになります。

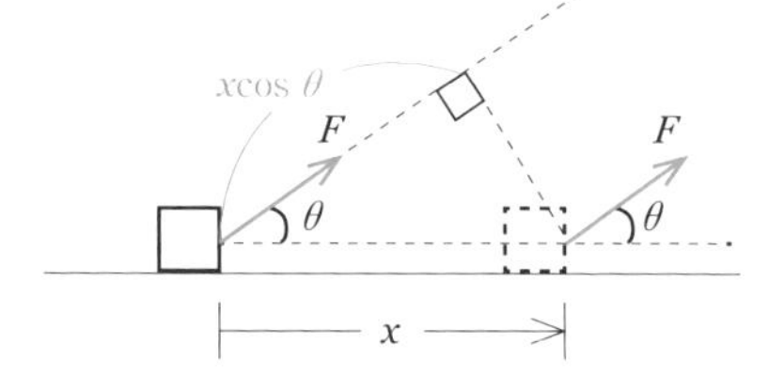

$\boldsymbol{W = Fx\cos\theta}$ …… 答

やってみよう Q

傾斜角θのあらい斜面上を質量mの物体が，距離ℓだけすべり降りた。この間に物体にはたらく(1)～(3)の力がした仕事を求めよ。ただし，動摩擦係数をμ，重力加速度の大きさをgとする。

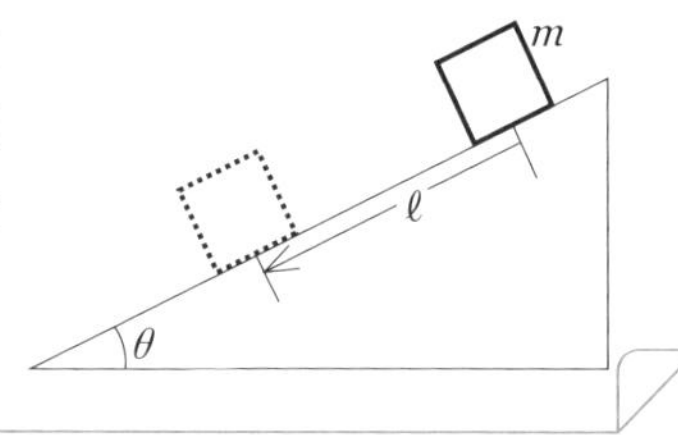

つづき Q

(1) 重力のした仕事W_1を求めよ。

まず，物体にはたらく3つの力の大きさと向きを確かめておきましょう。重力は鉛直下向きで大きさはmg，垂直抗力は斜面に対して垂直上向きで大きさはNとしておきます。動摩擦力は動く向きと逆にはたらくので，斜面に平行上向きで大きさはμNとなります。

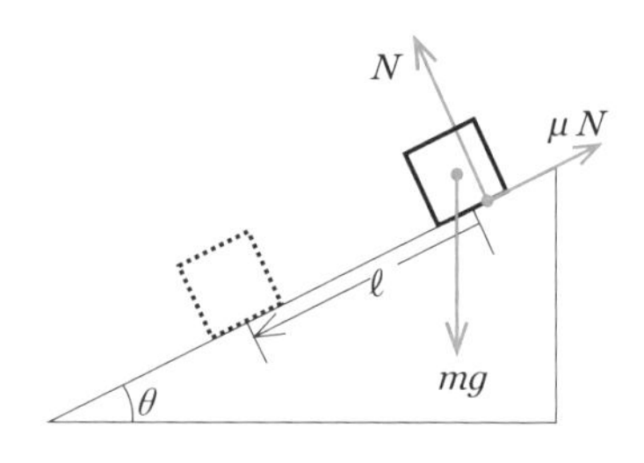

では，重力のした仕事を求めていきます。力の大きさは mg ですね。力の向きに動いた距離は，物体の変位の鉛直成分なので $\ell\sin\theta$ と表せます。よって，重力がした仕事 W_1 は次のようになります。

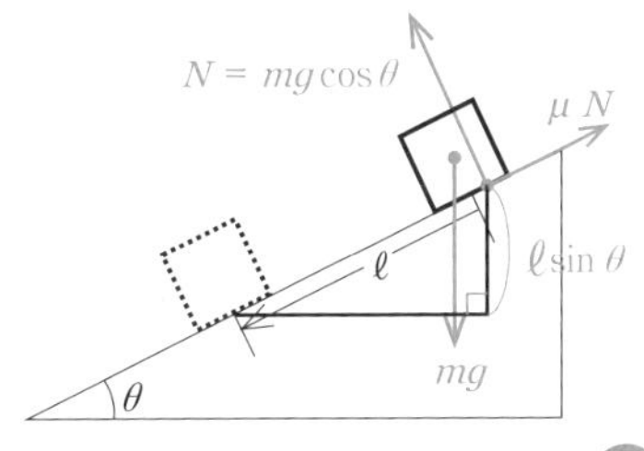

解答

$$W_1 = mg\,\ell\sin\theta$$

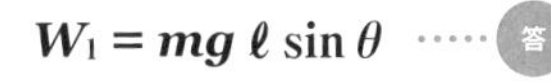

(2) 垂直抗力のした仕事 W_2 を求めよ。

力のつりあいによって垂直抗力の大きさ N を求めることはできますが，いまは N のままにしておきましょう。物体が動いた向きは垂直抗力の向きに対して垂直なので，物体は垂直抗力の向きには変位していないことになります。よって，垂直抗力のした仕事 W_2 は次のようになります。

$$W_2 = N \times 0 = 0$$

(3) 動摩擦力のした仕事 W_3 を求めよ。

動摩擦力の大きさは μN ですね。物体は動摩擦力と逆向きに動いているので，力の向きに動いた距離（力の向きの変位）は $-\ell$ となります。N は斜面と垂直方向の力のつりあいの式より，$mg\cos\theta$ となります。よって，動摩擦力のした仕事 W_3 は次のようになります。

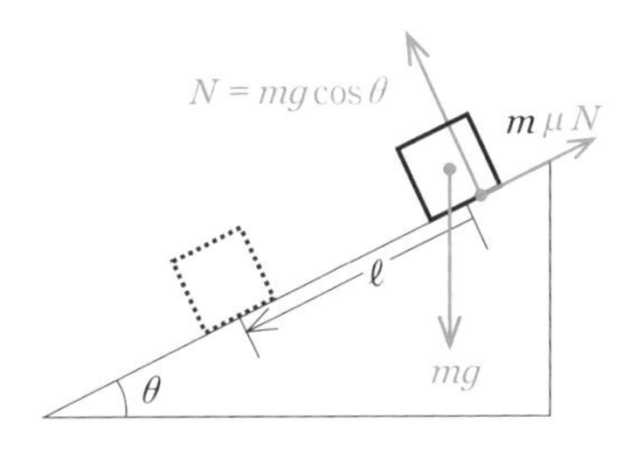

解答

$$W_3 = \mu N \times (-\ell)$$
$$= \mu mg\cos\theta \times (-\ell)$$
$$= -\mu mg\,\ell\cos\theta$$

$$W_3 = -\mu mg\,\ell\cos\theta$$ …… 答

42 仕事率

解説動画

\押さえよ/

→ 仕事率　$P=\dfrac{W}{t}=Fv$

仕事率とは何か？

今回は，仕事率について学んでいきましょう。

人や機械がする仕事の能率は，一定の時間内にどれだけの仕事をするかで表されます。そこで，**1秒あたりにする仕事**を考え，これを仕事率といいます。**t〔s〕間で W〔J〕の仕事をするとき，その仕事率 P は次のようになります。**

POINT

仕事率　$P=\dfrac{W}{t}$

上の式から，**仕事率の単位は J/s** であることがわかります。この単位のことをワット〔W〕といいます。すなわち，1J/s＝1W ということです。ワットの W と仕事の W が紛らわしいのでここできちんと区別しておきましょう。ワットの W は単位ですから，500W のように値の後ろにつけるものです。仕事の W は値としての記号なので数式の中によく登場します。ちなみに，W は仕事（*Work*）の頭文字です。

仕事率 P は別の式でも表すことができます。そのことを問題を通して見ていきましょう。

\やってみよう/ Q

物体に一定の力 F〔N〕を加え，力の向きに速さ v〔m/s〕で等速度運動させた。この力が物体にした仕事率はいくらか？

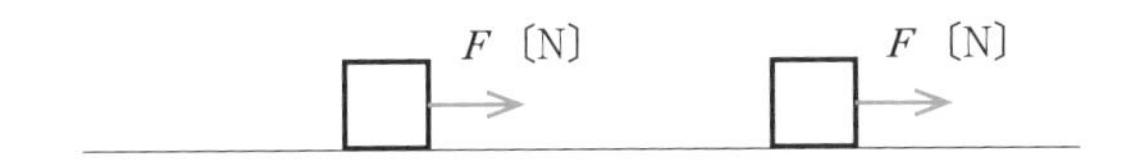

仕事率というのは**1秒あたりにする仕事**なので，速さ v〔m/s〕で1秒間だけ等速度運動させた場合を考えてみましょう。速さ v〔m/s〕で1〔s〕間運動させるので進んだ距離は当然 v〔m〕となります。

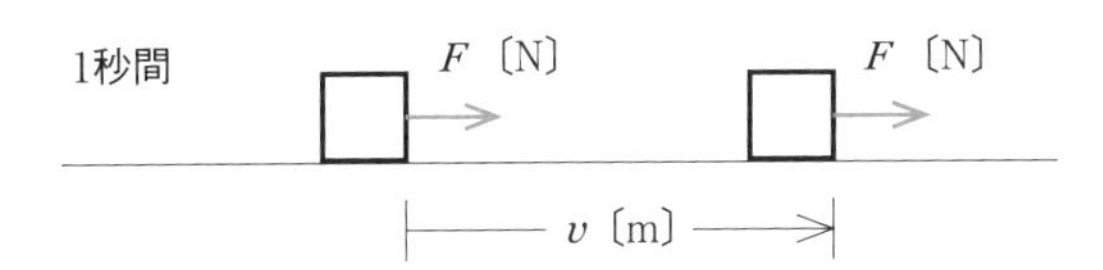

次に，力のした仕事を求めましょう。仕事は，力の大きさと力の向きに動いた距離の積で表されましたね。

復習 仕事　$W = Fx$

P.137

力の大きさ F〔N〕で力の向きに v〔m〕だけ動かしたので，力 F が1秒間でした仕事は Fv〔J〕となります。Fv〔J〕の仕事は，1秒間あたりで考えたので仕事率 P を表しており，単位はワット〔W〕となります。すなわち，仕事率 P は次のようになります。

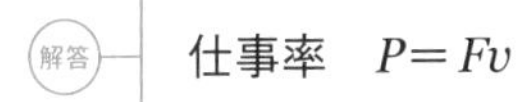

解答 仕事率　$P = Fv$

$P = Fv$ …… 答

POINT

仕事率　$P = Fv$

ここまでで，仕事率 P を表す式が2つ出てきました。どちらの形も覚えておきましょうね。

43 仕事の原理

解説動画

仕事の原理
道具を使っても仕事の量は変わらない

今回は，仕事の原理について学んでいきましょう。

(a)～(c)の3つの方法で**質量 m の物体を高さ h まで引き上げるのに要する仕事 W** を計算してみましょう。

仕事 W は力の大きさ F と力の向きに動いた距離 x との積($W=Fx$)で求められましたね。

復習　仕事　$W=Fx$

P.137

(a)～(c)のどの方法においても，**力のつりあいを保ちながらゆっくりと**ひもを引いて物体を引き上げていきます。したがって，引き上げるのに要する仕事 W を計算する際，**F はひもを引く力の大きさ**になり，**x はひもを引く距離**になります。

それでは，それぞれの場合について具体的に見ていきましょう。

(a)直接引き上げる場合

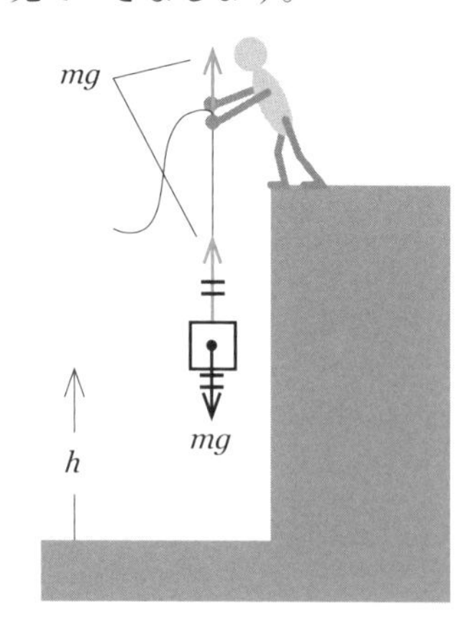

図のように，物体にひもをつけて直接引き上げるとき，手がひもを引く力の大きさは，ひもの張力の大きさと等しくなります。張力を求めるには物体にはたらく力のつりあいを考えればよいですね。

物体にはたらく力は重力 mg と張力だけなので，張力の大きさは mg になります。よって，ひもを引く力の大きさ F は $F=mg$ となります。

物体を高さ h まで引き上げるのだから，ひもを引く距離 x は，$x = h$ となります。

したがって，物体を引き上げるのに要する仕事 W は，次のようになります。

$$W = Fx$$
$$= mgh$$

(b)軽い動滑車を使って引き上げる場合

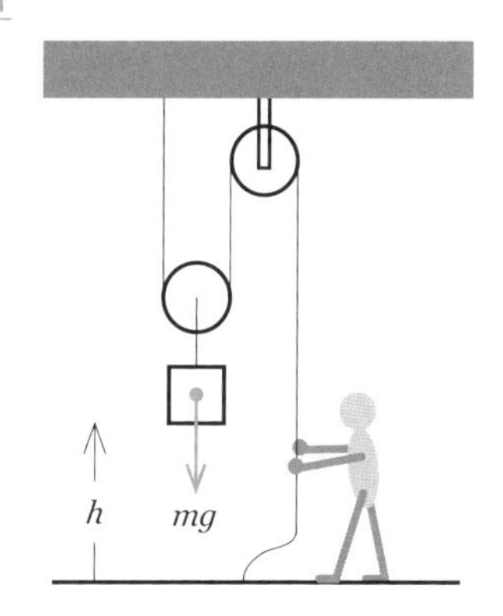

手がひもを引く力の大きさは，動滑車を引き上げるひもの張力の大きさと等しくなります。動滑車を含む物体にはたらく力のつりあいを考えると，重力 mg と 2 本のひもの張力がつりあっているので，その張力の大きさ，すなわちひもを引く力の大きさ F は，次のようになります。

$$F = \frac{mg}{2}$$

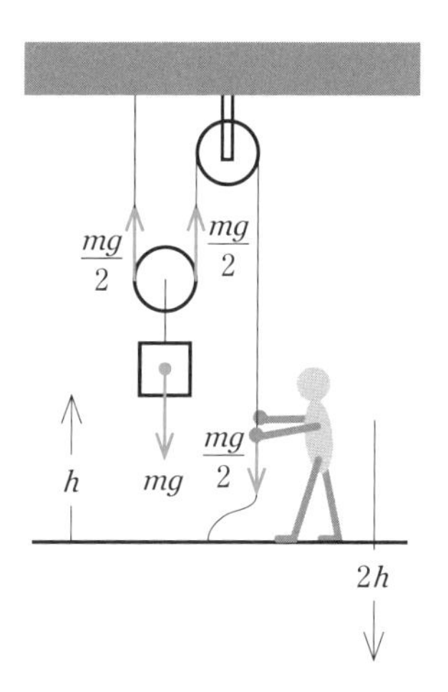

また，動滑車を含む物体が h だけあがると動滑車の左右のひもがそれぞれ h だけ短くなるので，手は $2h$ だけひもを引くことになります。よって，ひもを引く距離 x は，$x = 2h$ となります。

したがって，物体を引き上げるのに要する仕事 W は，次のようになります。

$$W = Fx$$
$$= \frac{mg}{2} \cdot 2h$$
$$= mgh$$

(c)なめらかな斜面を使って引き上げる場合

手がひもを引く力の大きさは，ひもの張力の大きさと等しいですね。張力を求めるには物体にはたらく力のつりあいを考えればよいですね。物体にはたらく力は重力 mg，垂直抗力，そして張力がありますが，斜面と平行な方向の力のつりあいを考えると，張力の大きさは重力の斜面に平行な成分の大きさに等しくなります。

よって，張力の大きさ，すなわち手がひもを引く力の大きさ F は
$F=mg\sin\theta$ となります。

物体が動く距離は θ を用いて，$\dfrac{h}{\sin\theta}$ と求められるので，ひもを引く距離 x も

$$x=\frac{h}{\sin\theta}$$

となります。

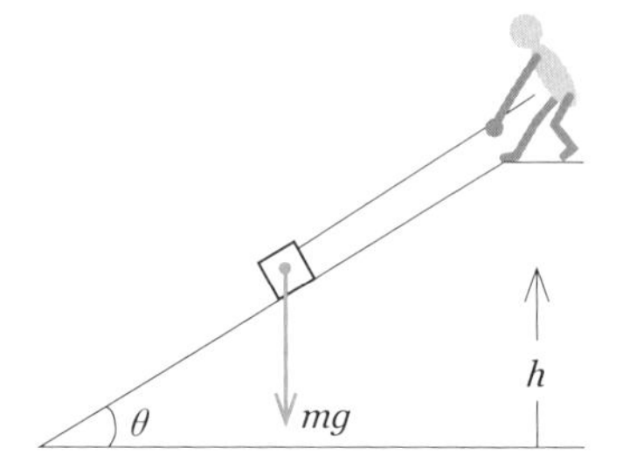

したがって，物体を引き上げるのに要する仕事 W は，次のようになります。

$$W = Fx$$
$$= mg\sin\theta\frac{h}{\sin\theta}$$
$$= mgh$$

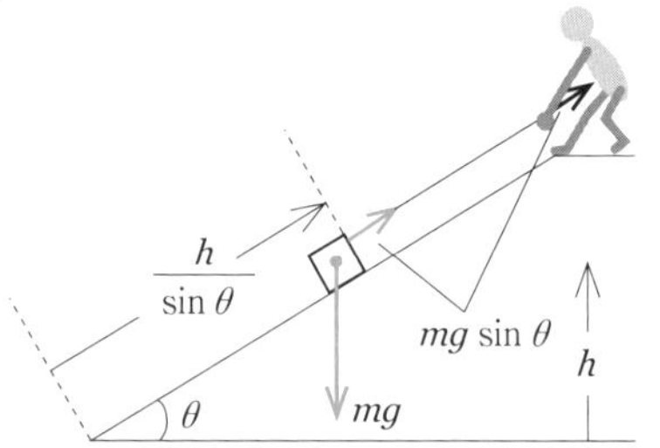

仕事の原理

ここまでで，何か気づいたことはありませんか？

実は，(a)～(c)の３つの方法で要する仕事の量が等しくなっています。

一般に，**仕事の量は道具を使っても変わりません**。これを仕事の原理といいます。大きい力を出せば動かす距離は少なくてすみますが，小さな力しか出さないとたくさん動かさなくてはいけなくなる，ということです。結局，仕事をした量は道具を使っても同じになってしまうのです。

44 運動エネルギー

運動エネルギー　$K=\frac{1}{2}mv^2$

エネルギーとは何か？

そもそも，エネルギーとは何なのでしょうか？　日常では，エネルギーといえば石油や石炭などのエネルギー資源であったり，元気や活力のことをエネルギーとよんだりしますね。

物理におけるエネルギーとは「他の物体に仕事をする能力」のことをいいます。したがって，エネルギーの単位は，仕事の単位と同じジュール〔J〕を用います。

運動エネルギーの式を求めよう

質量 m のボールが速さ v で運動しているときを考えます。このボールがもっているエネルギーはどのように表されるでしょうか？

ボールがもっているエネルギーは，ボールが他の物体にした仕事から計算することができます。

いま，このボールを手で受け止めることを考えてみましょう。**ボールの動きが止まるまでに手にした仕事が，元々ボールのもっていたエネルギー**となります。

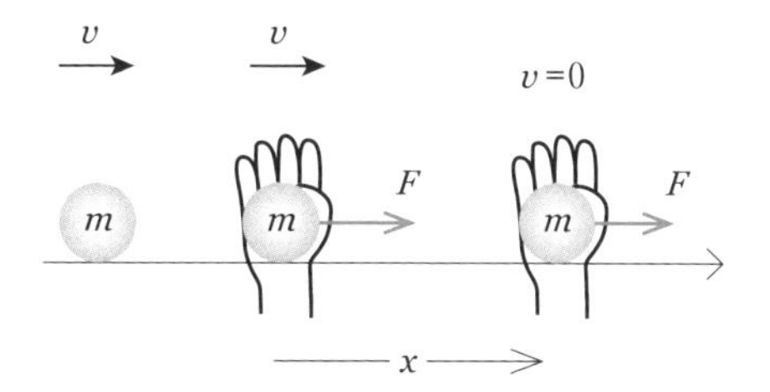

ここでは，ボールが手に触れてから止まるまでに，ボールは手に一定の力 F を及ぼし，手を距離 x だけ押すものとして考えましょう。このとき，ボールが手にした仕事は Fx となりますね。この Fx の値を求めれば，それがボールのもっていたエネルギーとなるので，次に Fx の値を求めましょう。

次に，止まるまでの間のボールに着目します。ボールはこの間，作用・反作用の法則より，手から$-F$の力を受けますので，ボールの加速度は，ボールの運動方程式を立てて

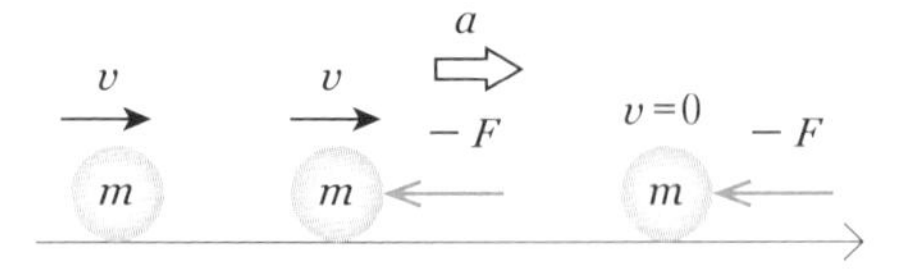

$$ma = -F$$

$$a = -\frac{F}{m}$$

と求められます。この加速度は一定値になり，ボールは等加速度直線運動をします。したがって，この加速度を等加速度直線運動の式 $v^2 - v_0{}^2 = 2ax$ に代入しましょう。初速度 v_0 に v を代入し，ボールが止まるまでを考えているので，v に 0 を代入すると次のようになります。

$$0 - v^2 = 2 \cdot \left(-\frac{F}{m}\right) \cdot x$$

$$Fx = \frac{1}{2}mv^2$$

この Fx の値が，ボールがもっていたエネルギーということになります。

すなわち，**質量 m のボールが速さ v で運動しているときのエネルギー K** は次のように表されます。

$$K = \frac{1}{2}mv^2$$

一般に，**運動している物体がもっているエネルギー**を運動エネルギーといい，次のように表すことができます。

POINT

運動エネルギー　$K = \frac{1}{2}mv^2$

45 エネルギーと仕事の関係①

エネルギーと仕事の関係
(はじめのエネルギー)+(外からされた仕事)=(あとのエネルギー)

エネルギーと仕事の関係について考えよう

一直線上を速さv_0で運動している質量mの物体に，運動と同じ向きの一定の力Fを加え距離xだけ移動させたところ，速さがvになりました。

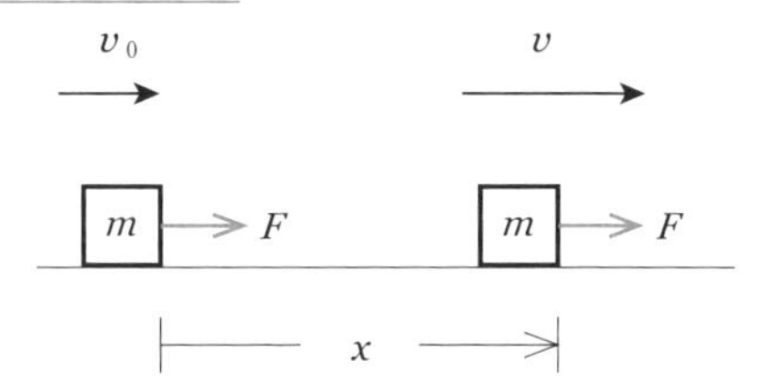

力Fを加えている間の物体の加速度はいくらでしょうか？

質量mと一定の力Fが与えられているので，物体の加速度は運動方程式を立てればわかりますね。

$$ma = F$$

$$a = \frac{F}{m}$$

この加速度は定数なので，物体は等加速度直線運動をします。そこで，この加速度を等加速度直線運動の式 $v^2 - v_0^2 = 2ax$ に代入してみましょう。

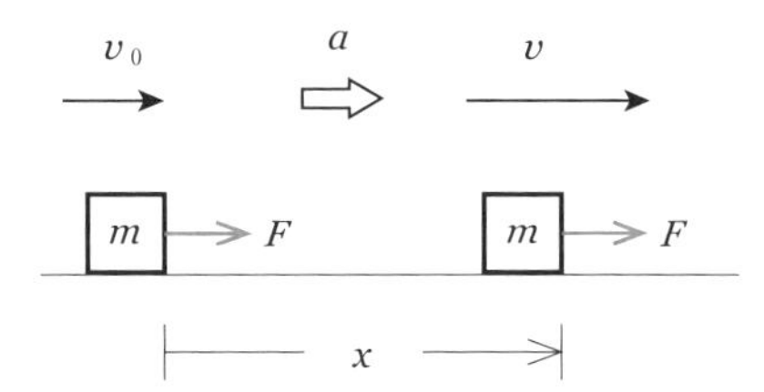

$$v^2 - v_0^2 = 2 \cdot \frac{F}{m} \cdot x$$

両辺を$\frac{1}{2}m$倍すると，次のように変形することができます。

$$\boldsymbol{\frac{1}{2}mv^2 - \frac{1}{2}mv_0^2 = Fx} \quad \cdots①$$

では，この式の意味を考えてみましょう。物体のもつ運動エネルギーは次のように表されましたね。

復習 運動エネルギー　$K=\frac{1}{2}mv^2$

P.146

したがって，①式の左辺は仕事をされた後の運動エネルギーから仕事をされる前の運動エネルギーを引いた値なので，**運動エネルギーの変化**を表しています。

一方，右辺は**物体が外からされた仕事**を表しています。

したがって，①式のもつ意味は次のようになります。

運動エネルギーの変化 = 外からされた仕事

また，①式で求めた関係は，次のように変形して解釈することもできます。

$$\frac{1}{2}mv_0{}^2+Fx=\frac{1}{2}mv^2$$

この式のもつ意味は，次のようになります。

(はじめのエネルギー)+(外からされた仕事) = (あとのエネルギー)

この関係は，広く一般に成り立ちます。つまり，**物体がはじめもっていたエネルギーに，物体が外からされた仕事が加わると，その和が物体がもつあとのエネルギーになる**ということです。

POINT

エネルギーと仕事の関係

(はじめのエネルギー) + (外からされた仕事) = (あとのエネルギー)

物体は，外からされた仕事の分だけエネルギーが増える，というイメージで考えるとわかりやすいですね。

しかし，仕事によっては必ずしもエネルギーが増加するとは限りません。なぜなら，物体がされた仕事は負の値となるときもあるからです。

たとえば，摩擦力のした仕事は負の値になります。下の図のように，摩擦力は物体が動く向きと逆向きにはたらくので，摩擦力 F の向きに動いた距離 x は，負の値になります。したがって，摩擦力のした仕事 Fx も負の値になります。

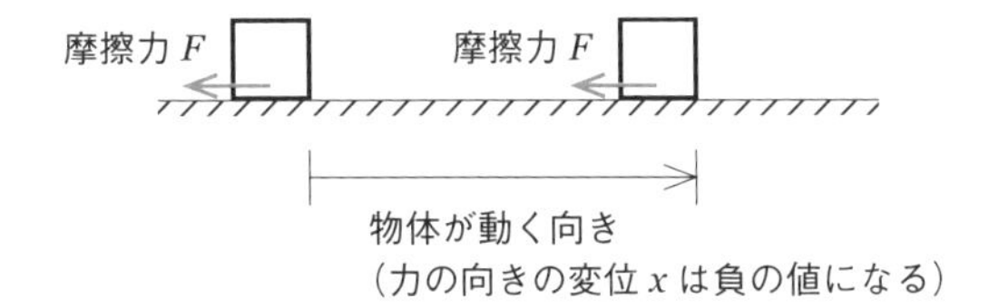

外からされた仕事が負のときは，エネルギーと仕事の関係式より，あとのエネルギーは，はじめのエネルギーより減少することがわかりますね。確かに，摩擦力を受けている物体はだんだん減速して運動エネルギーも減少していきますね。

摩擦力のほかに，空気抵抗などの抵抗力も，仕事が負の値となる力です。

46 エネルギーと仕事の関係②

今回は，45 で学んだことを実際に問題を通して確認していきましょう。

エネルギーと仕事の関係

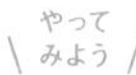

(はじめのエネルギー) + (外からされた仕事) = (あとのエネルギー)

やってみよう Q

質量 m の物体が水平な x 軸上を速度 v_0 で運動している。x 軸上の 2 点 AB 間の距離は ℓ_1，CD 間の距離は ℓ_2 である。また，CD 間はあらく物体との間に動摩擦係数 μ の摩擦力がはたらくが，他の部分はなめらかである。物体が AB 間を通過するときにだけ，速度と同じ向きに一定の力 F を加え続ける。重力加速度の大きさを g とする。

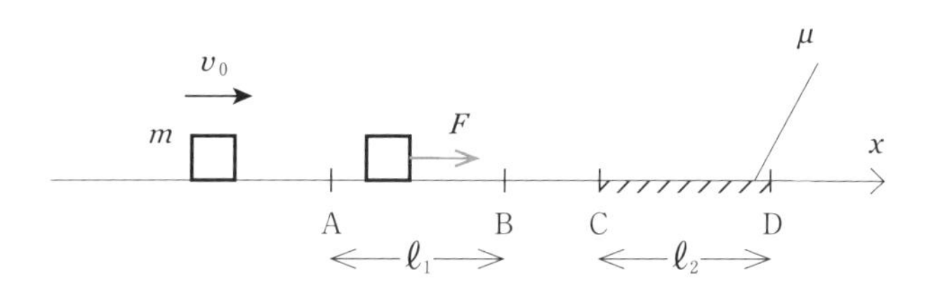

(1) 物体が点 B を通過するとき，その速度はいくらになるか？

2 点 AB 間に，**エネルギーと仕事の関係**を適用して解いていく問題です。

はじめのエネルギーは，速度 v_0 を用いて次のように表すことができます。

$$\frac{1}{2}mv_0^2$$

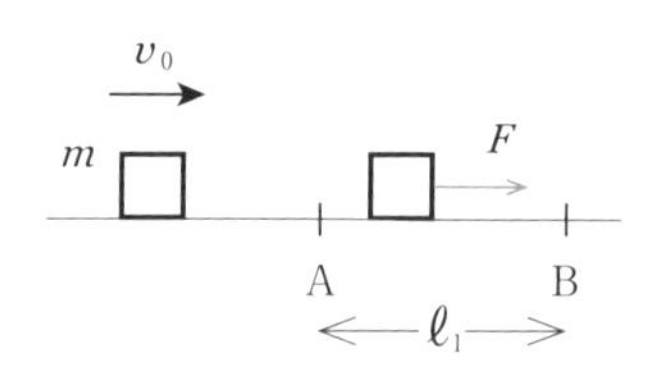

次に，物体がAB間で外からされた仕事を考えましょう。一定の力Fで，その向きにℓ_1だけ動かされているので，物体が**外からされた仕事**は$\boldsymbol{F\ell_1}$となります。

そして，点Bでの物体の速度をv_Bとおくと，AB間で外から仕事をされた**あとのエネルギー**は，$\boldsymbol{\frac{1}{2}mv_B^2}$と表すことができます。したがって，エネルギーと仕事の関係の式は，次のように表すことができます。

解答　エネルギーと仕事の関係より

$$\frac{1}{2}mv_0^2+F\ell_1=\frac{1}{2}mv_B^2 \quad \cdots①$$

$v_B>0$ より

$$v_B=\sqrt{v_0^2+\frac{2F\ell_1}{m}}$$

$\boldsymbol{\sqrt{v_0^2+\frac{2F\ell_1}{m}}}$ ……答

やってみよう Q

(2) 物体が点Dを通過するとき，その速度はいくらになるか？
　また，物体が点Dを通過するためのℓ_2の条件を示せ。

(1)と同じように物体は，点Cにおいて速度v_Bで進んでいるので，**はじめのエネルギー**は，$\boldsymbol{\frac{1}{2}mv_B}$と表されます。

次に，物体がCD間で**外からされた仕事**を考えましょう。物体はCD間で大きさ$\mu N=\mu mg$の動摩擦力を受けます。右図のように，物体は摩擦力の向きと逆向きに動いているので，摩擦力が物体にした仕事は$\boldsymbol{-\mu mg\ell_2}$となります。

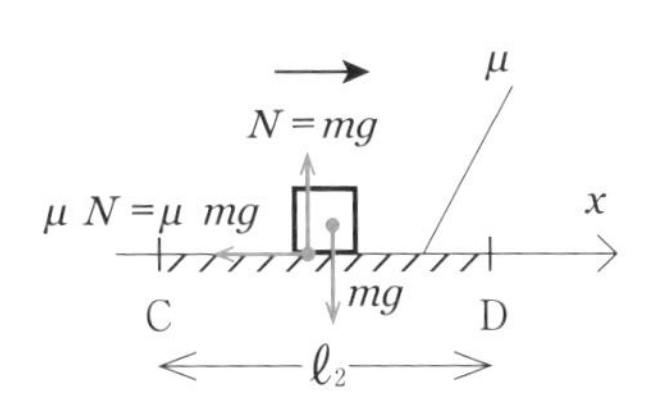

最後に，点Dでの物体の速度をv_Dとすると，エネルギーと仕事の関係の式は次のようになります。

解答 エネルギーと仕事の関係より

$$\frac{1}{2}mv_B{}^2+(-\mu mg\ell_2)=\frac{1}{2}mv_D{}^2$$

①式より

$$\frac{1}{2}mv_0{}^2+F\ell_1+(-\mu mg\ell_2)=\frac{1}{2}mv_D{}^2$$

と書き直せる。

$v_D>0$ より

$$v_D=\sqrt{v_0{}^2+\frac{2F\ell_1}{m}-2\mu g\ell_2}$$

$\boldsymbol{\sqrt{v_0{}^2+\frac{2F\ell_1}{m}-2\mu g\ell_2}}$ ……答

ここで問題の設定をもう一度見直してみましょう。ℓ_2が非常に長かった場合，物体は摩擦力を受け続けるため，CD 間で止まってしまいます。したがって，物体が点 D を通過するためには，ℓ_2についての条件が必要になります。

さきほど求めたv_Dの式をみると，ℓ_2を大きな値にするとルートの中が負になってしまうため，v_Dを求めることができませんね。

そこで，物体が点 D を通過するためには，$v_D>0$ であればよいことがわかります。ルートの中が正であることが条件となります。

$$v_0{}^2+\frac{2F\ell_1}{m}-2\mu g\ell_2>0$$

$$\ell_2<\frac{mv_0{}^2+2F\ell_1}{2\mu mg}$$

$\boldsymbol{\ell_2<\frac{mv_0{}^2+2F\ell_1}{2\mu mg}}$ ……答

47 重力による位置エネルギー

重力による位置エネルギー　$U = mgh$

今回は，高いところにある物体がもつエネルギーについて考えます。

重力による位置エネルギーはどのように表されるか？

まず，エネルギーというのは，**他の物体に仕事をする能力**のことでしたね。

床より高いところにある物体は，落下すると床に力を加え，床をへこませるという仕事をすることができます。このように，基準点より高いところにある物体は仕事をする能力がある，つまりエネルギーをもっているということができます。

ここでは，**基準面から高さ h の点Pにある質量 m の物体がもつエネルギー**を，エネルギーと仕事の関係を用いて求めていきましょう。

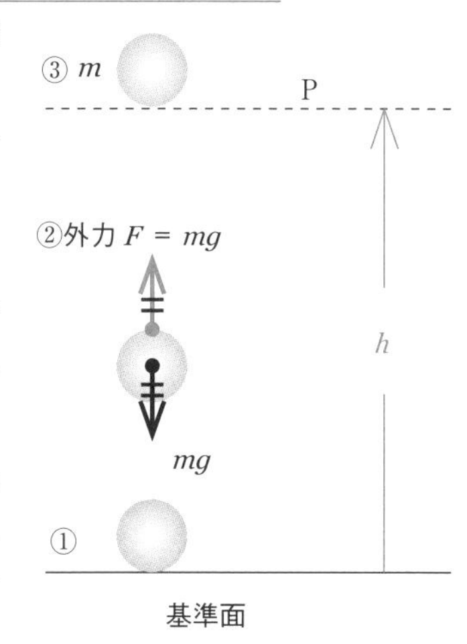

エネルギーと仕事の関係

(はじめのエネルギー)＋(外からされた仕事)＝(あとのエネルギー)
　　　　①　　　　　　　　②　　　　　　　　③

① **はじめのエネルギー**……基準面に置かれた物体は静止しているだけで他の物体に仕事をする能力はないので，物体がもっている**はじめのエネルギーは0**となります。

② **外からされた仕事**……この物体に外力を加え，高さ h の点Pまで力の

つりあいを保ちながらゆっくりと運ぶとき，外力のする仕事を求めましょう。力のつりあいより，外力は鉛直上向きに $F=mg$ となります。外力と同じ向きに物体を h だけ動かすので，外力のする仕事は $mg \times h$ となります。よって，**外からされた仕事は mgh** です。

③　**あとのエネルギー**……エネルギーと仕事の関係より，はじめのエネルギーが0で外からされた仕事が mgh なので，あとのエネルギー，すなわち**基準面から高さ h の点Pにある質量 m の物体がもつエネルギーは** mgh と表されます。これを**重力による位置エネルギー**といいます。

POINT

重力による位置エネルギー　$U=mgh$

位置エネルギーとは何か？

mgh が基準面から高さ h にある質量 m の物体がもつエネルギーであることはわかりましたが，そもそも位置エネルギーとはどういうエネルギーなのでしょうか？　一般に，位置エネルギーは次のように定義されています。

POINT

位置エネルギーの定義
「基準点からその点まで物体を運ぶとき，外力のした仕事」

位置エネルギーの定義は，少し抽象的でわかりにくいかも知れませんので，具体例として重力による位置エネルギー mgh を通して理解しておくとよいでしょう。

やってみよう Q

基準面をAとした場合，面Bと同じ高さにある質量 m の物体がもつ重力による位置エネルギー U_A は，どのように表されるか？　また，基準面をBやCに変えた場合，重力による位置エネルギー U_B，U_C はどのように表されるか？

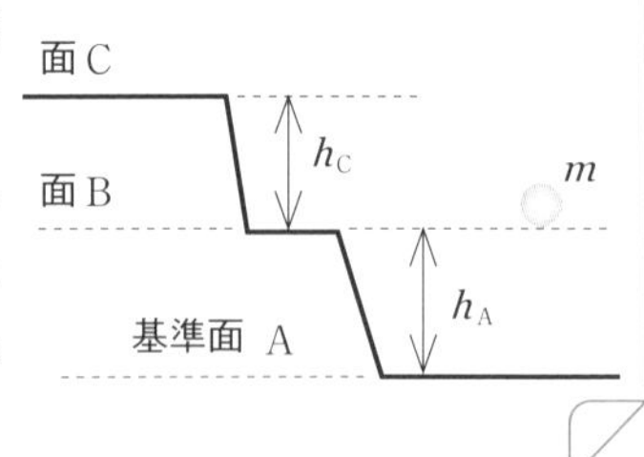

どの場合も，基準点からその点まで力のつりあいを保ちながらゆっくりと運んでいくことを考えます。

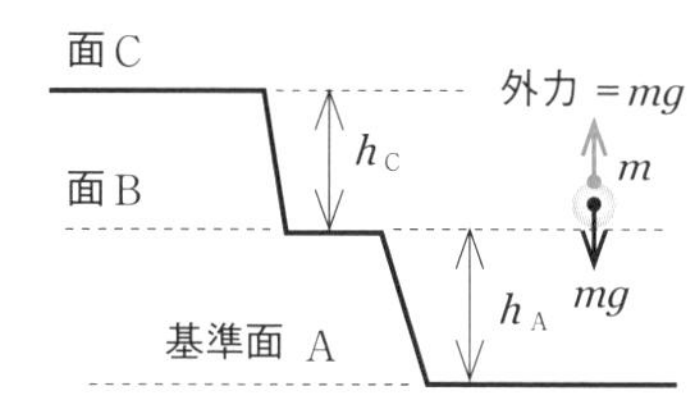

基準面がAの場合，上向きで大きさが mg の外力で，h_A だけ持ち上げるので，外力のした仕事は
$mg\times h_A$ となります。

解答 基準面をAとした場合の重力による位置エネルギーは

$U_A=mg\times h_A$ $\boldsymbol{U_A=mgh_A}$ …… 

基準面がBの場合，物体は面Bと同じ高さにあります。物体には上向きで大きさ mg の外力がはたらいていますが，外力の向きに動いた距離は0なので，外力のした仕事は $mg\times0$ となります。

基準面をBとした場合の重力による位置エネルギーは

$U_B=mg\times0$ $\boldsymbol{U_B=0}$ …… 

基準面がCの場合，上向きで大きさが mg の外力で，h_C だけ下げるので力の向きに動いた距離は $-h_C$ となり，外力のした仕事は $mg\times(-h_C)$ となります。

基準面をCとした場合の重力による位置エネルギーは

$U_C=mg\times(-h_C)$ $\boldsymbol{U_C=-mgh_C}$ …… 

この問題からわかるように，重力による位置エネルギーの基準点はどこにとってもよいのですが，その位置を明確にする必要があります。そして，基準点よりも高い位置にある物体がもつ重力による位置エネルギーは正の値になり，基準点よりも低い位置にある物体がもつ重力による位置エネルギーは負の値になることがわかります。

48 位置エネルギーの特徴

今回は，位置エネルギーの特徴について学んでいきましょう。

力のする仕事がその経路に無関係に2点の位置だけで決まるとき，その力を保存力といいます。そして，**ある点での位置エネルギーはその点から基準点まで物体を運ぶとき，保存力のした仕事**，と定義することができます。これはどんな種類の位置エネルギーでも成り立ちます。

ではくわしく見ていきましょう。

保存力とは何か？

まずは，47の復習からです。**基準水平面上の点Aから高さ h の点Pまで質量 m の物体を静かに運ぶとき，外力のした仕事**はいくらでしょうか？

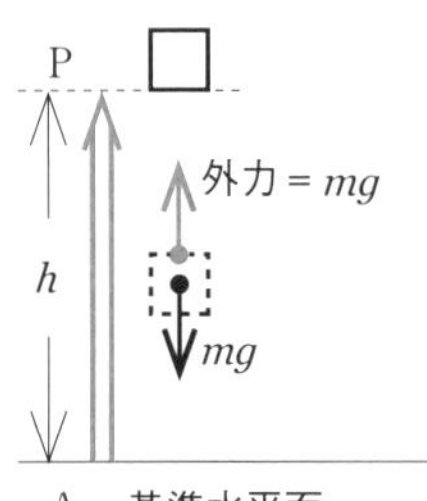

力のつりあいより，外力は鉛直方向の上向きに $F = mg$ となります。外力と同じ向きに物体を h だけ運ぶので，外力のする仕事は mgh となります。

この値は，47で学んだことを踏まえると，**物体が点Pでもつ重力による位置エネルギー**を表すことになります。

復習 位置エネルギーの定義

P.154

「基準点からその点まで物体を運ぶとき，外力のした仕事」

今度は上とは逆に，点Pから点Aまで物体を静かに運ぶとき，重力のした仕事を求めてみましょう。

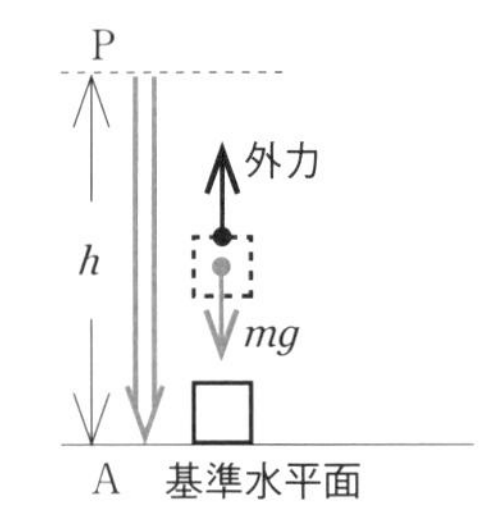

重力は鉛直方向の下向きに mg となります。この場合，物体を重力と同じ下向きに h だけ動かすので，重力のする仕事は mgh となります。

よって，物体が点Pでもつ重力による位置エネルギーは，**点Pから基準点Aまで物体を運ぶとき，重力のした仕事**といい表すこともできますね。

さらに，点Pからなめらかな斜面PBを経由して点Aまで物体を運ぶときの重力のした仕事を考えてみましょう。

点Pから点Bまで静かに動かしたとき，重力は鉛直下向きで大きさが mg ですね。重力の向きに進んだ距離は斜面の長さではなく，その鉛直成分である h なので，点Pから点Bまで物体を運ぶとき，重力のした仕事は mgh となります。

点Bから点Aまで運ぶときは，重力の向きには物体は動いていないので，重力は仕事をしません。

よって，点Pから点Bを経由して点Aまで物体を運ぶとき，重力のした仕事の合計は mgh となります。

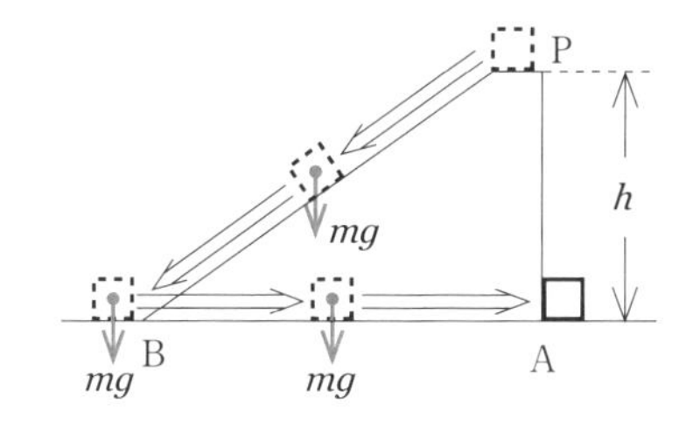

このように，重力がする仕事は基準水平面からの高さだけで決まり，経路には関係がないことがわかります。一般に，**その点から基準点まで物体を運ぶとき，力のする仕事がその経路に無関係に2点の位置だけで決まるとき，その力を保存力といいます**。この場合は重力が保存力となっています。

また，保存力という言葉を用いると**位置エネルギー**は次のように定義することができます。

「その点から基準点まで物体を運ぶとき，保存力のした仕事」

前ページの復習で示した位置エネルギーの定義と比べてみてください。このように，保存力に対しては，位置エネルギーを定めることができます。言い換えると，位置エネルギーの特徴は，それに対応する保存力があるということです。重力のほかにも，保存力には弾性力や静電気力などがあります。したがって，弾性力による位置エネルギーや静電気力による位置エネルギーなども存在することになります。

49 弾性力による位置エネルギー①

弾性力による位置エネルギー　$U=\frac{1}{2}kx^2$

今回は**伸びたり縮んだりしているばねがもつエネルギー**(弾性力による位置エネルギー)について学んでいきましょう。

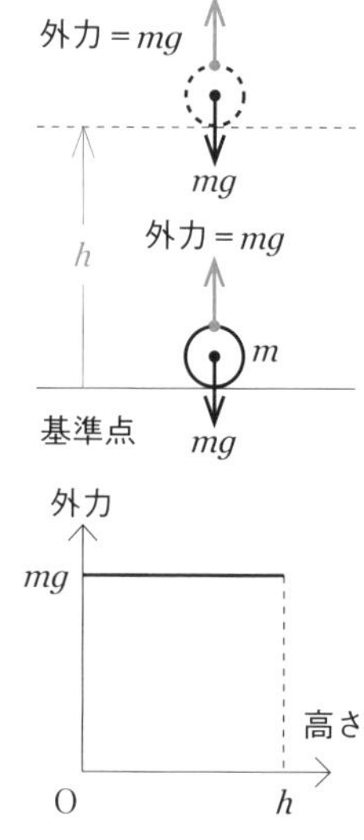

重力による位置エネルギー(復習)

まず，重力による位置エネルギーについて復習しておきましょう。

質量mの物体を基準点から高さhの点まで静かに運ぶことを考えました。力のつりあいを保ちながらゆっくりと運ぶので，外力は鉛直上向きで大きさはmgとなりますね。運んでいるときの外力は高さに関係なく常に一定の値mgとなるので，高さと外力の関係をグラフにすると右図のようになります。

位置エネルギーの定義

P.154

「基準点からその点まで物体を運ぶとき，外力のした仕事」

次に，物体がもつ**重力による位置エネルギー**を考えます。

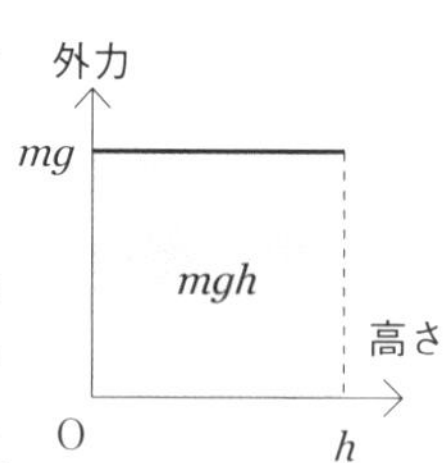

外力mgと同じ向きに物体を高さhまで運ぶので，外力のする仕事はmghとなります。これが，高さhの点で物体がもつ重力による位置エネルギーmghです。したがって，**外力と高さ(変位)のグラフにおいて，**

重力による位置エネルギー mgh は，**グラフと横軸の間の面積**で表すことができます。

弾性力による位置エネルギーはどのように表されるか？

では，重力による位置エネルギーと同様に弾性力による位置エネルギーについて考えていきましょう。

自然長
(基準点)
x
外力 F

ばね定数 k のばねを自然長(基準点)から x だけ伸ばすことを考えます。

力のつりあいを保ちながら伸ばすので，外力 F は $F = kx$ となりますね。外力 F は伸び x に比例するので，外力 F と伸び x の関係をグラフにすると，右図のようになります。

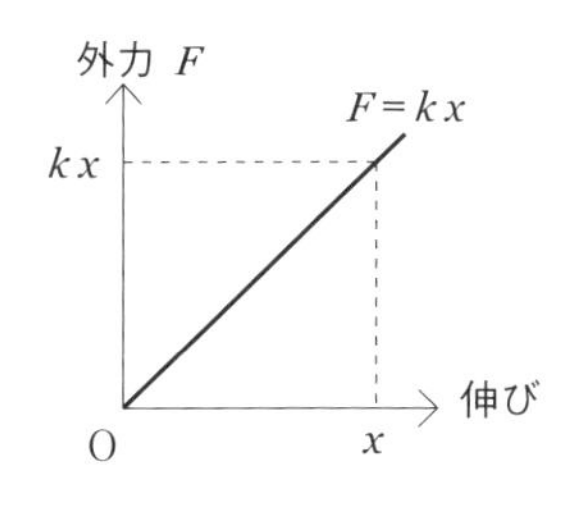

次に，物体がもつ**弾性力による位置エネルギー**を考えます。

前ページでやったように，**外力 F と伸び(変位) x のグラフにおいて**，弾性力による位置エネルギーは**グラフと横軸の間の面積**で表されます。

よって，ばねを自然長(基準点)から x だけ伸ばすまでに外力のした仕事，すなわち**弾性力による位置エネルギー U** は右図の色のついた部分の面積で表されるので，その値は次のようになります。

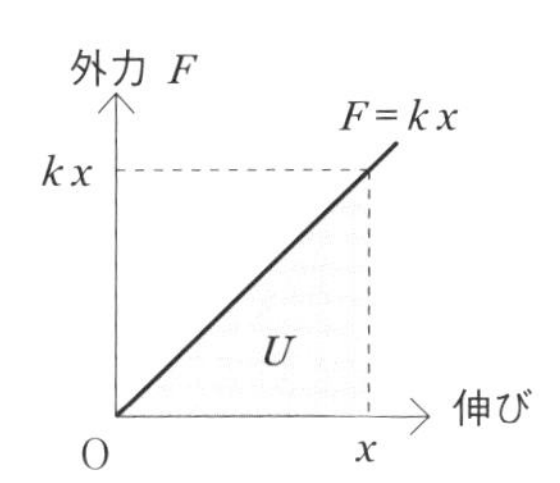

$$U = x \times kx \times \frac{1}{2}$$

$$U = \frac{1}{2}kx^2$$

POINT

弾性力による位置エネルギー　$U = \frac{1}{2}kx^2$

50 弾性力による位置エネルギー②

ばね定数は，ばねの自然長に反比例する

今回は弾性力による位置エネルギーについての確認をしながら，ばねのもつ性質についても見ていきましょう。

ばね定数k〔N/m〕のばねS_1の一端を壁に固定し，他端をF〔N〕の力で引くとx〔m〕伸びた。

(1) ばね定数k〔N/m〕は，物理的に何を表しているか？

フックの法則 $F=kx$ より $k=\dfrac{F}{x}$ となるので，ばね定数kは，「1m 伸ばすのに何Nの力が必要か」を表していることになります。感覚的には，ばねの伸ばしにくさやばねの硬さというイメージですね。

解答 **1m 伸ばすのに何Nの力が必要か（ばねの伸ばしにくさ）** ……答

(2) ばねS_1にたくわえられた弾性力による位置エネルギーU〔J〕はいくらか？

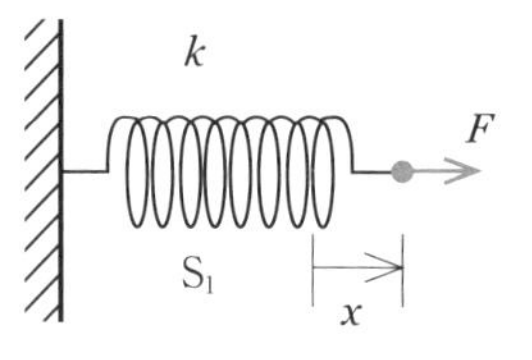

弾性力による位置エネルギー $U=\dfrac{1}{2}kx^2$

P.159

$$U=\frac{1}{2}kx^2$$ ……

話は変わりますが，ばねにはたらいている力が図の右向きの力のみだった

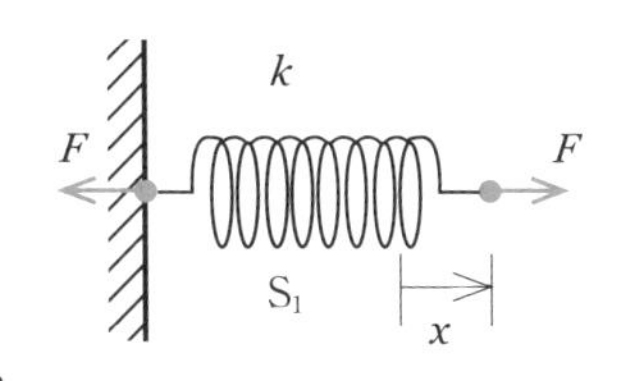

場合，ばねは右向きに運動してしまいます。ばねは伸びたまま静止しているので，ばねにはたらく力はつりあっています。

したがって，ばねは壁から左向きで大きさがFの力も受けていることがわかります。つまり，ばね定数kのばねS_1は，両端を同じ大きさFの力で引かれて，xだけ伸びて静止しているのです。これをふまえて，次の問題です。

(3) ばねS_1を2つ連結したばねS_2について考える。ばねS_2をF〔N〕の力で引いた。ばねS_2のばね定数k_2〔N/m〕はkの何倍か？

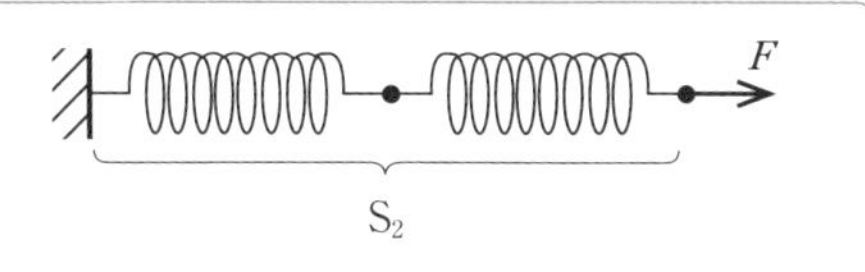

まず，右側(右半分)のばねの力のつりあいより，右側のばねには左側(左半分)のばねから左向きの力Fがはたらいていることがわかります。つまり，右側のばねはS_1とまったく同じ状態なので，右側のばねの伸びはxとなります。

左側のばねには，作用・反作用の法則より右側のばねから右向きの力Fがはたらきます。また，力のつりあいより，壁から左向きの力Fもはたらいているので，左側のばねもS_1と同じくxだけ伸びていることになります。

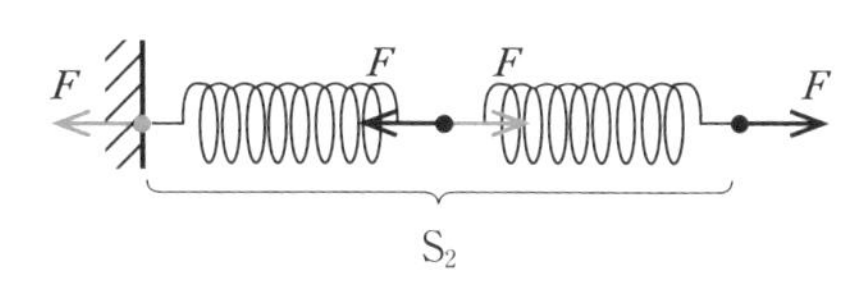

したがって，ばねS_2全体をFの力で引くと合わせて$2x$伸びているので，フックの法則より，ばねS_2のばね定数k_2は次のようになります。

$$k_2 = \frac{F}{2x} = \frac{1}{2}k$$

$\frac{1}{2}$倍 ……

(4) ばねS_2にたくわえられた弾性力による位置エネルギーU_2〔J〕はUの何倍か？

弾性力による位置エネルギーの式においては，ばね定数は$k_2 = \dfrac{k}{2}$，伸びは$2x$なので，次のようになります。

解答

$$U_2=\frac{1}{2}k_2(2x)^2=\frac{1}{2}\cdot\frac{k}{2}\cdot 4x^2=kx^2$$

$$U_2=2U$$

2倍 ……答

つづき Q

(5) ばねS_1を半分に切断したばねS_3について考える。ばねS_3をF〔N〕の力で引いた。ばねS_3のばね定数k_3〔N/m〕はkの何倍か？

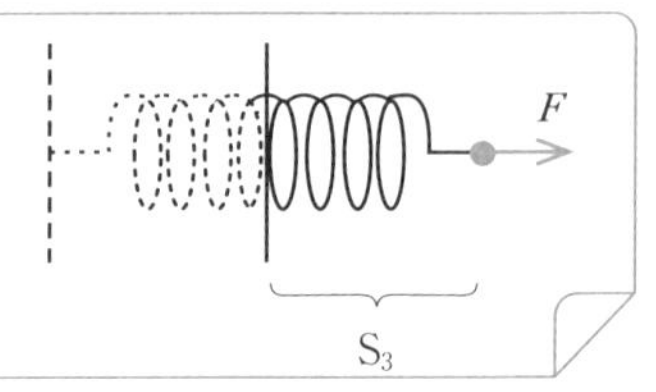

ばねS_3は，ばねS_1の右側半分ととらえましょう。下の図のように，ばねS_1は両端をFの力で引かれて，全体でxだけ伸びています。ばねS_3はその右半分なので，伸びる長さは$\frac{x}{2}$となります。

したがって，フックの法則より，ばねS_3のばね定数k_3は次のようになります。

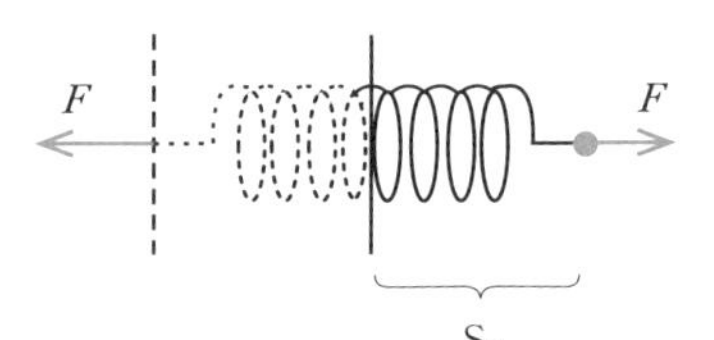

解答

$$k_3=\frac{F}{\frac{x}{2}}=\frac{2F}{x}=2k$$

2倍 ……答

つづき Q

(6) ばねS_3にたくわえられた弾性力による位置エネルギーU_3〔J〕はUの何倍か？

弾性力による位置エネルギーの式に代入すると次のようになります。

解答

$$U_3=\frac{1}{2}k_3\left(\frac{x}{2}\right)^2=\frac{1}{2}\cdot 2k\cdot\frac{x^2}{4}=\frac{kx^2}{4}$$

$$U_3=\frac{1}{2}U$$

$\frac{1}{2}$倍 ……答

(1), (3), (5)から，**ばね定数はばねの自然長に反比例**するとわかります。

POINT

ばね定数は，ばねの自然長に反比例する

51 力学的エネルギー保存則①

力学的エネルギー保存則
運動エネルギー ＋ 位置エネルギー ＝ 一定

力学的エネルギー保存則とは何か？

地面を原点Oとし，鉛直上向きを座標軸の正の向きとします。高さh_0の点から速さv_0で投げられた質量mの物体は，高さhで速さがvになりました。物体には鉛直下向きに大きさgの重力加速度がかかっているので，座標軸の向きに注意すると，この物体の運動は**加速度が$-g$の等加速度直線運動**であるとわかりますね。

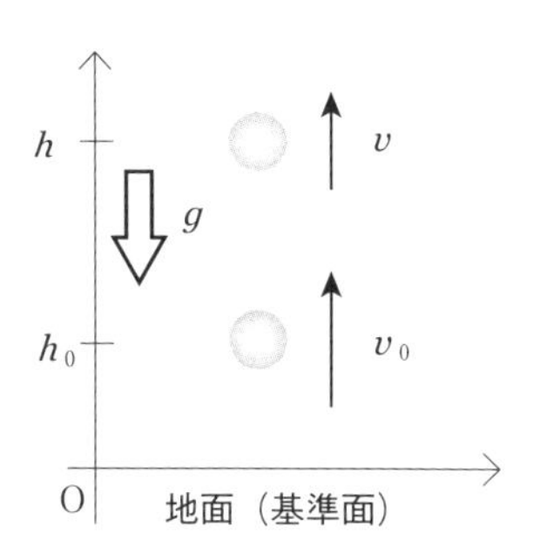

$v^2 - v_0^2 = 2ax$の公式を用いて，**運動エネルギーと位置エネルギーの関係**について調べてみましょう。

$$v^2 - v_0^2 = 2\cdot(-g)\cdot(h-h_0)$$

両辺を$\frac{1}{2}m$倍してエネルギーを表す式に変形すると，次のようになります。

$$\frac{1}{2}mv^2 - \frac{1}{2}mv_0^2 = -mgh + mgh_0$$

そして，高さh_0の点でのエネルギーと高さhの点でのエネルギーをそれぞれまとめると，次のようになります。

$$\boldsymbol{\frac{1}{2}mv_0^2 + mgh_0 = \frac{1}{2}mv^2 + mgh}$$

運動エネルギーと位置エネルギーの和を力学的エネルギーとよびます。上の式より，**力学的エネルギーは物体の位置によらず一定**で保存されていることがわかりますね。この関係を力学的エネルギー保存則といいます。

POINT

力学的エネルギー保存則
運動エネルギー　+　位置エネルギー　=　一定

一般に，**物体にはたらく力が重力や弾性力などの保存力だけの場合，この力学的エネルギー保存則は成り立ちます**。

逆に，力学的エネルギー保存則が成り立たないのは，摩擦や抵抗力(空気抵抗など)がはたらく運動や，非弾性衝突($e \neq 1$)などです。これらの場合には，力学的エネルギーの一部が熱となって逃げてしまうので，力学的エネルギーは保存されずに減少してしまいます。

POINT

力学的エネルギー保存則が成立しない例
・摩擦や抵抗力のある運動
・$e \neq 1$の衝突

下の図のように，摩擦のない面上で，xだけ縮んだばねにより弾(はじ)かれる小球の運動について考えてみましょう。①～③の一連の過程では，摩擦・抵抗・非弾性衝突などがないので，**①～③の各状態で力学的エネルギーは保存されています**。①～③の過程において保存される力学的エネルギーについて，確認をしていきましょう。①の状態でもっていた弾性力による位置エネルギー$\left(\frac{1}{2}kx^2\right)$は，②の状態ではすべて運動エネルギー$\left(\frac{1}{2}mv^2\right)$に変換され，さらに③の状態ではすべて重力による位置エネルギー(mgh)に変換されるということです。

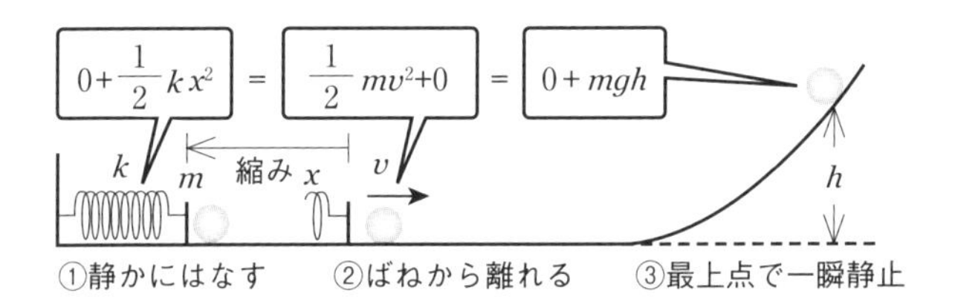

52 力学的エネルギー保存則②

51 では，運動エネルギーと位置エネルギーの和を力学的エネルギーとよび，この値が一定である(保存される)ことを学びました。今回は，力学的エネルギー保存則を用いて問題を解いてみましょう。

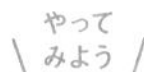

力学的エネルギー保存則

運動エネルギー＋位置エネルギー＝一定

Q

高低差 h_1 のなめらかな曲面 AB があり，B 端の傾斜角は 60° になっている。また，B 端と水平面との高低差は h_2 である。いま，小球を点 A に静かに置いたところ，小球は B 端を経て，放物運動の最高点 C を経由し，水平面上の点 D に落下した。重力加速度の大きさを g とする。

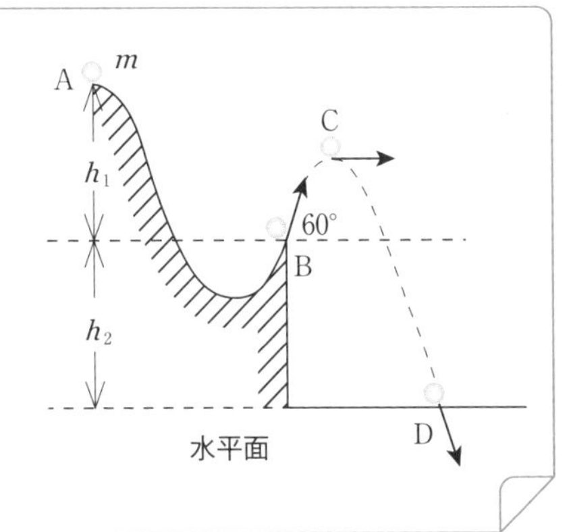

Q

(1) B 端での小球の速さはいくらか？

曲面 AB は摩擦がないので，AB 間では力学的エネルギー保存則が成り立ちます。

重力による位置エネルギーの基準(高さの基準)を点 B とすると，点 A での運動エネルギーは 0，重力による位置エネルギーは mgh_1 となるので，**点 A での力学的エネルギー**は，$\boldsymbol{0+mgh_1}$ となります。

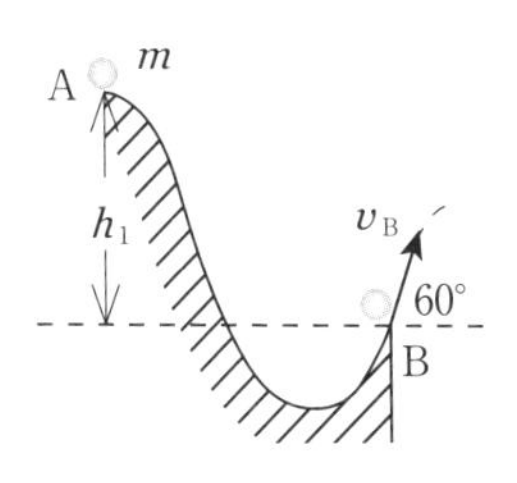

次に，点Bでの小球の速さを v_B とおくと，点Bでの運動エネルギーは $\frac{1}{2}mv_B{}^2$，重力による位置エネルギーは0となるので，**点Bでの力学的エネルギーは，$\boldsymbol{\frac{1}{2}mv_B{}^2+0}$** となります。したがって，力学的エネルギー保存則の式は次のようになります。

解答

力学的エネルギー保存則より

$$0+mgh_1=\frac{1}{2}mv_B{}^2+0$$

$v_B>0$ だから　$v_B=\sqrt{2gh_1}$

$\boldsymbol{\sqrt{2gh_1}}$ ……答

(2) 2点B，Cの高低差はいくらか？

この問題は物体の斜方投射の考え方が必要ですね。点Bで放たれた小球は，鉛直方向には等加速度運動，水平方向には等速度運動をします。点Cは最高点なので，鉛直方向の速度成分は0となり，速度は水平になります。点Cでの速度は点Bで斜方投射されたときの速度の水平成分と等しくなるので，次の値になります。

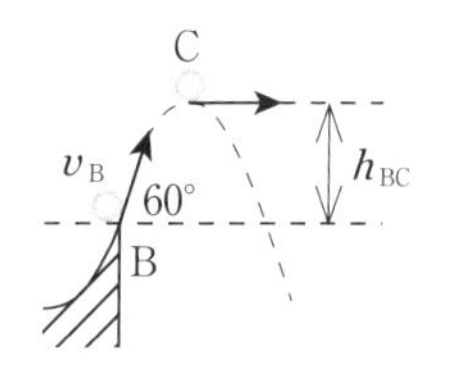

$$v_B\cos60°=\frac{v_B}{2}$$

この放物運動では空気抵抗は考えていないので，力学的エネルギー保存則が成り立ちますね。ここで，高さの基準を点B，2点B，Cの高低差を h_{BC} とすると，**点Bでの力学的エネルギーは $\boldsymbol{\frac{1}{2}mv_B{}^2+0}$** と表され，**点Cでの力学的エネルギーは $\boldsymbol{\frac{1}{2}m\left(\frac{v_B}{2}\right)^2+mgh_{BC}}$** と表されます。したがって，力学的エネルギー保存則の式は次のようになります。

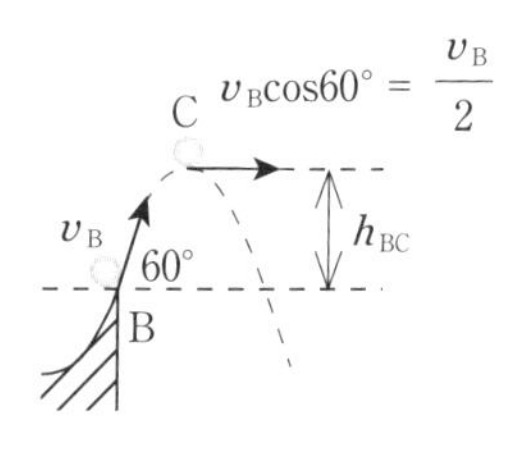

力学的エネルギー保存則より

$$\frac{1}{2}mv_B{}^2+0=\frac{1}{2}m\left(\frac{v_B}{2}\right)^2+mgh_{BC}$$

(1)より v_B の値を代入すると

$$mgh_1=\frac{m}{2}\cdot\frac{2gh_1}{4}+mgh_{BC}$$

$$h_{BC}=\frac{3h_1}{4}$$

$\boldsymbol{\frac{3h_1}{4}}$ ……答

つづき Q

(3) 点Dに落下する直前の小球の速さはいくらか？

点Aから点Dまでの一連の運動において，物体は摩擦や抵抗力などを一切受けていないので，力学的エネルギーは常に一定になります。

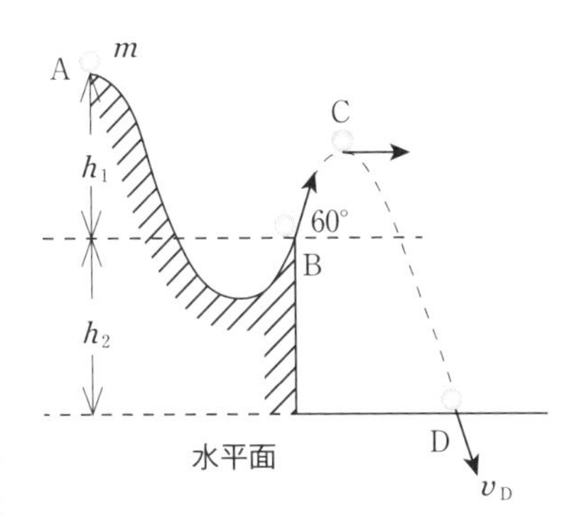

では，点Aと点Dにおける力学的エネルギー保存則の式を立ててみましょう。ここでは，高さの基準を水平面とします。問題によって高さの基準を変えているのは，力学的エネルギー保存則の式を簡単にするためです。

点Aでの力学的エネルギーは，重力による位置エネルギー $\boldsymbol{mg(h_1+h_2)}$ しかありませんね。一方，点Dでの小球の速さを v_D とおくと，**点Dでの力学的エネルギー**は，運動エネルギー $\boldsymbol{\frac{1}{2}mv_D{}^2}$ だけになります。したがって，力学的エネルギー保存則の式は次のようになります。

力学的エネルギー保存則より

$$0+mg(h_1+h_2)=\frac{1}{2}mv_D{}^2+0$$

$v_D>0$ だから　$v_D=\sqrt{2g(h_1+h_2)}$

$\boldsymbol{\sqrt{2g(h_1+h_2)}}$ ……答

53 力学的エネルギー保存則③

今回は鉛直方向のばね振り子に力学的エネルギー保存則を適用します。繰り返し学習して，力学的エネルギー保存則をしっかり身につけましょう。

力学的エネルギー保存則

運動エネルギー＋位置エネルギー＝一定

ばね定数kのばねの一端を天井に固定し，他端に質量mのおもりを取りつけ，鉛直につるす。ばねが自然長になるようにおもりを手で支え，静かに手をはなすと，おもりは振動を始める。重力加速度の大きさをgとする。

(1) ばねの最大の伸びはいくらか？

物体に摩擦や抵抗力ははたらいていないので，力学的エネルギー保存則が成り立っています。

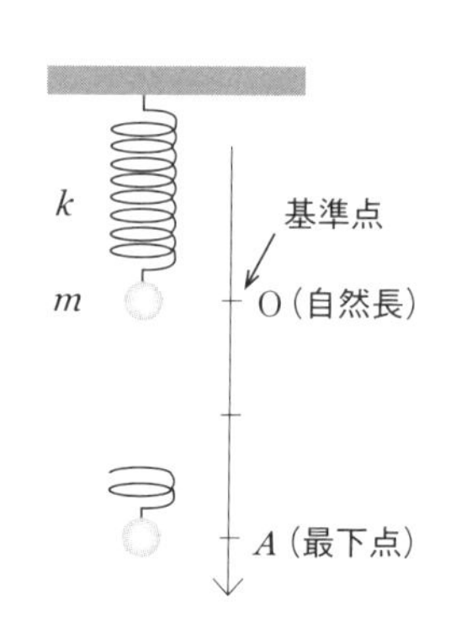

図のように，鉛直方向の下向きを正とした座標軸を設定します。ばねが自然長のときを0とします。

まず，自然長(原点)における力学的エネルギーを考えます。物体は静止しているので，運動エネルギーは0ですね。ばねは自然長なので弾性力による位置エネルギーも0です。また，重力による位置エネルギーの基準点はどこでもよいので，自然長の高さを基準とすると，重力による位置エネルギーも0です。したがって，自然長(原点)における力学的エネルギーはトータルで0となります。

次に，ばねの伸びが最大となる最下点における力学的エネルギーを考えます。振動の最下点では物体は静止するので，運動エネルギーは0ですね。ここでのばねの伸びをAとおくと，弾性力による位置エネルギーは$\frac{1}{2}kA^2$，また，最下点は基準点よりAだけ下にあるので，重力による位置エネルギーは$-mgA$となります。

したがって，力学的エネルギー保存則の式は次のようになります。

解答　力学的エネルギー保存則より

$$0=\frac{1}{2}kA^2-mgA$$

$A \neq 0$より　$A=\frac{2mg}{k}$

$\frac{2mg}{k}$ ……答

(2) ばねの伸びがxのとき，おもりの速さはいくらか？

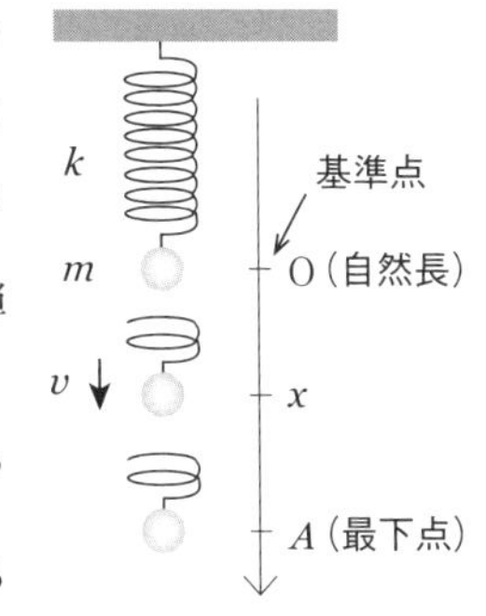

自然長での力学的エネルギーは(1)で求めたように0となります。ここでは，ばねの伸びがxのときの力学的エネルギーを考えます。問われている速さをvとすると，運動エネルギーは$\frac{1}{2}mv^2$，弾性力による位置エネルギーは$\frac{1}{2}kx^2$，重力による位置エネルギーは自然長の高さを基準としているので$-mgx$となります。

したがって，力学的エネルギー保存則の式は次のようになります。

解答　力学的エネルギー保存則より

$$0=\frac{1}{2}mv^2+\frac{1}{2}kx^2-mgx$$

$v>0$より

$$v=\sqrt{2gx-\frac{kx^2}{m}} \quad \cdots①$$

$\sqrt{2gx-\frac{kx^2}{m}}$ ……答

つづき Q

(3) おもりの速さの最大値と，そのときのばねの伸びはいくらか？

(2)より，おもりの速さvは，ばねの伸びxの関数となっていることがわかりますね。vが最大となるのは，ルートの中が最大のときです。ルートの中はxの2次式になっているので，①式を平方完成して(下記 **補足** 参照)，次のように変形できます。

解答

$$v=\sqrt{-\frac{k}{m}\left(x-\frac{mg}{k}\right)^2+\frac{mg^2}{k}}$$

ルートの中は上に凸の放物線になり，$x=\frac{mg}{k}$のとき，vは最大値

$$\sqrt{\frac{mg^2}{k}}=g\sqrt{\frac{m}{k}}$$

となる。

ばねの伸びが$\boldsymbol{\frac{mg}{k}}$のとき，おもりの速さは最大値 $\boldsymbol{g\sqrt{\frac{m}{k}}}$ ……答

ちなみに，おもりには重力と弾性力がはたらいていますが，$x=\frac{mg}{k}$のとき，重力と弾性力はつりあっています。つまり，鉛直方向のばね振り子では，**力のつりあいの位置で速さが最大になる**ということです。

補足

平方完成は2次式の最大値や最小値を考えるとき，よく使いますので，しっかりと覚えましょう。

$$y=ax^2+bx+c$$
$$=a\left(x+\frac{b}{2a}\right)^2-\frac{b^2-4ac}{4a}$$

54 運動量保存則とエネルギー保存則①

今回は，運動量保存則とエネルギー保存則の両方を使って解くタイプの問題に挑戦してみましょう。

なめらかな水平面上に，なめらかな曲面をもつ質量Mの台が静止している。水平面からの高さhの台上に，質量mの小物体を静かに置くと，両物体は動き始める。小物体が台から離れた後の，両物体の速度を求めよ。重力加速度の大きさをgとする。

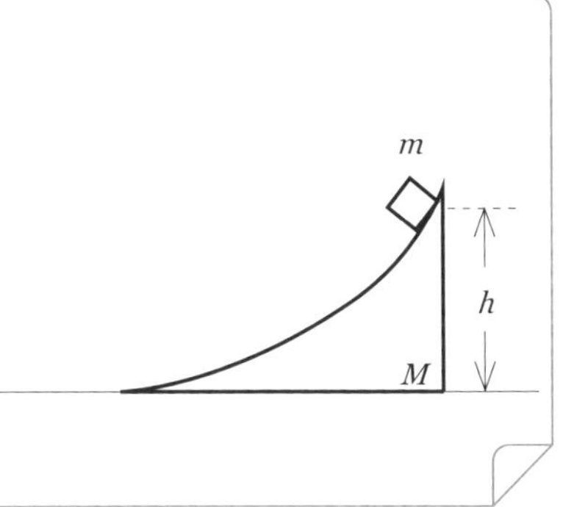

まず，両物体はどのように動くのか予想してみましょう。小物体が台の曲面上をすべっているとき，小物体には台の曲面から左上向きに垂直抗力がはたらきます。

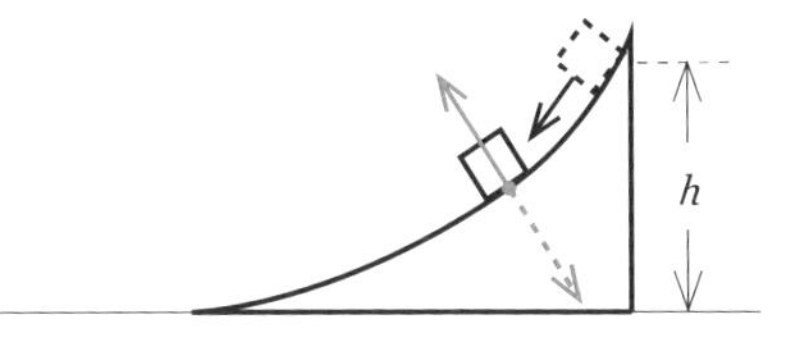

一方，作用・反作用の法則より，台は小物体から右下向きの力を受けます。

よって，小物体は左向きに，台は右向きに進むと予想できます。

両物体にはたらく水平方向の力は，小物体と台を１つの系と見なすと，お互いにはたらく**内力のみで**，**外力を受けていない**ので，**水平方向の運動量保存則が成り立ちます**ね。鉛直方向には重力や地面からの垂直抗力がはたらくので鉛直方向の運動量保存則は成り立ちません。

この両物体の運動は２物体の分裂とみることができるので，運動量保存則が使えそうだなと判断できるようになるといいと思います。

復習 外力を受けていない ⇒ 運動量保存則が成立

P.122

では，運動量保存則を立てていきましょう。座標軸を右向きを正として設定し，離れた後の小物体，台の速度をそれぞれ v，V とします。これらは未知数なので，図のようにとりあえず正の値としておきます。

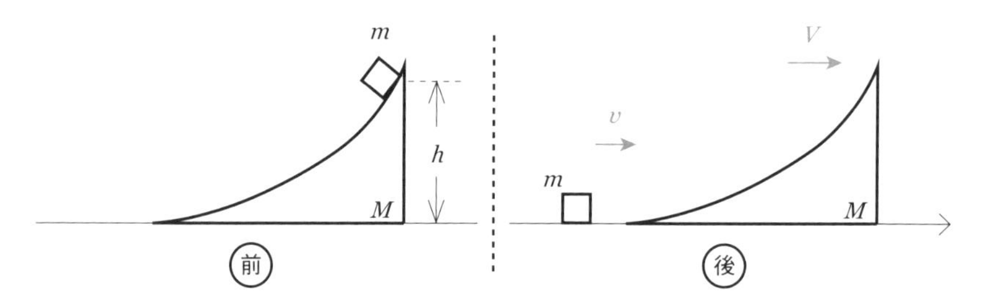

はじめ，両物体は静止しているので，水平方向の運動量保存則は次のようになります。

解答

水平方向の運動量保存則

$$0 = mv + MV \quad \cdots ①$$

未知数が2つあるのに対して，まだ関係式が1つしかないので，もう1つ式を立てる必要があります。

ここで，両物体には**摩擦力や抵抗力がはたらいていないので，力学的エネルギー保存則が成立しています**。

はじめの状態と離れたあとの状態における，両物体の力学的エネルギーの和をそれぞれ求めていきましょう。

はじめの状態において，両物体は静止しているので，運動エネルギーは0ですね。小物体は高さ h の場所にあるので，水平面を基準とすると，重力による位置エネルギーは mgh となります。

離れたあとでは，両物体は水平面上にあるので，重力による位置エネルギーは0となります。それぞれの速度は v，V なので，運動エネルギーも求められますね。

よって，力学的エネルギー保存則の式は次のようになります。

力学的エネルギー保存則より

$$mgh=\frac{1}{2}mv^2+\frac{1}{2}MV^2 \quad \cdots②$$

復習 力学的エネルギー保存則

P.164

運動エネルギー ＋ 位置エネルギー ＝ 一定

①と②の２つの式が得られたので，連立させれば未知数 v，V を求めることができます。

①より，$V=-\frac{mv}{M} \quad \cdots③$

これを②に代入すると

$$mgh=\frac{1}{2}mv^2+\frac{1}{2}M\left(-\frac{mv}{M}\right)^2$$

$$gh=\frac{(M+m)\,v^2}{2M}$$

小物体は左向きに進むとわかっているので

$$v<0$$

よって

$$v=-\sqrt{\frac{2Mgh}{M+m}}$$

これを③に代入すると

$$V=-\frac{m}{M}\left(-\sqrt{\frac{2Mgh}{M+m}}\right)=m\sqrt{\frac{2gh}{M(M+m)}}$$

小物体：左向きに $\sqrt{\frac{2Mgh}{M+m}}$ ……答

台：右向きに $m\sqrt{\frac{2gh}{M(M+m)}}$ ……答

55 運動量保存則とエネルギー保存則②

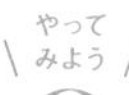

ばね定数kの軽いばねをつけた質量mの物体Aが，なめらかな水平面上にある座標軸上で静止している。質量$2m$の物体Bが，座標軸上を速度v_0で進み，ばねのほうから衝突した。

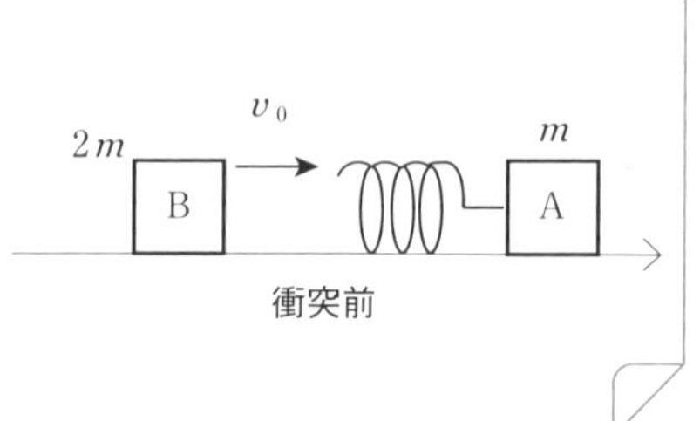

(1) 両物体の速度が同じになったとき，その速度Uはいくらか？

AとBの2物体が同じ速度になった瞬間に，2物体は，一瞬合体したと考えることができるので，運動量保存則が使えます。

はじめ質量$2m$の物体Bだけが速度v_0で動いていて，合体した瞬間，質量$3m$の物体となり速度Uで運動するので，運動量保存則は次のようになります。

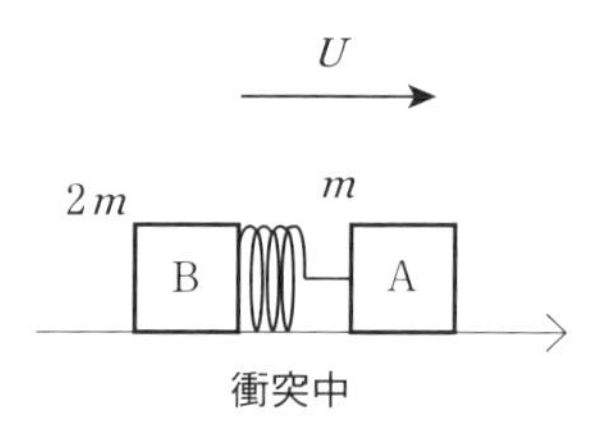

運動量保存則より

$$2mv_0 = 3mU$$

$$U = \frac{2}{3}v_0$$ ……答

(2) ばねの最大の縮みxはいくらか？

ばねの縮みが最大となるのは，両物体の速度が同じになったときです。つまり，両物体の速度は(1)の値となります。

はじめの状態とばねの縮みが最大になったときの間で，力学的エネルギー保存則を用いれば求めることができそうですね。

はじめの状態では，速度v_0で進む質量$2m$の物体Bのもつ運動エネルギーしかありません。

ばねの縮みが最大となったとき，速度Uで進む質量$3m$の物体のもつ運動エネルギーとばね定数kのばねがx縮んだことによって両物体に蓄えられた弾性力による位置エネルギーがありますね。

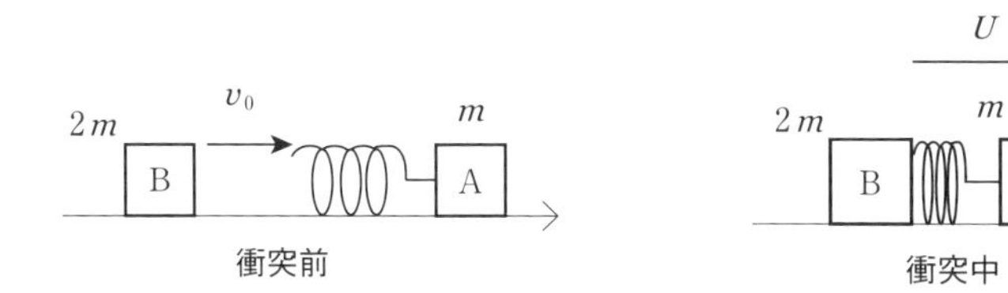

よって，力学的エネルギー保存則の式は次のようになります。

解答

力学的エネルギー保存則より

$$\frac{1}{2}\cdot 2m\cdot {v_0}^2=\frac{1}{2}\cdot 3m\cdot U^2+\frac{1}{2}kx^2$$

両辺を2倍して，(1)の結果を代入すると

$$2m{v_0}^2=3m\times\frac{4}{9}{v_0}^2+kx^2$$

$$\frac{2m{v_0}^2}{3}=kx^2$$

$x>0$より　$x=v_0\sqrt{\frac{2m}{3k}}$

$$\boldsymbol{x=v_0\sqrt{\frac{2m}{3k}}}$$ ……答

つづき Q

(3) 衝突後，A，Bの速度はv_A，v_Bとなった。v_A，v_Bを求めよ。

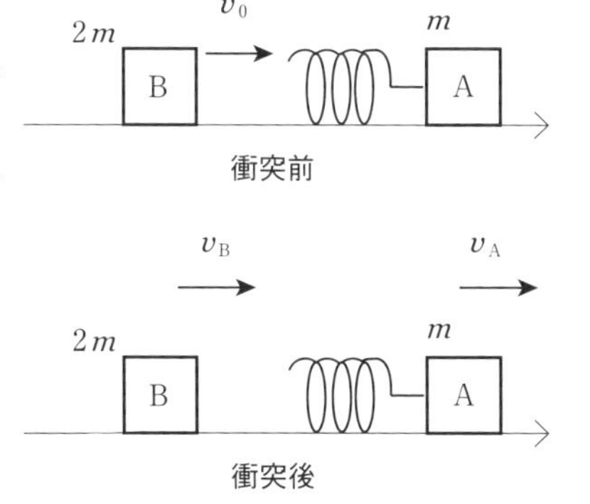

まず，物体の衝突ですから運動量保存則の式を立てていきましょう。

衝突前の運動量の和と衝突後の運動量の和は等しいので，運動量保存則の式は次のようになります。

解答

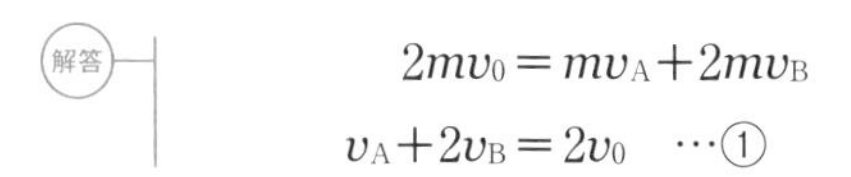

$$2mv_0=mv_A+2mv_B$$

$$v_A+2v_B=2v_0\quad\cdots①$$

また，この衝突では，摩擦や抵抗力がはたらかないので，力学的エネルギー保存則が使えます。衝突前後の力学的エネルギー保存則の式は次のようになります。

$$\frac{1}{2}\cdot 2m\cdot v_0{}^2=\frac{1}{2}mv_A{}^2+\frac{1}{2}\cdot 2mv_B{}^2$$

しかし，少し待ってください。この式に①を代入しても，もちろん問題を解くことはできますが，代入したものを２乗するとなるとかなり式が煩雑になりそうです。この衝突は摩擦や抵抗力がはたらかない衝突であり，**完全弾性衝突**とみなすことができるので，**力学的エネルギー保存則の式を使う代わりに $e=1$ のはね返り係数の式を使うことができます。**

秘テクニック

２物体の弾性衝突において
エネルギー保存則（の代わりに）⇒ はね返り係数 $e=1$

はね返り係数の式は衝突前後の相対速度の比の形 $e=-\dfrac{\text{あと}}{\text{まえ}}$ で表せるので，はね返り係数の式は次のようになります。

$$1=-\frac{v_B-v_A}{v_0-0}$$

$$-v_A+v_B=-v_0 \quad \cdots②$$

①＋②より

$$3v_B=v_0 \quad \text{より} \quad v_B=\frac{v_0}{3}$$

これを①に代入して

$$v_A+2\times\frac{v_0}{3}=2v_0 \quad \text{より} \quad v_A=\frac{4v_0}{3}$$

$\boldsymbol{v_A=\dfrac{4v_0}{3},\ v_B=\dfrac{v_0}{3}}$ ……答

力学的エネルギー保存則の成立する衝突では，エネルギー保存則の代わりにはね返り係数 $e=1$ の式が使えることを覚えておくと，計算量が少なくなり，たいへん便利です。

56 慣性力①

\押さえよ/

慣性力
向　き　⇒　観測者の加速度と逆向き
大きさ　⇒　ma

加速度$\vec{a}$で運動している電車の天井から質量mのおもりをつるすと，糸が傾き，おもりは電車に対して静止します。地上に静止している観測者Aと電車内の観測者Bは，この現象をそれぞれどのように説明するのでしょうか？

観測者Aによる説明

地上に静止している観測者Aからおもりを見ると，おもりは電車とともに加速度$\vec{a}$で運動をして，観測者の前を通り過ぎていきますね。このとき，観測者Aは，この現象を次のように説明します。

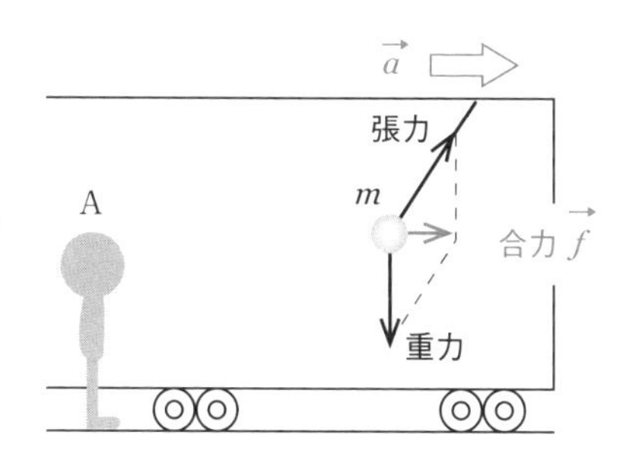

「質量mのおもりは，重力と張力を受け，その合力$\vec{f}$によって加速度$\vec{a}$が生じている」

すなわち，おもりに対しては次の**運動方程式**が成り立っています。

$$m\vec{a} = \vec{f}$$

観測者Bによる説明

電車内の観測者Bからおもりを見ると，おもりは目の前で傾いて静止して見えますね。すなわち，おもりにはたらく力はつりあっていることになります。したがって，おもりには，重力と張力の合力$\vec{f}$の他に，この合力$\vec{f}$を打ち消すようなある種の力$\vec{F}(=-\vec{f}=-m\vec{a})$がはたらいているように見えます。つまり観測者Bは，この現象を次のように説明します。

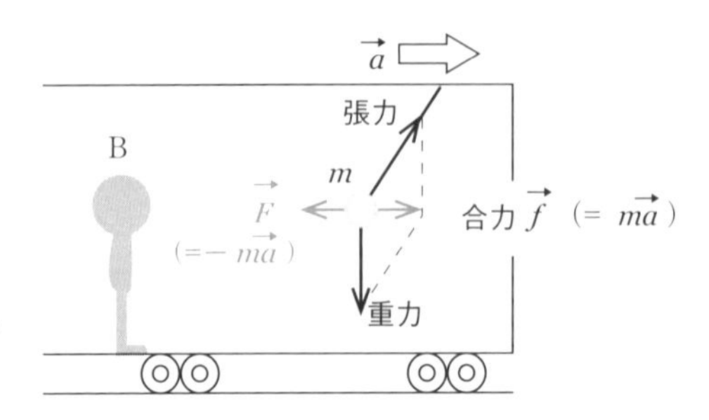

「質量 m のおもりには，重力と張力の他にある種の力 $\vec{F}(=-m\vec{a})$ がはたらいていて，これらの**力がつりあっている**」

このある種の力は，加速度運動をしている観測者Bにしか見えない力であり，この力のことを慣性力といいます。

一般に，大きさ a の加速度で運動している観測者が質量 m の物体を見た場合，物体には 1. 重力，2. 近接力の他に，**観測者の加速度と逆向きに，大きさが ma の力**がはたらいているように見えます。**加速度運動している観測者にだけ見える**この力を**慣性力**といいます。

POINT

慣性力
向　き ⇒ 観測者の加速度と逆向き
大きさ ⇒ ma

これからは，加速度運動している観測者の立場になって物体にはたらく力を考えることがありますので，そのときは

1. 重力，2. 近接力，3. 慣性力

の順に物体にはたらく力を見つけていくとよいでしょう。

POINT

物体にはたらく力の見つけかた
1. 重力　2. 近接力　3. 慣性力

57 慣性力②

今回は，慣性力を用いて解くタイプの問題に挑戦してみましょう。**慣性力は，加速度運動をしている観測者にだけ見える力**でしたね。

なめらかな水平面上に傾斜角 30°，質量 $2m$ の三角台を置く。三角台のなめらかな斜面上に質量 m の小物体を静かに置いたところ，両物体は動き始めた。小物体が三角台の斜面上を距離 ℓ だけすべり降りるのに要する時間を求めよ。重力加速度の大きさを g とする。

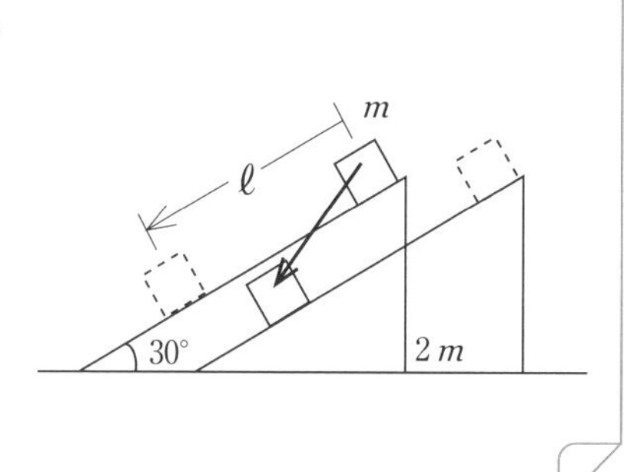

問題の設定から三角台が右に動きながら，その斜面上にある小物体は左下に動くという複雑な運動が予想されます。小物体の運動を直接求めることは難しそうなので，まずは三角台の運動から見ていきましょう。

三角台の運動を水平面上に静止した観測者から見てみましょう。三角台には，重力 $2mg$，水平面からの垂直抗力 R，小物体から受ける斜面に対して垂直下向きの力 N(R，N はそれぞれの力の大きさ)がはたらいています。したがって，右図より三角台は右に進み，三角台の加速度を A とすると，水平方向の運動方程式は次のようになります。

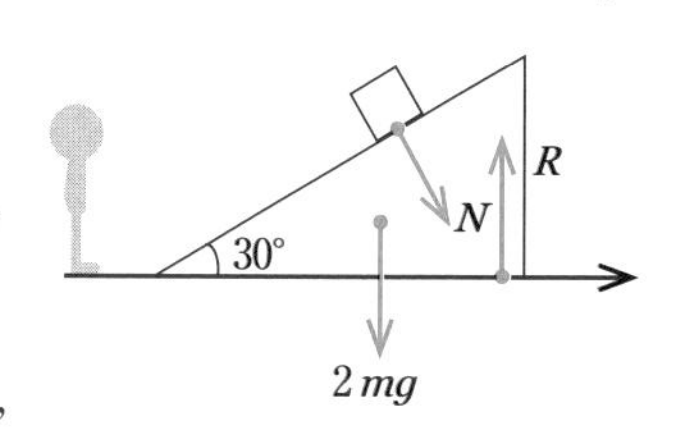

$$2mA = N\sin 30^\circ = \frac{N}{2}$$

よって

$$N = 4mA \quad \cdots\cdots①$$

次に，加速度Aで動いている三角台上にのった観測者の立場になって，小物体の動きを見てみましょう。三角台上から小物体を見ると，小物体は斜面に平行に運動しているだけですね。したがって，斜面に垂直な方向における力のつりあいの式と，斜面に平行な方向における運動方程式を立てることができます。ただし，**観測者は加速度Aで運動しているので**，小物体には，重力，垂直抗力の他に，**観測者の加速度とは逆の左向きで大きさmAの慣性力がはたらいている**ことに注意しましょう。

復習

P.178

慣性力

向　き　⇒　観測者の加速度と逆向き

大きさ　⇒　ma

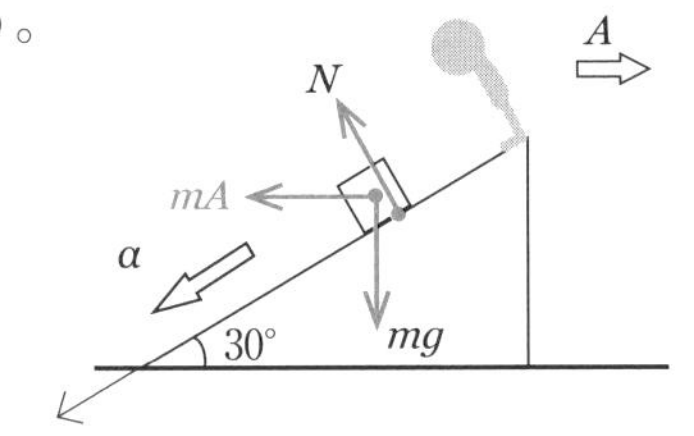

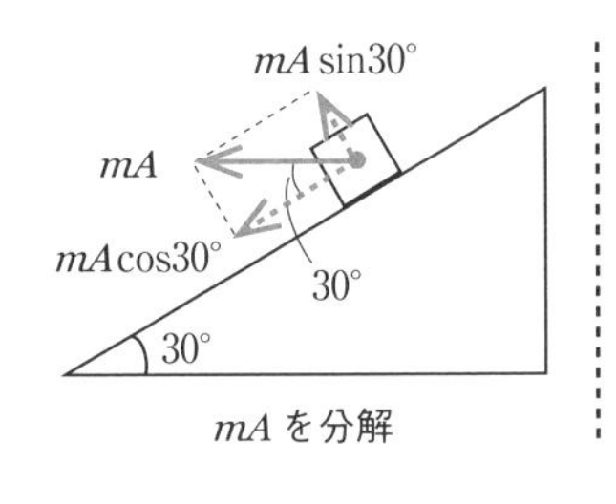

mAを分解

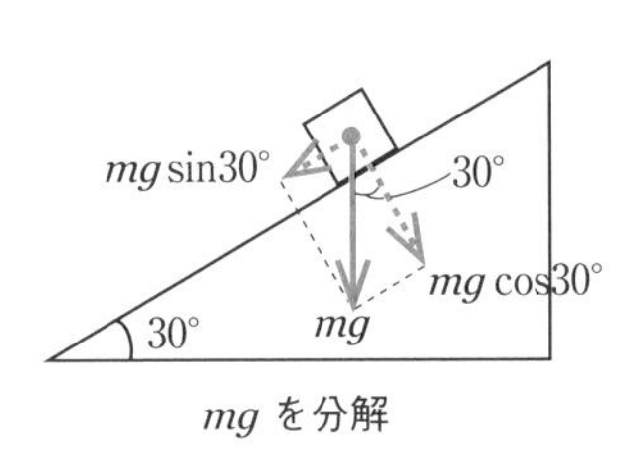

mgを分解

図のように，三角台上の観測者から見た小物体の加速度をαとすると，次の2式を立てることができます。

斜面に垂直な方向の力のつりあいの式

$$N+mA\sin 30^\circ = mg\cos 30^\circ$$

$$N+\frac{mA}{2}=\frac{\sqrt{3}mg}{2} \quad \cdots\cdots②$$

斜面に平行な方向の運動方程式

$$m\alpha = mg\sin 30^\circ + mA\cos 30^\circ$$

$$m\alpha = \frac{mg}{2}+\frac{\sqrt{3}mA}{2} \quad \cdots\cdots③$$

①式～③式をまとめていきましょう。

①を②に代入して

$$4mA+\frac{mA}{2}=\frac{\sqrt{3}mg}{2}$$

$$\frac{9A}{2}=\frac{\sqrt{3}g}{2}$$

$$A=\frac{\sqrt{3}g}{9}$$

これを③に代入すると

$$\alpha=\frac{g}{2}+\frac{\sqrt{3}}{2}\times\frac{\sqrt{3}g}{9}=\frac{2g}{3}$$

三角台上の観測者からは，小物体は加速度 α で斜面上を等加速度直線運動をしているように見える。したがって，小物体が斜面上を距離 ℓ だけすべり降りるのに要する時間 t は，次の式から求められる。

$$\ell=\frac{1}{2}\alpha t^2$$

$t>0$ より

$$t=\sqrt{\frac{2\ell}{\alpha}}=\sqrt{2\ell\times\frac{3}{2g}}=\sqrt{\frac{3\ell}{g}}$$

$\sqrt{\frac{3\ell}{g}}$ ……答

58 等速円運動①

⊙解説動画

\押さえよ/ →

$180° = \pi$ rad，弧の長さ $\ell = r\theta$

等速円運動について

角速度 $\omega = \dfrac{\theta}{t}$，速さ $v = r\omega$，周期 $T = \dfrac{2\pi r}{v} = \dfrac{2\pi}{\omega}$

回転数 $n = \dfrac{1}{T}$

今まで，角度の単位には1周を360°とする度数法を使ってきましたが，等速円運動では，弧度法という角度の表し方をよく使います。

弧度法（ラジアン）とは何か？

半径に等しい長さの弧に対する中心角を1ラジアン〔rad〕といいます。たとえば，半径の2倍の長さの弧に対する中心角は2radとなり，半径の3倍の長さの弧に対する中心角は3radとなります。つまり，弧の長さと中心角は比例の関係にあります。このように，弧の長さを用いて中心角を表す方法のことを弧度法といいます。

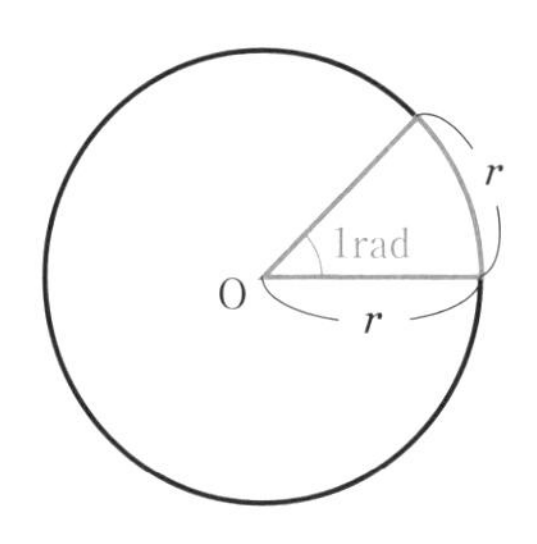

では，360°は何radになるか求めてみましょう。弧の長さと中心角は比例するので，比を用いればよいですね。

半径 r の円を考えると，弧の長さが r のときの中心角が1〔rad〕で弧の長さが $2\pi r$ のときの中心角 x〔rad〕を求めればよいことになります。

$r : 1 = 2\pi r : x$　より　$x = 2\pi$

したがって，**$360° = 2\pi$ rad**

例えば，180°はその半分ですから，$180° = \pi$ rad となりますし，30°は180°の6分の1ですから **$30° = \dfrac{\pi}{6}$ rad** となります。

また，θ〔rad〕に対する弧の長さℓを，半径rを用いて表してみましょう。同じように弧の長さと中心角の比を用いると次のようになります。

$r:1=\ell:\theta$　より　$\ell=r\theta$

弧度法では，$180°=\pi\,\mathrm{rad}$を覚えておけば，$90°$ならば半分の$\frac{\pi}{2}\,\mathrm{rad}$，$60°$ならば$\frac{1}{3}$の$\frac{\pi}{3}\,\mathrm{rad}$と，すぐに計算できると思います。

弧の長さ$\ell=r\theta$も覚えておきましょう。

POINT

$180°=\pi\,\mathrm{rad}$　　弧の長さ$\ell=r\theta$

弧度法はわかりましたか？　では，本題である等速円運動について見ていきましょう。

速度と角速度の関係について考えよう

物体が**円周上を一定の速さで回る運動**を等速円運動といいます。

物体Pが半径r〔m〕の円周上を一定の速さv〔m/s〕で運動し，t〔s〕間にθ〔rad〕回転した場合を考えてみましょう。移動距離は等速運動よりvtと表すことができ，弧度法で出てきた式を用いると$r\theta$と表すこともできます。つまりt〔s〕間での物体Pの移動距離は，$vt=r\theta$　と表すことができます。

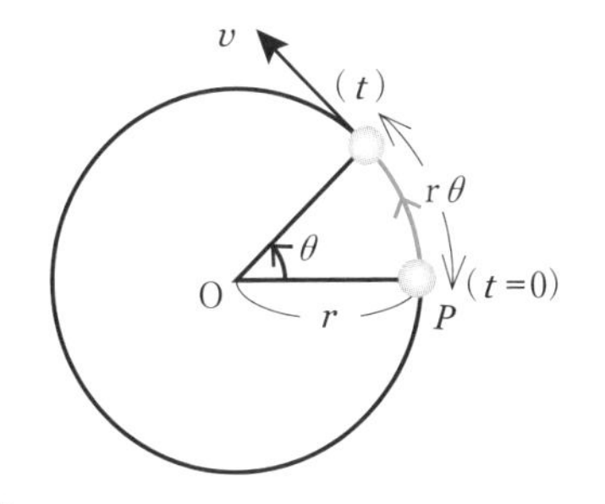

よって，物体Pの速さvは，

$$v=\frac{r\theta}{t}\ \cdots①$$

と表されます。この式の$\frac{\theta}{t}$は，**1秒あたりの回転角**を表しています。これを角速度といい，**ω（オメガ）**で表します。**角速度の単位**は〔rad/s〕となります。

また，$\omega = \dfrac{\theta}{t}$ を用いて①式をかき換えると，次の式が得られます。

$$v = r\omega \quad \cdots②$$

周期と回転数の関係について考えよう

物体Pは1周 $2\pi r$〔m〕を速さ v〔m/s〕で円運動しているので，**1回転するのに要する時間**，すなわち円運動の周期 T〔s〕は，$T = \dfrac{2\pi r}{v}$ と表されます。

また，②式を用いると次のように表すこともできます。

$$T = \frac{2\pi}{\omega}$$

Pが**1秒間に回転する回数**を回転数といい，**回転数の単位**はヘルツ〔Hz〕といいます。回転数を n〔Hz〕とすると，物体Pの円運動は，1s間に n 回転し，Ts間に1回転しているので，回転数 n と周期 T の関係は，次のように表されます。

1s：n 回 ＝ T〔s〕：1回

$$n = \frac{1}{T}$$

POINT

等速円運動のまとめ

角速度 $\omega = \dfrac{\theta}{t}$，速さ $v = r\omega$，周期 $T = \dfrac{2\pi r}{v} = \dfrac{2\pi}{\omega}$

回転数 $n = \dfrac{1}{T}$

今回は，新しい考え方，言葉，公式などがたくさん出てきて，びっくりしたかもしれません。しかし，これらはすべて大切なことがらなので，ここで，しっかりと覚えてしまいましょうね。

59 等速円運動②

等速円運動の加速度　$a = \dfrac{v^2}{r} = r\omega^2$　(円の中心向き)

等速円運動の速度

糸の先におもりをつけて水平面内で等速円運動をさせます。糸を突然はなすと，おもりは円の接線方向に飛んでいきます。たとえば，陸上競技のハンマー投げの選手が放つ鉄球も，手をはなすと円の接線方向に飛んでいきますよね。

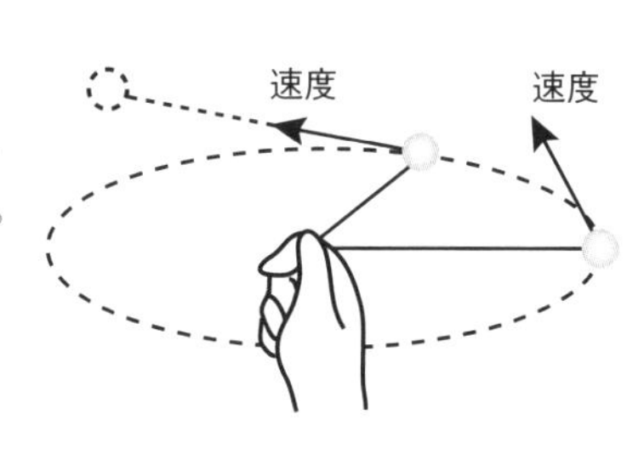

つまり，**等速円運動**をする物体の**速度** $\vec{v}$ は，常に**円の接線方向**を向いています。等速円運動では，速度の大きさ(速さ)は変わりませんが，向きは変化しているので，加速度が生じていることになります。速さは変化していませんが，速度は変化しているということです。

等速円運動の加速度

等速円運動の加速度を求めるには，**58** で学んだ知識を使わなければならないので，ここで少し復習しておきましょう。

P.183
P.184

$180° = \pi\,\mathrm{rad}$，弧の長さ　$\ell = r\theta$

等速円運動について

角速度 $\omega = \dfrac{\theta}{t}$，速さ $v = r\omega$，周期 $T = \dfrac{2\pi r}{v} = \dfrac{2\pi}{\omega}$

回転数 $n = \dfrac{1}{T}$

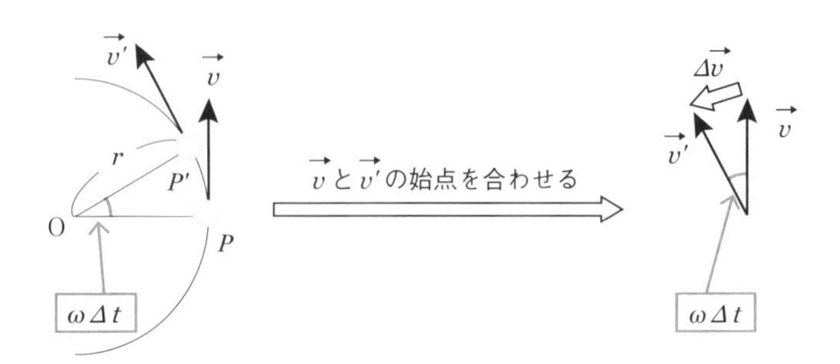

では，点Oを中心に半径r，速さvの等速円運動をしている物体について考えましょう。物体が短い時間Δtの間に，点PからP′へ移動し，速度が$\vec{v}$から$\vec{v}'$になったとすると，物体の加速度$\vec{a}$は1秒あたりの速度変化なので，次のように表すことができます。

$$\vec{a} = \frac{\Delta\vec{v}}{\Delta t} = \frac{\vec{v}' - \vec{v}}{\Delta t}$$

角速度ωは1秒あたりの回転角なので，∠POP'は時間Δtの間の回転角として，$\omega\Delta t$と表すことができます。また，右上の図において，$\vec{v}$と$\vec{v}'$のなす角も$\omega\Delta t$となります。等速円運動なので$\vec{v}$と$\vec{v}'$の大きさは等しく，$\omega\Delta t$がきわめて小さいとき，$\Delta\vec{v}$は$\vec{v}$と垂直になります。つまり，$\vec{v}$は円の接線方向なので$\Delta\vec{v}$は円の中心を向き，**加速度$\vec{a}$も円の中心を向き**ます。次に加速度の大きさaについて考えましょう。右上の図を$\Delta\vec{v}$を弧とした扇形と考えると$\Delta\vec{v}$の大きさΔvは弧度法の弧の長さを表す式 $\ell = r\theta$ より

$$\Delta v = v\omega\Delta t$$

であることがわかります。以上より，加速度の大きさaは，次のように表すことができます。

$$a = \frac{\Delta v}{\Delta t} = v\omega$$

さらに，$v = rw$ を用いて変形すると

$$\boldsymbol{a = r\omega^2 = \frac{v^2}{r}}$$

POINT

等速円運動の加速度　$a = \dfrac{v^2}{r} = r\omega^2$　（円の中心向き）

60 等速円運動③

向心力　$F = m\dfrac{v^2}{r} = mr\omega^2$　**(円の中心向き)**

今回は，等速円運動をしている物体にはたらく力について考えます。

向心力

半径 r，速さ v，角速度 ω で等速円運動をしている物体は，円の中心に向かう加速度をもっていて，その大きさ a は，次のように表すことができます。

$$a = \frac{v^2}{r} = r\omega^2$$

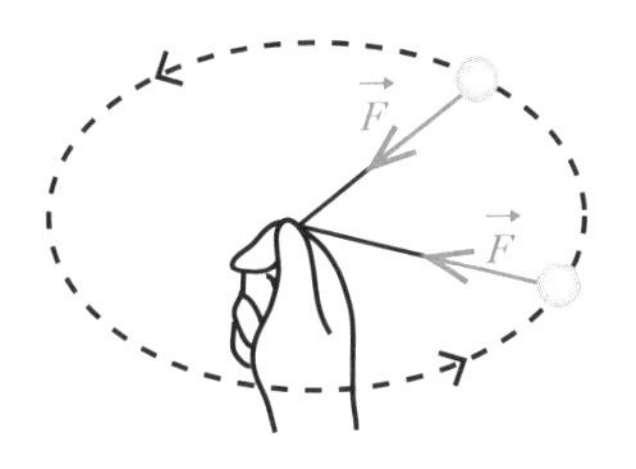

したがって，物体の質量を m とすると，この物体にはたらく力の大きさ F は，運動方程式より，次のように表されます。

$$F = ma$$

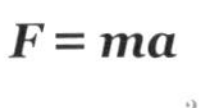

$$F = m\frac{v^2}{r} = mr\omega^2$$

また，運動方程式はベクトルを用いて $\vec{F} = m\vec{a}$ と表されるので，物体にはたらく力の向きは加速度と同じ，円の中心向きとなります。**物体を円運動させるのに必要なこの力**を向心力といいます。上の図では，糸の張力が向心力になっています。

POINT

向心力　$F = m\dfrac{v^2}{r} = mr\omega^2$　**(円の中心向き)**

3回にわたって等速円運動を学習してきましたので，ここまで学んだ大切なことがらをまとめて，そのあと問題を解いてみましょう。

復習 等速円運動のまとめ

P.184
P.186
P.187

角速度 $\boldsymbol{\omega}=\dfrac{\theta}{t}$，速さ $\boldsymbol{v}=\boldsymbol{r\omega}$（円の接線方向），周期 $T=\dfrac{2\pi r}{v}=\dfrac{2\pi}{\omega}$，

回転数 $n=\dfrac{1}{T}$，加速度 $a=\dfrac{v^2}{r}=r\omega^2$（円の中心向き）

向心力 $F=m\dfrac{v^2}{r}=mr\omega^2$（円の中心向き）

やってみよう **Q**

なめらかな水平面上で，長さ 0.50m の糸の一端を点 O に固定し，他端に質量 0.40kg の小球をつけて，速さ 2.0m/s で等速円運動させた。

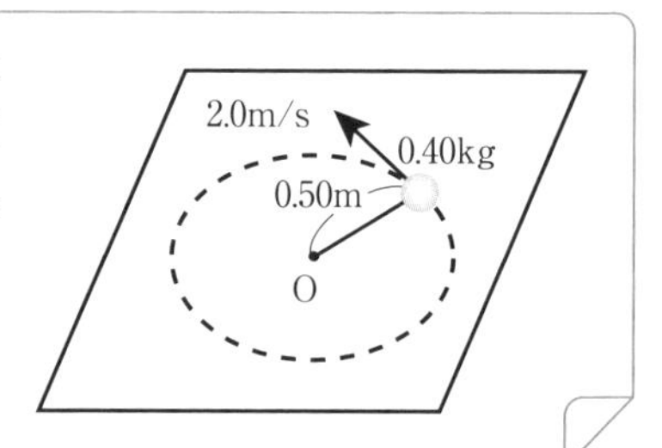

つづき **Q** (1) 小球の角速度を求めよ。

解答　$v=r\omega$ より，$\omega=\dfrac{v}{r}=\dfrac{2.0}{0.50}=4.0$　　**4.0rad/s** …… 

つづき **Q** (2) 小球の加速度の向きと大きさを求めよ。

加速度の向きは円の中心 O の向きなので，その大きさを求めます。

解答　$a=\dfrac{v^2}{r}$ より，$a=\dfrac{2.0^2}{0.50}=8.0$　　**円の中心 O の向き，8.0m/s²** …… 

つづき **Q** (3) 糸の張力を求めよ。

等速円運動をさせている向心力は糸の張力なので，その大きさを求めます。

解答　$S=m\dfrac{v^2}{r}=0.40\times\dfrac{2.0^2}{0.50}=3.2$　　**3.2N** …… 

61 遠心力①

遠心力は慣性力であり，
加速度運動をしている観測者にだけ見える力である。

水平な床に回転する軸を取りつけ，その軸にばねの一端を固定します。ばねの他端には質量 m のおもりをつけて，軸を角速度 ω で回転させます。床とおもりの間には摩擦はないものとします。このとき，ばねは少し伸びて長さが r となり，おもりは等速円運動をするようになります。

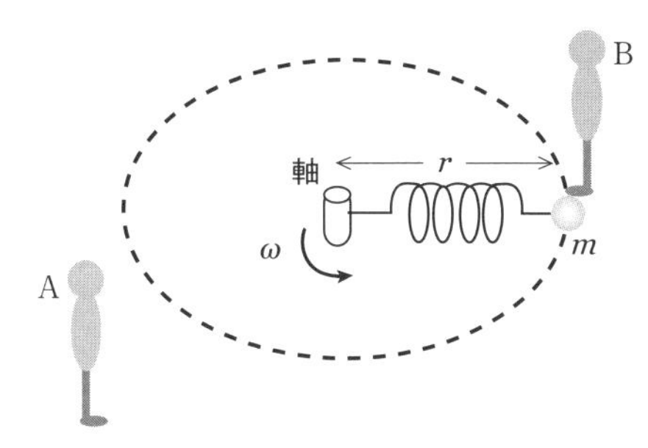

地上に静止している観測者Aと，おもりの上にのっている観測者Bは，この現象をどのように説明するでしょうか。

観測者Aによる説明

まずは，観測者Aからおもりを見てみましょう。地上に静止している観測者Aは，この現象を次のように説明します。

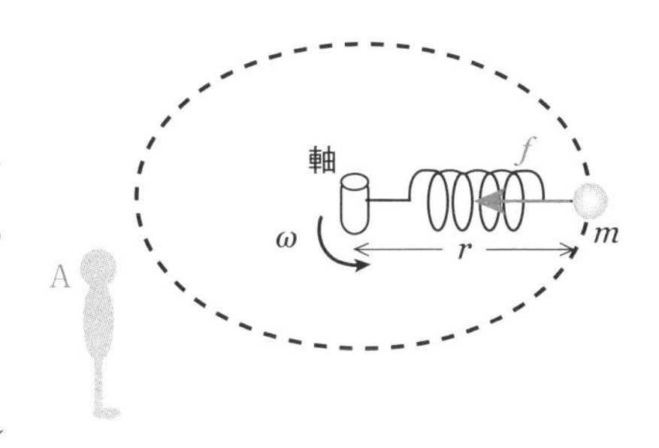

「おもりには，伸びたばねによる弾性力 f がはたらいていて，それが向心力となっておもりは半径 r の等速円運動をしている」

等速円運動をするおもりの加速度は円の中心向きで大きさが $r\omega^2$ なので，おもりには次のような**運動方程式**を立てることができます。

$$mr\omega^2 = f \quad \cdots ①$$

この式は，向心力を求める式でもありましたね。

観測者Bによる説明

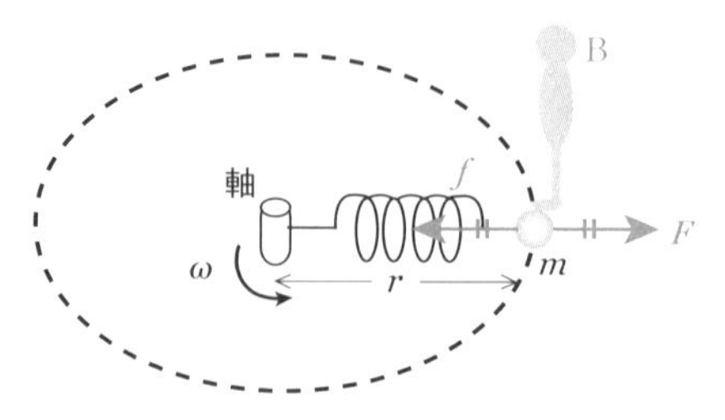

次に，観測者Bからおもりを見てみましょう。観測者Bはおもりの上にのっているので，おもりは足元に静止しているように見えます。したがって，おもりとともに等速円運動をしている観測者Bは，この現象を次のように説明します。

「おもりには伸びたばねによる弾性力fのほかに，fと大きさが等しく，逆向きの力Fがはたらいている」

すなわち，おもりに対しては，次の**力のつりあい**が成り立ちます。

$$\boldsymbol{F=f} \quad \cdots②$$

ところで，力Fとは，いったいどんな力なのでしょうか。そこで思い出してもらいたいのが，次の復習です。

復習

P.178

慣性力

向き ⇒ 観測者の加速度と逆向き

大きさ ⇒ ma

観測者Bは，おもりとともに円の中心を向く大きさ$\boldsymbol{r\omega^2}$の加速度運動をしていることになります。したがって，加速度運動をしているBから見ると，おもりにはBの加速度と逆向きである，中心から遠ざかる向きに，大きさが$\boldsymbol{mr\omega^2}$の**慣性力**がはたらいているように見えます。

この力が上式で出てきたFの正体であり，遠心力といいます。遠心力は**慣性力の1つなので，加速度運動をしている観測者にだけ見える力**です。したがって，②式は

$$\boldsymbol{mr\omega^2=f}$$

と表され，①式と同じ形になっていることがわかります。

POINT

遠心力は慣性力であり，
加速度運動をしている観測者にだけ見える力である。

62 遠心力②

今回は，向心力と遠心力の違いについて，問題を通して考えてみましょう。

やってみよう Q

糸の一端を天井に固定し，他端に質量 m のおもりをつける。糸は鉛直方向に対して角度 θ を保ち，おもりは半径 r の等速円運動をする。重力加速度の大きさを g とする。

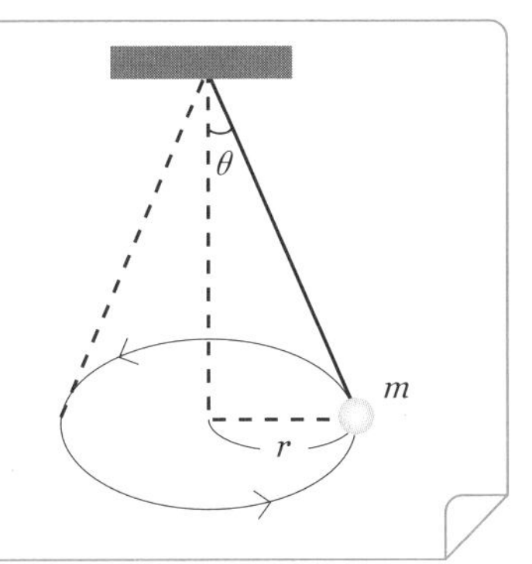

つづき Q

(1) 地上に静止している観測者 A の立場で式を立て，糸の張力 S と，おもりの角速度を求めよ。

観測者 A からおもりを見ると，おもりには重力 mg と張力 S がはたらき，おもりは水平面上で等速円運動をしています。

水平方向にはたらいている力は張力 S の水平成分しかないので，おもりはこの力を向心力として等速円運動をしていることになります。おもりの角速度を ω とすると加速度の大きさは $r\omega^2$ なので，おもりの水平方向の運動方程式は次ページ①式のようになります。

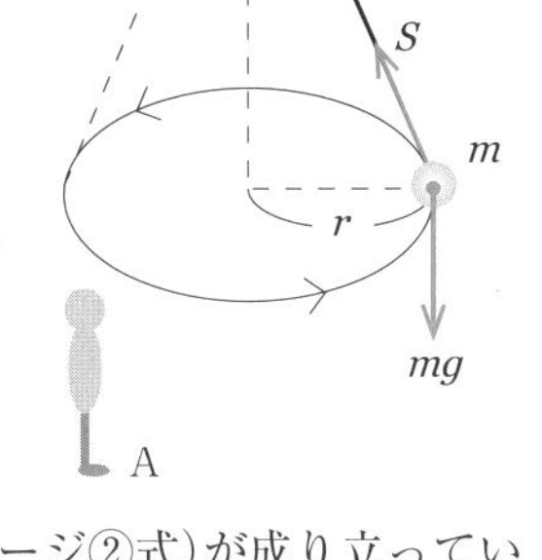

また，おもりは一つの水平面上で等速円運動をしているので，鉛直方向の力のつりあいの式(次ページ②式)が成り立っています。

解答

水平方向の運動方程式：　$mr\omega^2 = S\sin\theta$　…①

鉛直方向のつりあいの式：　$mg = S\cos\theta$　…②

②式より

$$S = \frac{mg}{\cos\theta}$$

①÷②より

$$\frac{r\omega^2}{g} = \tan\theta$$

$\omega > 0$ だから　$\omega = \sqrt{\frac{g\tan\theta}{r}}$

張力：$\frac{mg}{\cos\theta}$　角速度：$\sqrt{\frac{g\tan\theta}{r}}$ ……答

つづき Q

(2) おもりとともに等速円運動をしている観測者Bの立場で式を立て，おもりの速さと円運動の周期を求めよ。

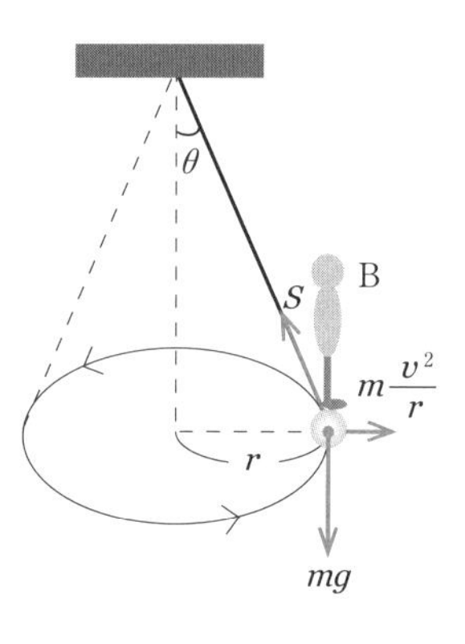

観測者Bはおもりと同じ運動をしているので，観測者Bから見るとおもりは静止しているように見えます。

したがって，おもりに対して，鉛直方向と水平方向の力のつりあいが成り立ちます。おもりには，重力 mg，近接力としての張力 S，そして慣性力としての遠心力がはたらいています。

遠心力は，観測者Bが加速度運動をしているため，Bの加速度と逆向きに生じる一種の慣性力のことでしたね。

復習

P.190

遠心力は慣性力であり，

加速度運動をしている観測者にだけ見える力である。

観測者Bの加速度は，円の中心向きで大きさは$\dfrac{v^2}{r}$なので，おもりにはたらく遠心力は中心から遠ざかる向きで$m\dfrac{v^2}{r}$となります。したがって，それぞれの方向の，力のつりあいの式は次の③式，④式のようになります。

解答

水平方向の力のつりあいの式：　$m\dfrac{v^2}{r}=S\sin\theta$　…③

鉛直方向の力のつりあいの式：　$mg=S\cos\theta$　…④

③÷④より

$$\frac{v^2}{gr}=\tan\theta$$

$v>0$ だから

$$v=\sqrt{gr\tan\theta}$$

周期 T は円周の長さを速さで割ればよいので

$$T=\frac{2\pi r}{v}$$

$$=\frac{2\pi r}{\sqrt{gr\tan\theta}}$$

$$=2\pi\sqrt{\frac{r}{g\tan\theta}}$$

速さ：$\sqrt{gr\tan\theta}$　周期：$2\pi\sqrt{\dfrac{r}{g\tan\theta}}$ ……答

63 鉛直面内の円運動

今回は，鉛直面内の円運動について，問題を通して学んでいきましょう。

長さ ℓ の糸の一端を点Oに固定し，他端に質量 m の小球をつける。最下点Pで小球に水平方向の速さ v_0 を与え，点Oを含む鉛直面内で運動をさせた。重力加速度の大きさを g として，次の問いに答えよ。

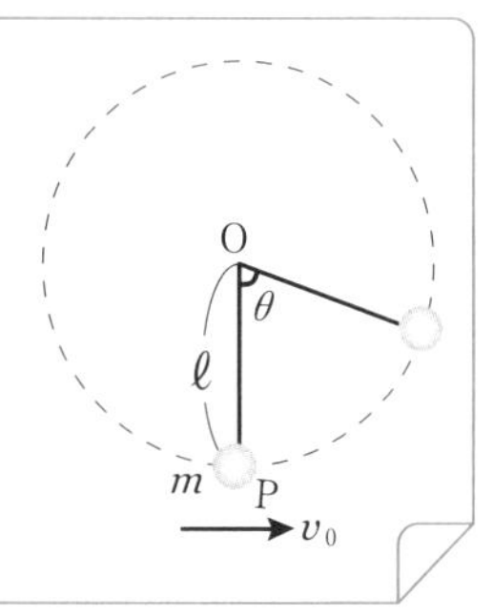

(1) 小球が円周上を進み，OPと糸が角度 θ をなす位置まで上がったとき，糸の張力の大きさを求めよ。

今回は静止した観測者から小球の運動を見てみましょう。この場合，遠心力ははたらいていませんね。したがって，小球には重力と張力がはたらいています。

円運動している物体には円の中心の向きに加速度の成分が生じるので，円の中心に向かう向きを正として，向心方向の運動方程式を立てていきましょう。重力も向心方向の成分をもっていますから忘れないようにしましょう。

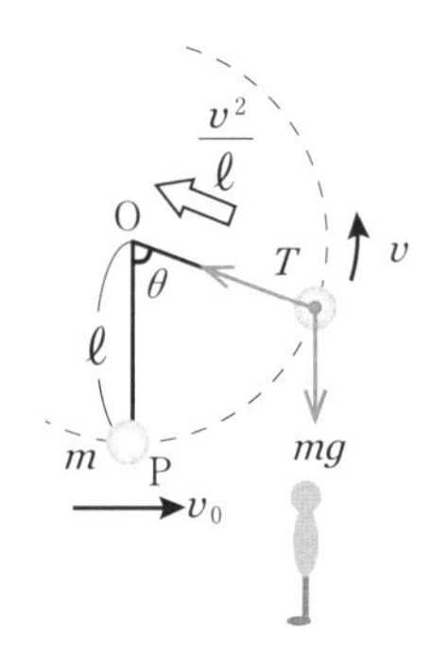

張力の大きさをTとします。重力の向心方向の成分は中心から遠ざかる向きなので$-mg\cos\theta$となります。OPと糸が角度θをなす位置のときの小球の速さをvとすると，小球に生じる向心方向の加速度は$\frac{v^2}{\ell}$となります。

よって，向心方向の運動方程式は次のようになります。

解答 向心方向の運動方程式より

$$m\frac{v^2}{\ell}=T-mg\cos\theta \quad \cdots①$$

①式だけでは，2つの未知数v，Tがあるので，もう1つ関係式をつくる必要があります。この問題では摩擦や抵抗力ははたらいていないので，エネルギー保存則が成り立ちます。

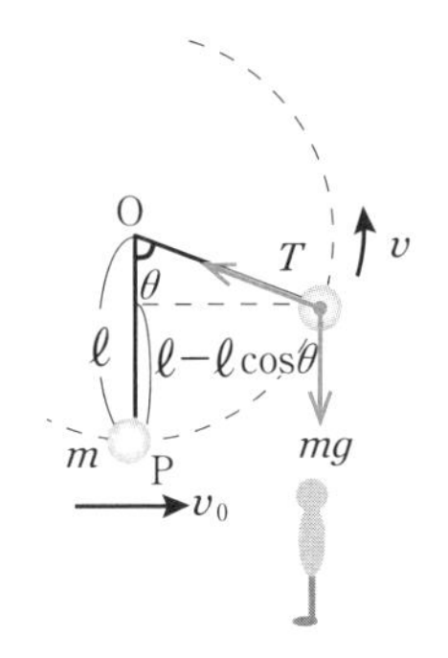

図のようにOPと糸が角度θをなす位置のとき，おもりは最下点から$\ell(1-\cos\theta)$の高さにあります。最下点を重力による位置エネルギーの基準点とすると，力学的エネルギー保存則の式は次のようになります。

力学的エネルギー保存則より

$$\frac{1}{2}mv^2+mg\ell(1-\cos\theta)=\frac{1}{2}mv_0^2 \quad \cdots②$$

②式を$\frac{2}{\ell}$倍すると①式と似た式が得られます。

$$m\frac{v^2}{\ell}=m\frac{v_0^2}{\ell}-2mg(1-\cos\theta)$$

これを①に代入すると

$$m\frac{v_0^2}{\ell}-2mg(1-\cos\theta)=T-mg\cos\theta$$

$$\boldsymbol{T=m\frac{v_0^2}{\ell}+mg(3\cos\theta-2)} \quad \cdots③ \cdots\cdots 答$$

つづき Q

(2) 小球が円周上を進み，最上点を通過するための v_0 の条件を求めよ。

この問題でいちばん気をつけなければならないのが，小球につながっているのが，棒ではなく糸であることです。棒であれば最上点で $v>0$ となるような v_0 の条件を調べればよいのですが，糸の場合は最上点付近での速度が小さいと糸がたるんでしまいます。おもりが円周上を運動するには，糸がつねにピンと張っている必要があります。

したがって，最上点($\theta=\pi$)で糸がピンと張っているためには，③式において，$\theta=\pi$ のとき $T\geqq 0$ でなければならないので，

解答

③式より

$$T=m\frac{{v_0}^2}{\ell}+mg(3\cos\pi-2)\geqq 0$$

よって

$$m\frac{{v_0}^2}{\ell}-5mg\geqq 0$$

$v_0>0$ だから $v_0\geqq\sqrt{5g\ell}$

$\boldsymbol{v_0\geqq\sqrt{5g\ell}}$ ……答

64 ケプラーの法則①

\押さえよ/
→

ケプラーの法則

第1法則：惑星は太陽を1つの焦点とする楕円(だえん)軌道を公転する。

第2法則：太陽と惑星を結ぶ線分が，単位時間に通過する面積は惑星ごとに一定である。（面積速度一定の法則）

第3法則：惑星の公転周期Tの2乗と軌道楕円の半長軸aの3乗との比は，どの惑星についても一定である。

$$\frac{T^2}{a^3}=k \quad \text{（どの惑星でも同じ値）}$$

今回は，ケプラーの法則について学びましょう。

ケプラーの法則は，ドイツの天文学者ヨハネス＝ケプラーが発見した惑星の運動に関する法則で，3つの法則から成り立っています。

楕円とは何か？　楕円の焦点はどこか？

数学では，楕円を「2点からの距離の和が一定の点の集合」と定義しています。したがって，楕円は次のようにして描くことができます。2つの画鋲(がびょう)を紙面上に打ち，その間を糸で結びます。糸がピンと張った状態で鉛筆を動かすと，楕円をかくことができます。画鋲を打った2点が，楕円の焦点となります。

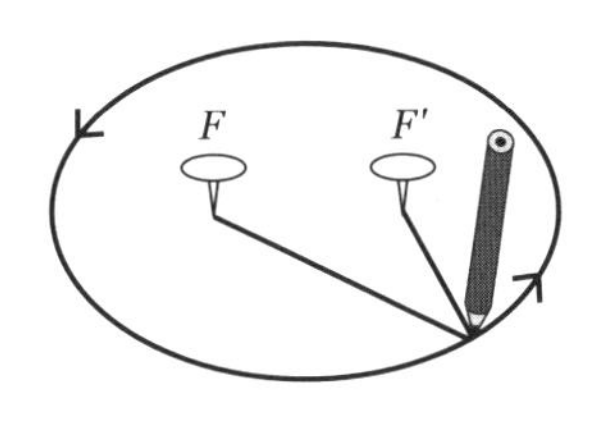

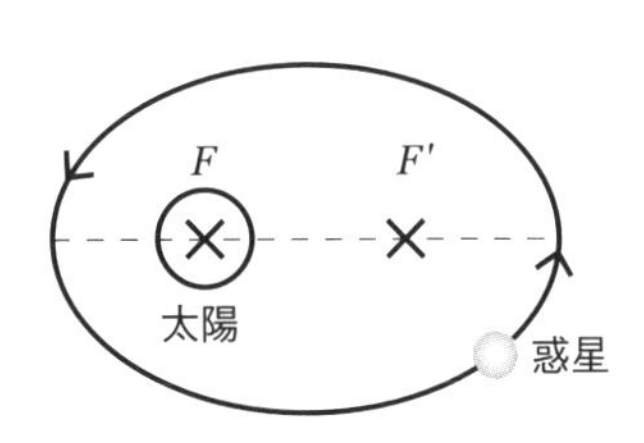

ケプラーの第1法則とは何か？

惑星は太陽を1つの焦点とする楕円軌道を公転しています。これをケプラーの第1法則といいます。楕円の焦点は2つありますが，太陽があるのはそのうちのどちらか一方で，もう一方には何もありません。

面積速度とは何か？

太陽と惑星を結ぶ線分が，単位時間に通過する面積を面積速度といいます。

面積速度は図のように太陽と惑星を結ぶ線分と，速度ベクトルとで描ける三角形の面積で表されます。

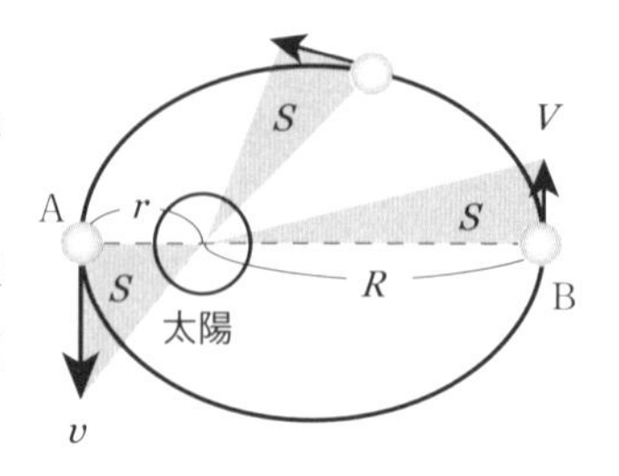

ケプラーの第２法則とは何か？

太陽と惑星を結ぶ線分が，単位時間に通過する面積，すなわち面積速度は惑星ごとに一定となります。これをケプラーの第２法則(面積速度一定の法則)といいます。

図のように，惑星は太陽に近づくと速くなり，遠ざかると遅くなります。

楕円軌道上で，太陽に最も近い点を**近日点**，最も遠い点を**遠日点**といいます。点 A(近日点)を通過中の惑星の焦点からの距離を r，速さを v とし，同様に点 B(遠日点)を通過中の惑星の焦点からの距離を R，速さを V とします。この２点間で第２法則を使うと次のようになります。

$$\frac{1}{2}rv = \frac{1}{2}RV$$

ケプラーの第３法則とは何か？

楕円の縦横の半径のうち，長いほうの半径を**半長軸**といいます。半長軸は太陽と惑星の平均距離でもあり，太陽・地球の平均距離を１天文単位といいます。

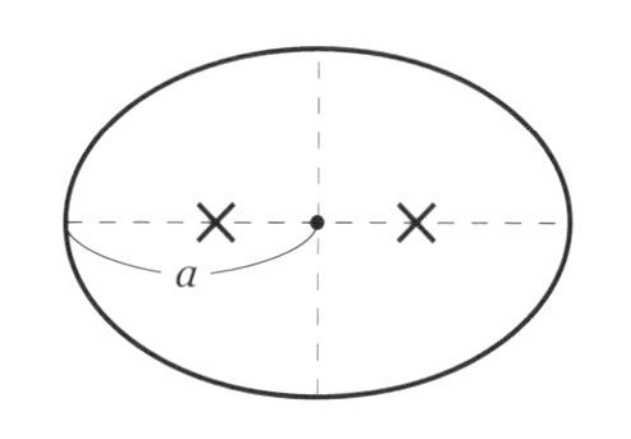

惑星の公転周期 T の２乗と軌道楕円の半長軸 a の３乗との比は，どの惑星についても一定になります。これをケプラーの第３法則といいます。つまり，次の式が成り立ちます。

$$\frac{T^2}{a^3} = k \quad \text{（どの惑星でも同じ値）}$$

Ｔシャツ(2)のＡ oyama さん(3)と覚えれば忘れないと思います。

特に，T の単位を年，a の単位を天文単位で表すと，地球では $T=1$，$a=1$ なので $k=1$ となるので，どの惑星でも $k=1$ となります。

65 ケプラーの法則②

今回は，ケプラーの法則に関する問題をやってみましょう。

P.197

ケプラーの法則

第１法則：惑星は太陽を１つの焦点とする楕円(だえん)軌道を公転する。

第２法則：太陽と惑星を結ぶ線分が，単位時間に通過する面積は惑星ごとに一定である。（面積速度一定の法則）

第３法則：惑星の公転周期 T の２乗と軌道楕円の半長軸 a の３乗との比は，どの惑星についても一定である。

$$\frac{T^2}{a^3}=k \quad (\text{どの惑星でも同じ値})$$

やってみよう Q

ある小惑星が太陽を１つの焦点とする楕円軌道を公転している。この小惑星の公転周期は８年，近日点距離は3.2天文単位であった。ただし，１天文単位は，太陽・地球間の平均距離，すなわち地球公転の半長軸の長さである。

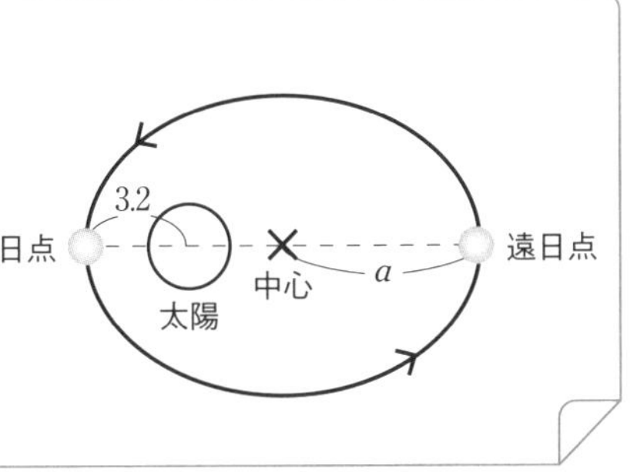

つづき Q

(1) この小惑星の楕円軌道の半長軸 a は，何天文単位か？

小惑星の公転周期 T が，$T=8$ 年とわかっているので，ケプラーの第３法則 $\frac{T^2}{a^3}=k$ を使ってみましょう。

$$\frac{8^2}{a^3}=k$$

どの惑星でも k の値は一定なので，地球についても第３法則を用いると，次のようになります。

ケプラーの第3法則 $\dfrac{T^2}{a^3}=k$ において

地球では，$T=1$ 年　$a=1$ 天文単位なので

$$\frac{1^2}{1^3}=k \quad より \quad k=1$$

小惑星では，

$$\frac{8^2}{a^3}=k \quad より \quad \frac{8^2}{a^3}=1$$

したがって

$$a^3=8^2=2^{2\times3}=4^3$$

$a=4$ 天文単位 …… 

つづき Q

(2) この小惑星の遠日点距離は，何天文単位か？

(1)で半長軸 a の長さが求まったので，右図より太陽から楕円の中心までの距離は

$$a-3.2=4-3.2=0.8$$

となり，遠日点距離は次のようになります。

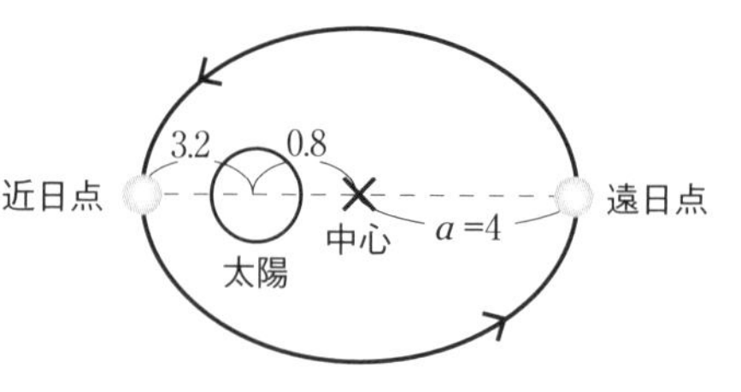

$$a+0.8=4+0.8=4.8$$

4.8 天文単位 …… 

(3) この小惑星の近日点における公転速度は，遠日点における公転速度の何倍か？

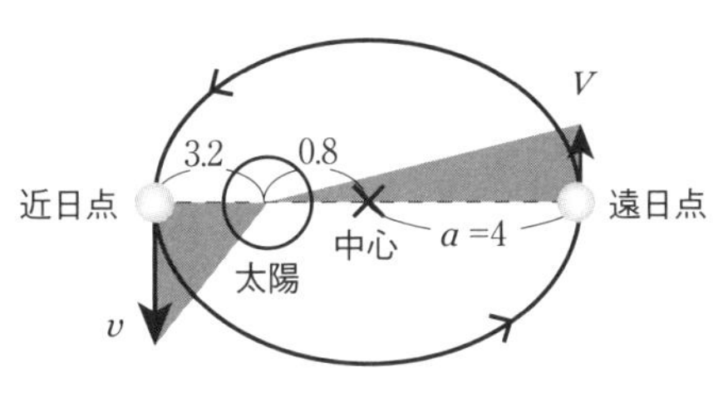

この問題は速度について問われているので，使う法則はケプラーの第2法則です。

近日点での小惑星の速さをv，遠日点での小惑星の速さをVとします。(2)で近日点距離と遠日点距離はわかっているので，この2点間でケプラーの第2法則を使うと次のようになります。

解答

ケプラーの第2法則より

$$\frac{1}{2}\times 3.2\times v=\frac{1}{2}\times 4.8\times V$$

$\frac{v}{V}$の値を求めると

$$\frac{v}{V}=1.5$$

1.5倍 …… 

66 万有引力の法則

押さえよ

万有引力の大きさ　$F=G\dfrac{mM}{r^2}$

万有引力の法則とは何か？

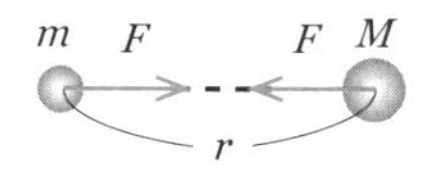

質量のある物体は，お互いに引きあう力がはたらきます。この力を**万有引力**といいます。万有引力の大きさFは，２つの物体の質量m，Mの積に比例し，距離rの２乗に反比例します。

$$F=G\frac{mM}{r^2}\quad (G：万有引力定数)$$

これが**万有引力の法則**であり，その比例定数Gを**万有引力定数**といいます。

万有引力はどんな２つの物体間にもはたらく力です。そのため，隣にいる人間どうしにも当然はたらきます。しかし，日常生活では人間の質量が非常に小さいため，引力を感じることはありませんね。日常生活で感じる万有引力としては重力があります。重力は，地球上の物体と地球の間にはたらく万有引力です。地球のように物体の質量がとても大きい場合に，万有引力は顕著に現れるのです。

万有引力の大きさ　$F=G\dfrac{mM}{r^2}$

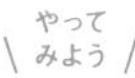

Q

地球を質量M，半径Rの一様な球と考える。万有引力定数をGとして，次の各問いに答えよ。

(1) 地表面上にある質量 m の物体にはたらく重力の大きさはいくらか？

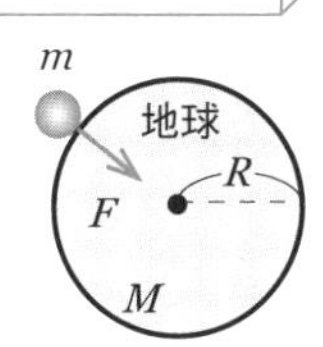

重力は，物体と地球の間ではたらく万有引力です。地球の質量 M は，地球の中心に集中していると見なすことができるので，万有引力の大きさ F は次のようになります。

解答

$$F = G\frac{mM}{R^2}$$

$G\dfrac{mM}{R^2}$ …… 答

(2) 地表面上での重力加速度の大きさはいくらか？

質量 m の物体にはたらく重力の大きさは，普段 mg と表しており，これと(1)で求めた $G\dfrac{mM}{R^2}$ は等しいので，次の式が成り立ちます。

解答

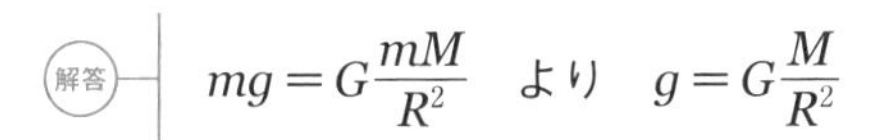

$$mg = G\frac{mM}{R^2} \quad \text{より} \quad g = G\frac{M}{R^2}$$

$\dfrac{GM}{R^2}$ …… 答

(3) 質量 m の物体が，地球の中心を中心とする半径 r の等速円運動をしている。物体の速さはいくらか？

物体の速さを v とすると，等速円運動による加速度の大きさは $\dfrac{v^2}{r}$ となります。物体は万有引力を向心力として等速円運動をしているので，運動方程式は次のようになります。

運動方程式より

$$m\frac{v^2}{r} = G\frac{mM}{r^2}$$

$v > 0$ より　$v = \sqrt{\dfrac{GM}{r}}$

$\sqrt{\dfrac{GM}{r}}$ …… 答

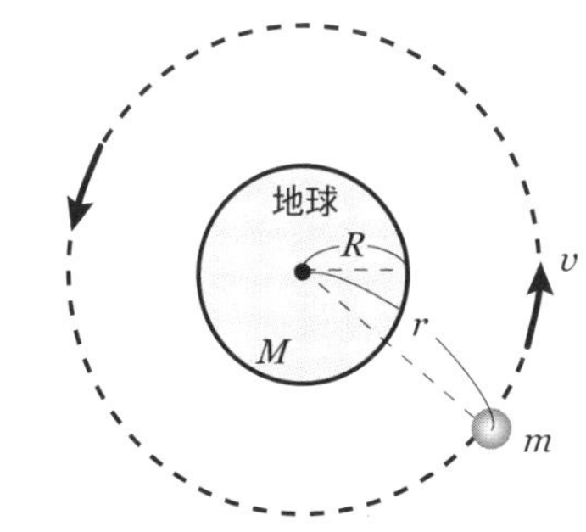

つづき
Q (4) (3)の等速円運動の周期はいくらか？

等速円運動の周期は，一周するのに要する時間なので，周期 T は一周の距離 $2\pi r$ を速さ v で割れば求められます。

解答 $T=\dfrac{2\pi r}{v}=2\pi r\sqrt{\dfrac{r}{GM}}$ 　　$\boldsymbol{2\pi r\sqrt{\dfrac{r}{GM}}}$ ……答

67 万有引力による位置エネルギー①

万有引力による位置エネルギー　$U=-G\dfrac{mM}{r}$

万有引力による位置エネルギー

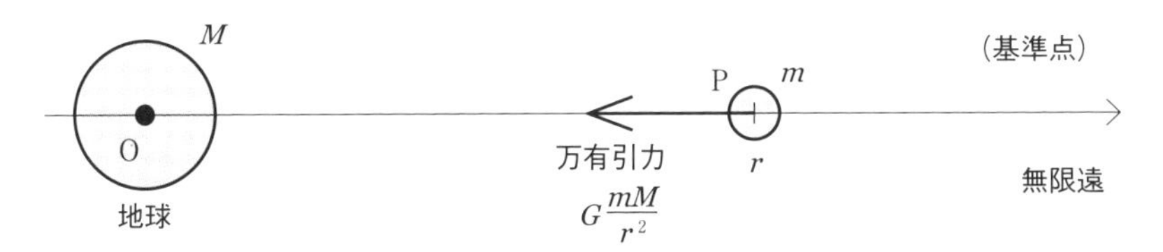

質量 M の地球の中心Oから距離 r の点Pに質量 m の物体があります。この物体にはたらく**万有引力の大きさ**は，次のように表すことができました。

万有引力の大きさ　$F=G\dfrac{mM}{r^2}$

P.202

万有引力は，重力や弾性力と同じ**保存力**なので，万有引力による位置エネルギーを考えることができます。この物体がもつ万有引力による位置エネルギー U は**無限遠を基準点**に選ぶと，次のように表されます。

万有引力による位置エネルギー　$U=-G\dfrac{mM}{r}$

47～50で学んだように，位置エネルギーとは，「基準点からその点まで物体を運ぶとき，外力のした仕事」のことでしたね。万有引力の場合の基準点は無限遠なので，点Pにおける位置エネルギー U は，「**無限遠から点Pまで物体を運ぶとき，外力のする仕事**」を計算すれば求められるはずです。

では，どうして $\boldsymbol{U=-G\frac{mM}{r}}$ となるのか，順を追って見ていきましょう。

基準点はなぜ無限遠にとるのか？

地球の中心を原点Oとし，そこからの距離を r としたのですから，位置エネルギーの基準点は原点Oでもよさそうな気がしますが，実はそうすることはできません。

原点Oを基準点とすると，基準点から物体を運ぶとき，物体どうしの距離が0になるため，原点Oにおける万有引力の大きさが無限大となり，外力のする仕事も無限大となってしまいます。こうなると，外力のする仕事を計算することができなくなってしまいますね。そこで，万有引力が広い範囲に及ぶことを考慮して無限遠を基準とするのです。

万有引力による位置エネルギーはなぜ負の値になるのか？

重力や弾性力による位置エネルギーは正の値をとっていたのに，なぜ万有引力による位置エネルギーは負の値をとるのか，考えてみましょう。

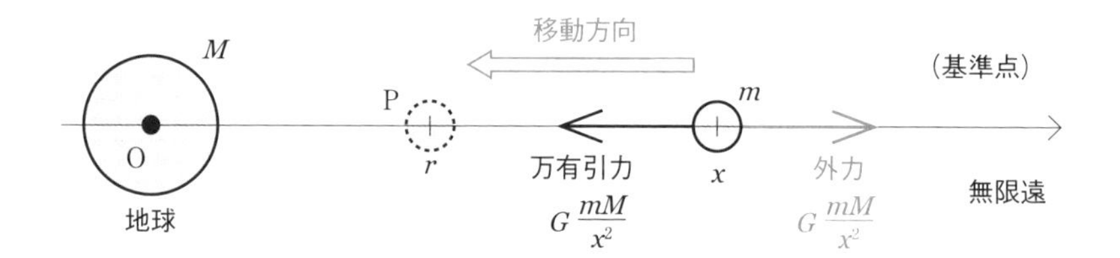

物体の位置を地球からの距離 r で表すと地球から遠ざかる方向が正の向きとなります。基準点である無限遠から点Pまで物体を運ぶとき，万有引力は負の向きですね。物体を運ぶときは力のつりあいを保ちながら運ぶので，外力は正の向きとなります。また，変位は負の向きなので，外力のした仕事，すなわち**位置エネルギーは負の値**となります。

$U=-G\dfrac{mM}{r}$ の式を導いてみよう

無限遠が基準点で，位置エネルギーの値が負であることまではわかりましたか？

最後に，なぜ位置エネルギーが $U=-G\dfrac{mM}{r}$ で表されるのかを考えてみましょう。地球から距離 x の位置にある物体にはたらく外力は，万有引力と逆向きで同じ大きさの力ですから，符号も考慮すると $G\dfrac{mM}{x^2}$ となります。

仕事とは，力と変位の積で表されるので，この外力で無限遠から r まで運べばよいのです。この外力は位置 x の関数となっているので，物体を動かしていくと，外力が位置 x によって連続的に変化してしまい，仕事を単純に「力×変位」で求めることは，残念ながらできません。

そこで，微小な変位 dx ずつ動かすことを考えましょう。微小な変位では外力は一定の値とみなしてよいので，微小な変位での微小な仕事は，dx だけ動かしたと考えて

$$\left(G\frac{mM}{x^2}\right)dx$$

となります。この微小な仕事を無限遠から r まで足し合わせればよいので，∞ から r まで定積分をすればよいことになります。よって，万有引力による位置エネルギーは次のように計算することができます。

$$U=\int_{\infty}^{r}\left(G\frac{mM}{x^2}\right)dx=GmM\left[-\frac{1}{x}\right]_{\infty}^{r}$$

$$U=-G\frac{mM}{r}$$

積分を習っていない人は，この公式だけ覚えて先に進みましょう。数学で積分を学んだあとにもう一回戻って見直しをしてください。

68 万有引力による位置エネルギー②

今回は，万有引力による位置エネルギーに関する問題をやってみましょう。万有引力による位置エネルギーは，力学的エネルギー保存則を立てる際にもよく出てきます。符号に気をつけながら使っていきましょう。

万有引力による位置エネルギー　$U = -G\dfrac{mM}{r}$

P.205

地表面から鉛直上方へ初速度 v_0 で物体を打ち上げる。地球の半径を R，地表面での重力加速度の大きさを g とし，空気抵抗は無視する。

つづき Q

(1) 打ち上げられた物体が，地球の中心から $2R$ の位置まで達するための v_0 の最小値はいくらか？

地球の中心から $2R$ の位置でちょうど $v=0$ となるように考えればよいですね。中心から R の位置である地表と中心から $2R$ の位置の力学的エネルギーを考えましょう。地球の質量を M，万有引力定数を G とすると，地表では運動エネルギーは $\dfrac{1}{2}mv_0^2$，無限を基準とした万有引力による位置エネルギーは $-G\dfrac{mM}{R}$ となります。また，中心から $2R$ の位置では，運動エネルギーは 0，万有引力による位置エネルギーは $-G\dfrac{mM}{2R}$ となります。したがって，力学的エネルギー保存則の式は次のようになります。

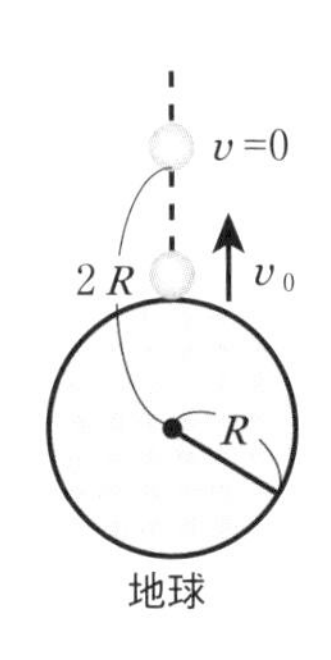

解答 力学的エネルギー保存則より

$$\frac{1}{2}mv_0^2 - G\frac{mM}{R} = 0 - G\frac{mM}{2R} \quad \cdots①$$

ここでは，G と M は与えられていないので，G，M と g の関係を考えます。地表面での質量 m の物体の重力の大きさを2通りで表すと，次式のようになります。

$G\dfrac{mM}{R^2} = mg$　より　$GM = gR^2$　$\cdots②$

①より

$$\frac{1}{2}mv_0^2 = G\frac{mM}{2R} \quad だから \quad v_0^2 = \frac{GM}{R}$$

これに②を代入すると　$v_0^2 = gR$

$v_0 > 0$より　$v_0 = \sqrt{gR}$

$\boldsymbol{v_0 = \sqrt{gR}}$ …… 答

Q (2) 打ち上げられた物体が，無限の遠方に行ってしまうための v_0 の最小値はいくらか？

無限遠でちょうど $v=0$ となるときを考えればよいですね。地表と無限遠での力学的エネルギーを考えましょう。地表での値は(1)ですでに求めました。また，無限遠では，運動エネルギーと位置エネルギーどちらも0なので，エネルギー保存則の式は次のようになります。

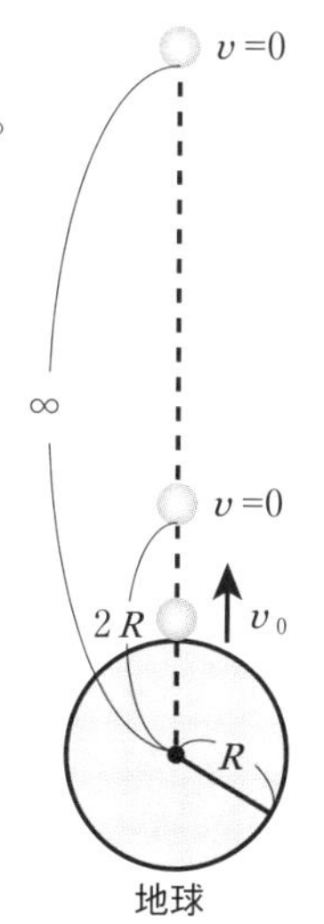

解答 力学的エネルギー保存則より

$$\frac{1}{2}mv_0^2 - G\frac{mM}{R} = 0 \quad より \quad \frac{1}{2}v_0^2 = \frac{GM}{R}$$

②より GM を消去すると　$\dfrac{v_0^2}{2} = gR$

$v_0 > 0$ より　$v_0 = \sqrt{2gR}$

$\boldsymbol{v_0 = \sqrt{2gR}}$ …… 答

やってみよう Q

質量 M の太陽から万有引力を受けて，小惑星が楕円軌道を公転しています。楕円軌道の近日点距離は r，遠日点距離は $3r$，万有引力定数は G とする。

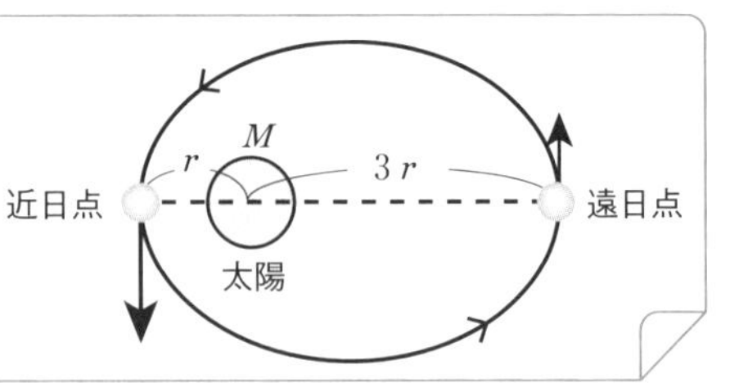

つづき Q

(1) 小惑星の近日点での速さは，遠日点での速さの何倍か？

小惑星の近日点での速さを v，遠日点での速さを V とすると，ケプラーの第2法則は次のようになります。

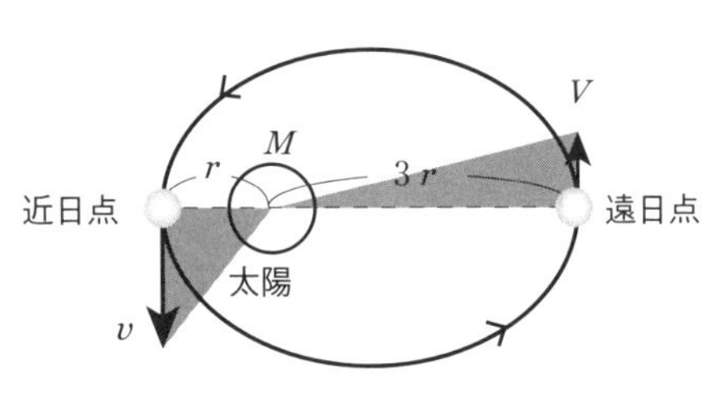

解答 ケプラーの第2法則より

$$\frac{1}{2}rv=\frac{1}{2}\cdot 3r\cdot V \quad より \quad \frac{v}{V}=3$$

3倍 ……答

つづき Q

(2) 小惑星の近日点での速さはいくらか？

近日点と遠日点の力学的エネルギーを考えればよいですね。力学的エネルギー保存則の式は次のようになります。

解答 力学的エネルギー保存則より

$$\frac{1}{2}mv^2-G\frac{mM}{r}=\frac{1}{2}mV^2-G\frac{mM}{3r}$$

(1)より，$V=\dfrac{v}{3}$ であるから

$$\frac{1}{2}mv^2-G\frac{mM}{r}=\frac{1}{2}m\left(\frac{v}{3}\right)^2-G\frac{mM}{3r}$$

$v>0$ より $\quad v=\sqrt{\dfrac{3GM}{2r}}$

$\boldsymbol{v=\sqrt{\dfrac{3GM}{2r}}}$ ……答

69 等速円運動と単振動

\押さえよ/

変位 $x = A\sin\omega t$，周期 $T = \dfrac{2\pi}{\omega}$

振動数 $f = \dfrac{\omega}{2\pi}$，角振動数 $\omega = 2\pi f = \dfrac{2\pi}{T}$

単振動

半径 A〔m〕, 角速度 ω〔rad/s〕で等速円運動をする物体Pがあります。図のように，物体Pに x 軸に垂直な光を当てると，x 軸上にPの影Qができます。この影Qを，Pの x 軸上への**正射影**といいます。

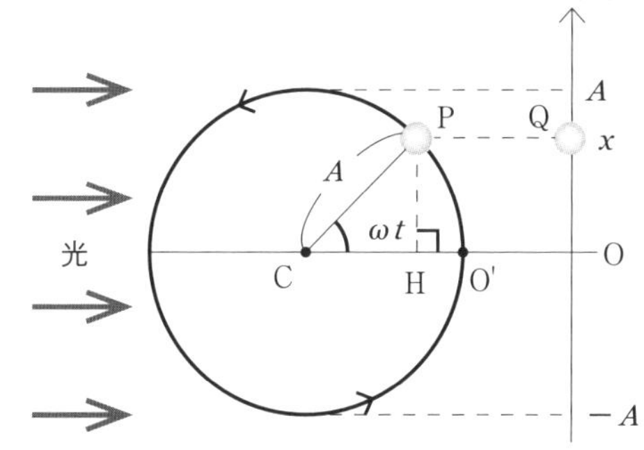

Pの x 軸上への**正射影Qは，原点Oを中心とする往復運動**になりますね。このような運動を単振動といいます。A を単振動の振幅，**1往復するのに要する時間 T〔s〕**を周期，**1秒間に往復する回数 f** を振動数といいます。振動数 f の単位はヘルツ〔Hz〕を用います。

単振動の周期 T と振動数 f は，もとの等速円運動の周期と回転数に等しいので，次の関係式が成り立ちます。

単振動

周期 $T = \dfrac{2\pi}{\omega}$，振動数 $f = \dfrac{1}{T} = \dfrac{\omega}{2\pi}$

Pが点O′を通過してから t〔s〕経過したとき，回転角は ωt〔rad〕になるので，正射影Qの原点Oからの変位 x〔m〕は

$x = A\ \sin\omega t$

と表されます。

この式において，sin の中の**角度 ωt** のことを**位相**，$\boldsymbol{\omega}$ を**角振動数**といいます。もともと角速度であったωが角振動数ともいうのは，振動数fとの間に次のような比例関係があるからです。

角振動数　$\omega = 2\pi f = \dfrac{2\pi}{T}$

次の図は，等速円運動する物体Pとその正射影Qの $\dfrac{1}{8}$ 周期ごとの位置を表している。Qの単振動のx-tグラフを図にかき入れよ。

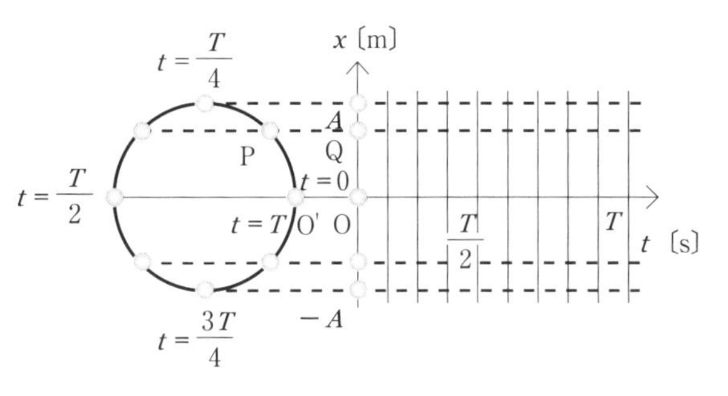

時間と単振動の位置が対応するようにx-tグラフに点を打っていき，なめらかな曲線で結べばx-tグラフ($x = A\ \sin\omega t$のグラフ)は完成です。

$x = A\ \sin\omega t$ の形のグラフ

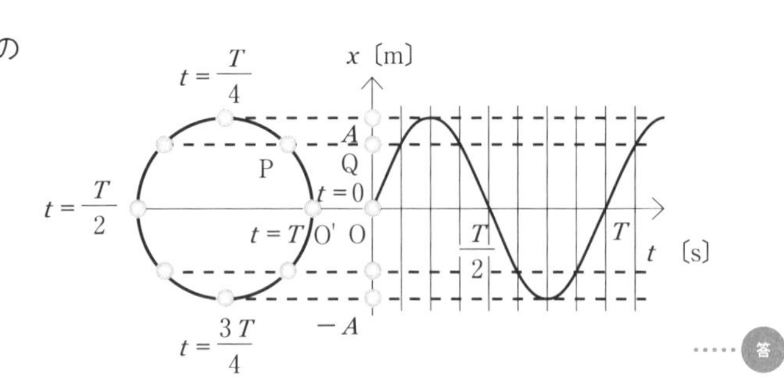

……答

70 単振動の速度・加速度①

単振動は，等速円運動の正射影の運動である。
単振動の一般式　$a = -\omega^2 x$

今回は，単振動の速度と加速度について学んでいきましょう。**単振動は等速円運動の正射影の運動**であることを用いて，単振動の速度と加速度を求めることができます。

単振動の速度について考えよう

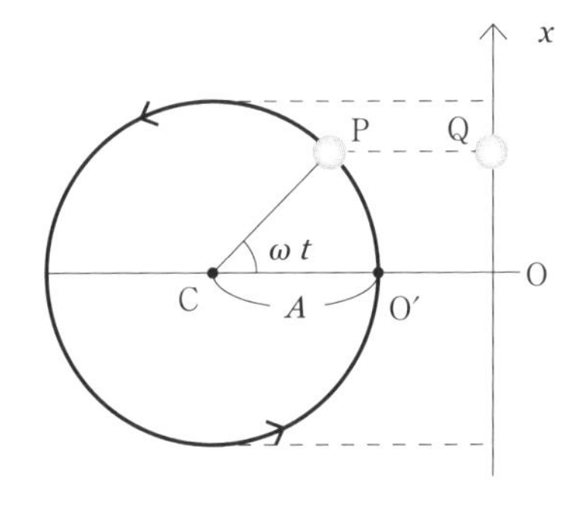

半径A，角速度ωで等速円運動をする物体Pがあります。Pが点O′を通過してから時間がt経過しました。このときPのx軸上への正射影Qは，原点Oを中心とする単振動をしますね。

等速円運動をする物体Pの速度から，単振動をするQの速度vを求めていきましょう。

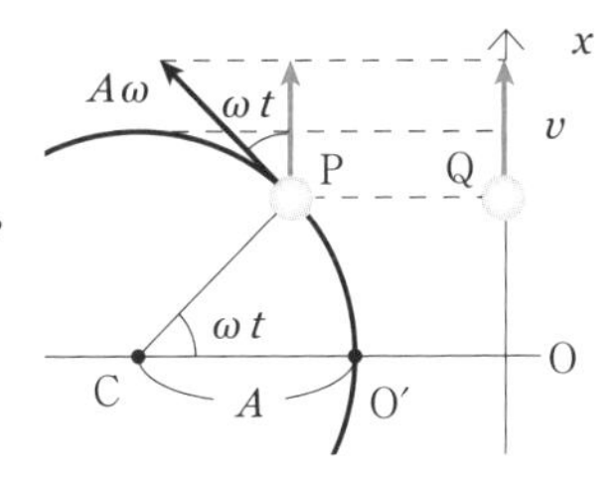

等速円運動をする物体Pの速度の大きさは，$v = r\omega$ の半径rがここではAなので$\boldsymbol{A\omega}$となり，その向きは**円の接線方向**です。図のように，x軸と速度のなす角は$\boldsymbol{\omega t}$になります。したがって，**単振動をするQの速度vは，Pの速度のx成分**なので，次のように表されます。

$$v = A\omega \cos\omega t$$

単振動の速度ベクトルが，円運動の速度ベクトルのx成分であることを図の中でPとQを動かしながらイメージしてみてください。すると，**単振動の速さは振動の中心で最大値$A\omega$となり，振動の両端で0となる**ことがわかると思います。

POINT

単振動の速さ $\begin{cases}\text{振動の中心で最大(最大値}A\omega\text{)}\\ \text{振動の両端で}0\end{cases}$

単振動の加速度について考えよう

単振動をしているQの加速度 a も，等速円運動をする物体Pの加速度から求めることができます。

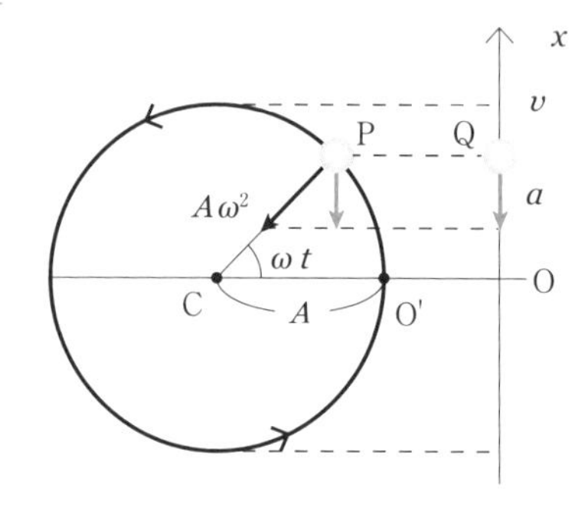

等速円運動をしている物体Pの加速度の大きさは $\boldsymbol{A\omega^2}$ で，その向きは**円の中心向き**です。したがって，**単振動しているQの加速度 $\boldsymbol{a}$ は，Pの加速度の $\boldsymbol{x}$ 成分**なので，右図より，次のように表されます。

$$a = -A\omega^2 \sin\omega t$$

単振動の加速度ベクトルが，円運動の加速度ベクトルの x 成分であることを図の中でPとQを動かしながらイメージしてみてください。すると，**単振動の加速度の大きさ**は振動の両端で最大値 $A\omega^2$ となり，振動の中心で0となることがわかると思います。

POINT

単振動の加速度の大きさ $\begin{cases}\text{振動の両端で最大(最大値}A\omega^2\text{)}\\ \text{振動の中心で}0\end{cases}$

単振動の一般式

単振動の加速度 a を表す式

$$a = -A\omega^2 \sin\omega t$$

を単振動の変位 x を表す式

$$x = A \sin\omega t$$

を用いてかきかえると，次のように表すことができます。

$$a = -\omega^2 x$$

この関係式は，単振動で一般的に成り立つ式です。**物体の運動が単振動であることを示すときに用います**。具体的には，72 以降で学習しましょうね。

POINT

単振動の一般式　$a = -\omega^2 x$

71 単振動の速度・加速度②

単振動は，等速円運動正射影の運動でしたね。このことを利用して，今回は単振動についての問題を解いてみましょう。

P.214

単振動の速さ

- 振動の中心で最大（最大値 $A\omega$）
- 振動の両端で 0

単振動の加速度の大きさ

- 振動の両端で最大（最大値 $A\omega^2$）
- 振動の中心で 0

等速円運動をしている物体 P の x 軸上への正射影 Q の x-t グラフをかいたところ，下の図のようになった。

次の(1)～(3)に答えよ。ただし，π は数値化せず，π のまま用いてよい。

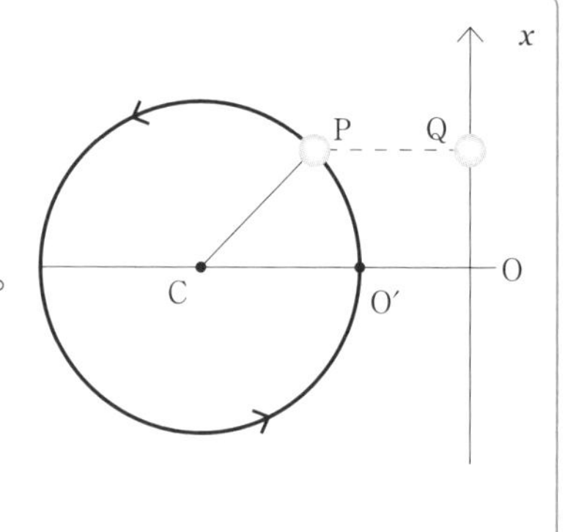

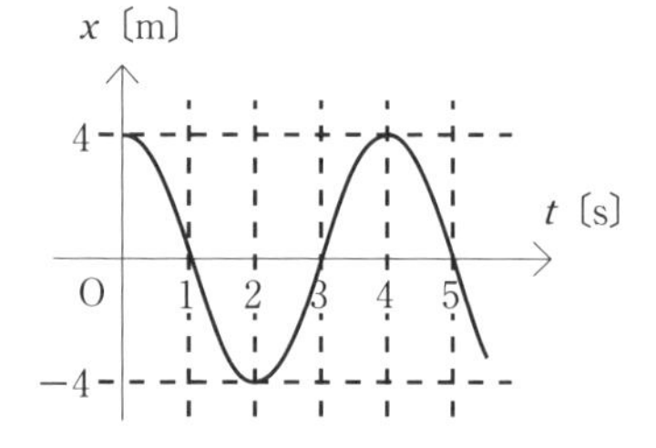

(1) Q の振幅 A，周期 T，振動数 f，角振動数 ω は，それぞれいくらか？

x-t グラフを見ると，振幅 A と周期 T はすぐにわかりますね。

振幅は，振動の中心から両端までの距離なので，$\boldsymbol{A = 4}$**m** となります。
周期は，1往復するのに要する時間なので，$\boldsymbol{T = 4}$**s** ですね。
振動数は，周期と逆数の関係なので，次のように表されます。

解答

$$f = \frac{1}{T} = \frac{1}{4} = 0.25$$

角振動数 ω の公式より

$$\omega = \frac{2\pi}{T} = \frac{2\pi}{4} = \frac{\pi}{2}$$

$\boldsymbol{A = 4}$**m**，$\boldsymbol{T = 4}$**s**，$\boldsymbol{f = 0.25}$ **Hz**，$\boldsymbol{\omega = \frac{\pi}{2}}$ **〔rad/s〕** …… 答

角振動数 ω の単位は少しわかりにくいかもしれませんが，角速度 ω と同じなので，1秒あたりの回転角〔rad〕と考えればよいと思います。

(2) Qの速さが最大になる時刻 t（グラフの範囲で），位置 x をそれぞれ求めよ。また，Qの速さの最大値 v_{max} はいくらか？

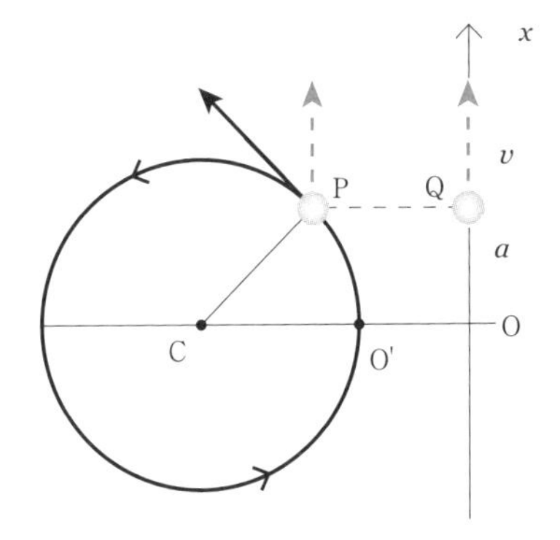

右の図を見ながら，単振動の速度ベクトル（色付き点線矢印）が，円運動の速度ベクトルの x 成分であることを確認してください。すると，円運動の速度ベクトルが x 軸と平行になったときに，単振動の速さが最大になることがわかります。したがって，単振動の速さが最大になる位置は，振動の中心，すなわち $\boldsymbol{x = 0}$**m** です。また，$x = 0$m となる時刻はグラフの範囲だと $\boldsymbol{t = 1}$**s**，**3s**，**5s** となります。

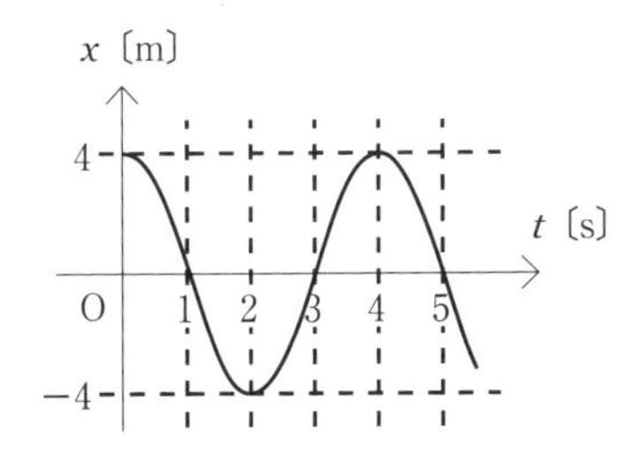

このとき，単振動の速さの最大値 v_{max} は等速円運動の速さと等しいので，次のようになります。

$v_{\max} = A\omega = 4 \cdot \dfrac{\pi}{2} = 2\pi$

$t = 1$s, 3s, 5s, $x = 0$m, $v_{\max} = 2\pi$〔m/s〕 …… 

つづき Q

(3) Q の加速度の大きさが最大になる時刻 t（グラフの範囲で），位置 x をそれぞれ求めよ。また，Q の加速度の大きさの最大値 $a_{\max}$ はいくらになるか？

(2)と同様に，右の図を見ながら，単振動の加速度ベクトル（色付きの点線矢印）が，円運動の加速度ベクトルの x 成分であることを確認してください。すると，円運動の加速度ベクトルが x 軸と平行になったときに単振動の加速度の大きさが最大になることがわかります。したがって，単振動の加速度の大きさが最大になるのは振動の両端，すなわち，

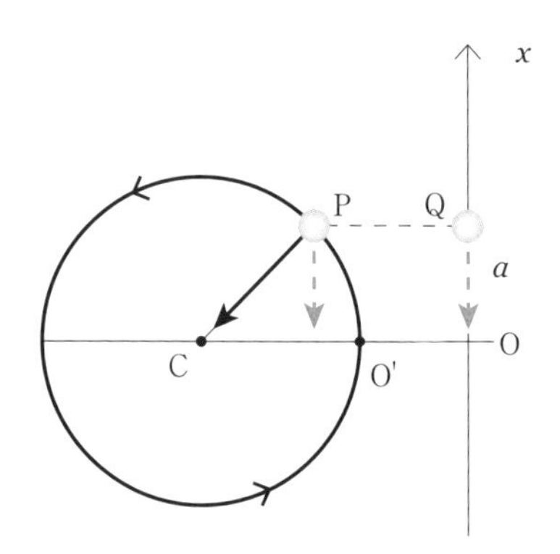

$x = \pm 4$m です。また，$x = \pm 4$ となる時刻はグラフの範囲だと，**$t = 0$s, 2s, 4s** となります。

このとき，単振動の加速度の大きさの最大値 $a_{\max}$ は等速円運動の加速度の大きさと等しいので，次のようになります。

$a_{\max} = A\omega^2 = 4 \cdot \left(\dfrac{\pi}{2}\right)^2 = \pi^2$

$t = 0$s, 2s, 4s, $x = \pm 4$m, $a_{\max} = \pi^2$〔m/s²〕 …… 

今回の問題のように，単振動の問題は等速円運動をもとに考えるとわかりやすいですね。**単振動の問題で迷ったときは，等速円運動に戻って考える**とよいですよ。

秘テクニック　**単振動で迷ったら，等速円運動をもとに考える。**

72 水平方向のばね振り子

単振動の一般式　$a = -\omega^2 x$

P.215

なめらかな水平面上に，一端を固定し他端に質量 m の小球をつけた，ばね定数 k のばねを置く。ばねが自然長のときの小球の位置を原点O とし，ばねを A だけ伸ばして静かに手をはなした。

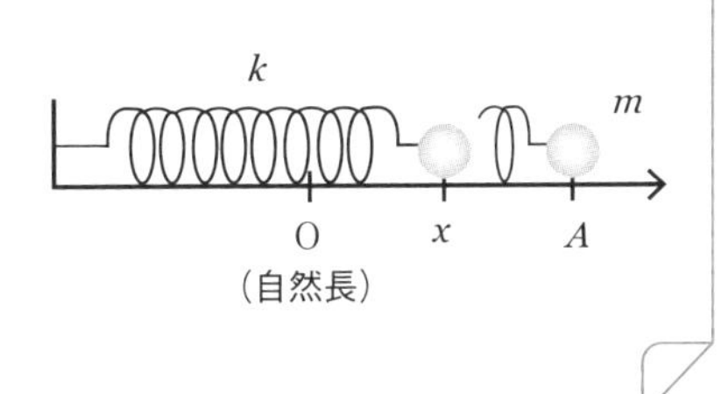

(1) 小球が座標 x にあるときの加速度を a として，小球の運動方程式を立てよ。

小球にはたらく水平方向の力を考えます。座標 x にある小球には，負の向きで大きさが kx の弾性力がはたらいていますね。

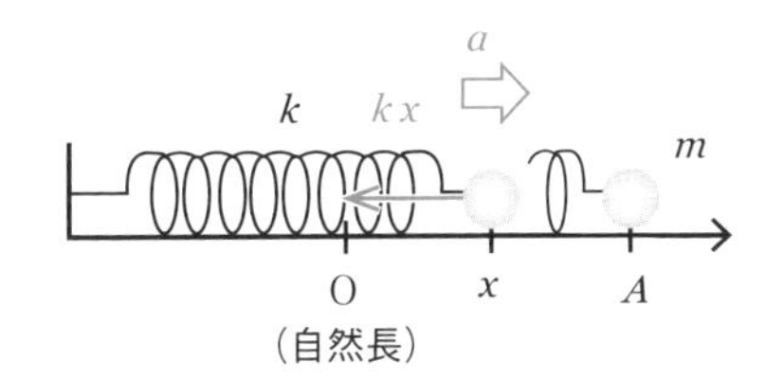

x が正の位置にあるとき弾性力の向きは負で，x が負の位置にあるとき弾性力は正の向きにはたらくので，弾性力は符号を含めて $-kx$ と表すことができます。

したがって，小球の運動方程式は次のようになります。

解答

$$ma = -kx$$ ……答

(2) 小球の運動が単振動になることを示せ。

解答 (1)の解答より，加速度 a を求めると

$$ma=-kx \quad より \quad a=-\frac{k}{m}x \quad \cdots①$$

①式において，$\boldsymbol{\frac{k}{m}}$は定数になっているので，①式は $\boldsymbol{a=-}$(定数)$\boldsymbol{\times x}$ の形，すなわち単振動の一般式 $\boldsymbol{a=-\omega^2 x}$ と同じ形になっているので，小球の運動は単振動である。 ……答

つづき Q (3) 小球の振動の中心座標と振幅を求めよ。

小球の運動は単振動だとわかったので，ここからは単振動の問題として考えていきましょう。

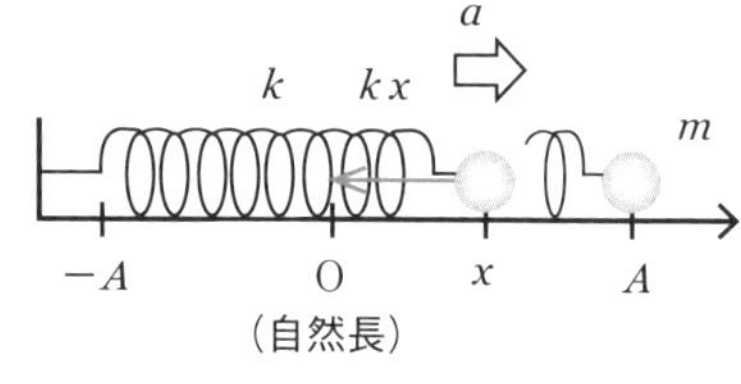

単振動の中心では，加速度は $\boldsymbol{a=0}$ となるので，①式より小球の振動の中心座標は $x=0$ となります。小球は $x=A$ より振動を始めて，振動の中心が $x=0$ なので，**振幅は中心と端との距離**である A となります。

解答 **中心座標：$\boldsymbol{x=0}$　振幅：$\boldsymbol{A}$** ……

つづき Q (4) 小球の振動の周期を求めよ。

①式と単振動の一般式 $a=-\omega^2 x$ の係数を比較すると，次式が成り立ちます。

解答 $\omega^2=\dfrac{k}{m}$であり，$\omega>0$ より，

$$\omega=\sqrt{\frac{k}{m}}$$

ω から振動の周期 T を求めると

$$T=\frac{2\pi}{\omega}=2\pi\sqrt{\frac{m}{k}}$$

$\boldsymbol{2\pi\sqrt{\frac{m}{k}}}$ ……答

(5) 小球の速さが最大となる位置座標と速さの最大値を求めよ。

単振動の速さが最大になるのは，振動の中心なので $x=0$ となります。**速さの最大値は $A\omega$** と表されたので，ω を代入すると次のようになります。

解答 $A\omega=A\sqrt{\dfrac{k}{m}}$　　**位置座標：$x=0$　速さの最大値：$A\sqrt{\dfrac{k}{m}}$** ……答

この問題は力学的エネルギー保存則でも求めることができます。
位置座標を x，速さを v とすると，

$$\frac{1}{2}kA^2=\frac{1}{2}mv^2+\frac{1}{2}kx^2$$

$v>0$ より　$v=\sqrt{\dfrac{k}{m}(A^2-x^2)}$

$x=0$ のときに速さは最大で，最大値は $A\sqrt{\dfrac{k}{m}}$ ……答

(6) 小球の加速度の大きさが最大になる位置座標と加速度の大きさの最大値を求めよ。

加速度の大きさが最大になるのは，振動の両端なので $x=\pm A$ となります。**加速度の大きさの最大値は $A\omega^2$** と表されたので，$\omega=\sqrt{\dfrac{k}{m}}$ を代入して次のようになります。

$A\omega^2=\dfrac{kA}{m}$

位置座標：$x=\pm A$　加速度の大きさの最大値：$\dfrac{kA}{m}$ ……答

73 鉛直方向のばね振り子

◉解説動画

単振動の一般式(つりあいの位置が $x=x_0$ の場合)

$$\boldsymbol{a=-\omega^2(x-x_0)}$$

ばね定数 k のばねの一端を床に固定し，他端に質量 m の小球をつけると，小球はつりあいの位置に静止した。重力加速度の大きさを g とする。

m (つりあい)

k

つづき Q

(1) 自然長からのばねの縮み x_0 はいくらか？

右図のように，小球には重力と弾性力がはたらいていて，これらの力はつりあっています。

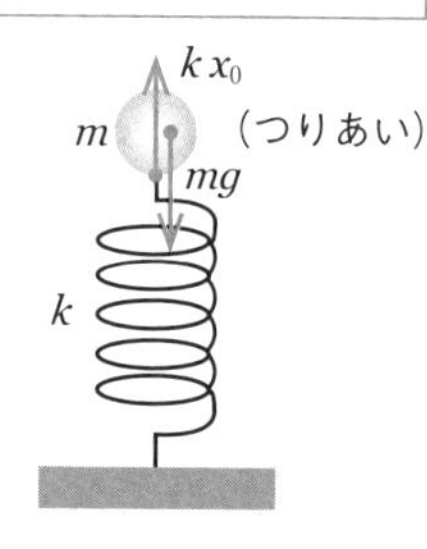

解答

力のつりあいの式より

$$kx_0=mg \quad \cdots①$$

$$\boldsymbol{x_0=\frac{mg}{k}} \cdots\cdots \text{答}$$

(2) 小球をつりあいの位置から少し押し下げてはなすと，小球は鉛直方向に振動を始めた。つりあいの位置を原点Oとし，鉛直下向きを x 軸の正の向きとする。小球が座標 x にあるときの加速度を a として，小球の運動方程式を x_0 を用いて表せ。また，小球が単振動することを示せ。

右図のように，小球が座標 x にあるとき，ばねは x_0+x だけ縮んでいるので，座標軸の向きに気をつけると，小球がばねから受ける弾性力は $-k(x_0+x)$ となります。重力は mg なので，小球の運動方程式は次のようになります。

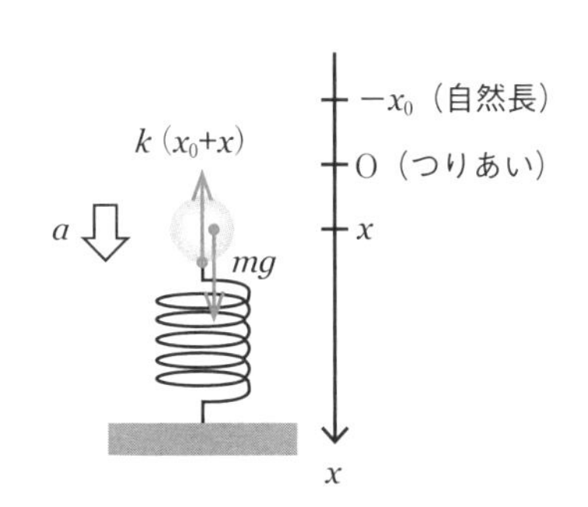

解答

小球の運動方程式：$ma = mg - k(x_0+x)$ …… 

①式より　$kx_0 = mg$ だから

$$ma = mg - kx_0 - kx = -kx$$

よって

$$a = -\frac{k}{m}x \quad \cdots ②$$

ここで，$\frac{k}{m}$ は定数なので，②式は $a = -$(定数)$\times x$ の形になっている。

②式は，単振動の一般式 $a = -\omega^2 x$ と同じ形をしているので小球は単振動をしている。 …… 答

(3) ばねが自然長となる位置を原点Oとし，鉛直下向きを x 軸の正の向きとする。小球が座標 x にあるときの加速度を a として，小球の運動方程式を立てよ。また，加速度 a を x_0 を用いて表せ。

(2)との違いは，座標軸原点の位置です。

小球が座標 x にあるとき，ばねは x だけ縮んでいるので，小球がばねから受ける弾性力は $-kx$ となります。重力は mg なので，小球の運動方程式は次のようになります。

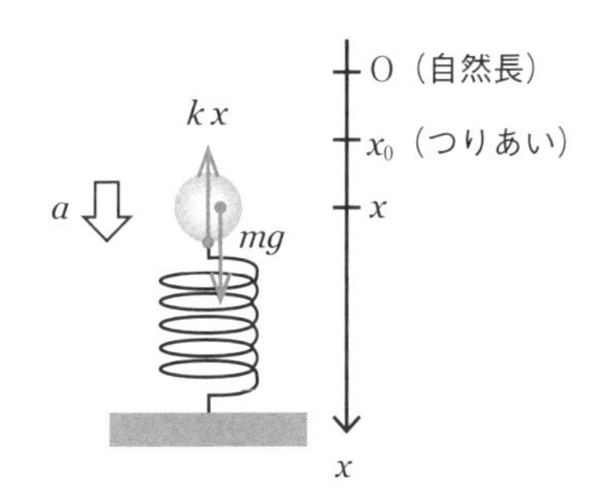

解答

小球の運動方程式：$ma = mg - kx$ ……答

①式より $mg = kx_0$ だから

$$ma = kx_0 - kx$$

$$ma = -k(x - x_0)$$

$$a = -\frac{k}{m}(x - x_0)$$ ……答

この小球は(2)より，単振動をすることがわかっています。しかし，(3)の加速度を表す式は，単振動の一般式 $a = -\omega^2 x$ と少し式の形が違っていますね。この形の違いは，単振動の中心であるつりあいの位置の座標が(2)では $x = 0$ であるのに対し，(3)では $x = x_0$ となっていることによるものです。

つりあいの位置を $x = x_0$ とする**単振動の，より一般的な式**は，次のように表すことができます。

$$a = -\omega^2(x - x_0)$$

したがって，ある物体の**加速度を表す式がこの式のような形であったならば，その物体は** $x = x_0$ **を振動の中心として，角振動数** ω **で単振動をする**といえます。

POINT

単振動の一般式（つりあいの位置が $x = x_0$ の場合）

$$a = -\omega^2(x - x_0)$$

74 斜面上のばね振り子

単振動の一般式(つりあいの位置が $x = x_0$ の場合)

$$a = -\omega^2(x - x_0)$$

P.224

傾斜角 θ のなめらかな斜面上に，一端を固定し，他端に質量 m の小球をつけたばね定数 k のばねを置く。ばねが自然長のときの小球の位置を原点Oとし，最大傾斜下向きを x 軸の正の向きとする。重力加速度の大きさを g とする。

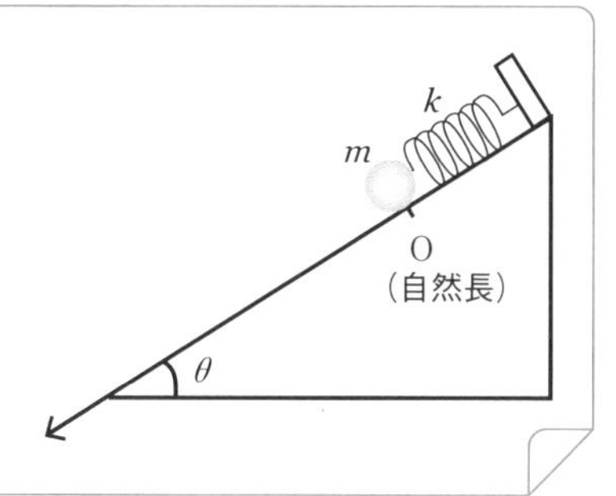

(1) 小球を原点Oから静かにはなし，x 軸上で振動させる。小球が座標 x にあるときの加速度を a として，小球の運動方程式を立てよ。

右図のように，小球には重力，垂直抗力，弾性力がはたらいています。小球は斜面と平行な方向に運動するので，x 軸方向の運動方程式を立てましょう。

弾性力は，はたらく向きに注意すると $-kx$ であるとわかります。重力の斜面と平行な成分は $mg\sin\theta$ なので，運動方程式は次のようになります。

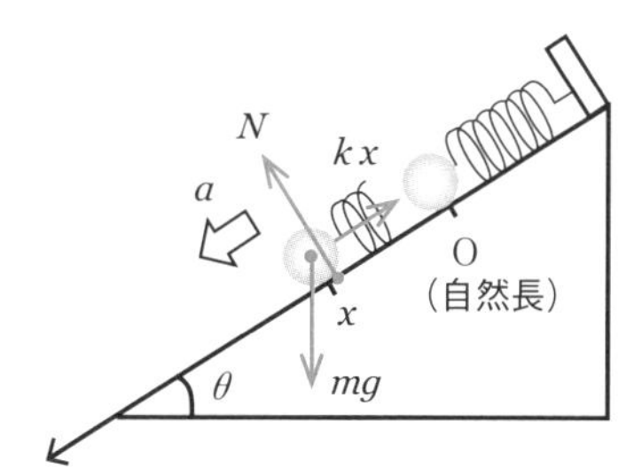

$$\boldsymbol{ma = mg\sin\theta - kx} \quad \cdots①$$

(2) 小球の運動が単振動になることを示せ。

単振動の一般式の形をめざして変形していきましょう。

解答

$$ma=-k\left(x-\frac{mg\sin\theta}{k}\right)$$

$$a=-\frac{k}{m}\left(x-\frac{mg\sin\theta}{k}\right)\quad\cdots②$$

②式は，単振動の一般式 $\boldsymbol{a=-\omega^2(x-x_0)}$ と同じ形をしているので，小球は単振動をしている。 ……答

x_0 は定数を表しています。$\dfrac{mg\sin\theta}{k}$ も x が含まれない値なので定数です。

(3) 小球の振動の中心座標と振幅を求めよ。

解答

単振動の中心では，加速度 $a=0$ となることから

②式より振動の中心座標は　$x=\dfrac{mg\sin\theta}{k}$

小球は $x=0$ より振動を始めたので振幅は　$\dfrac{mg\sin\theta}{k}$

中心座標：$\boldsymbol{\dfrac{mg\sin\theta}{k}}$　振幅：$\boldsymbol{\dfrac{mg\sin\theta}{k}}$ ……答

つづき Q

(4) 小球の振動の周期を求めよ。

解答

②式と単振動の一般式 $a=-\omega^2(x-x_0)$ を比べて

$$\omega^2=\frac{k}{m}$$

$\omega>0$ より，$\omega=\sqrt{\dfrac{k}{m}}$

ω から振動の周期 T を求めると

$$T=\frac{2\pi}{\omega}=2\pi\sqrt{\frac{m}{k}}$$

$\boldsymbol{2\pi\sqrt{\dfrac{m}{k}}}$ ……答

波動

Wave

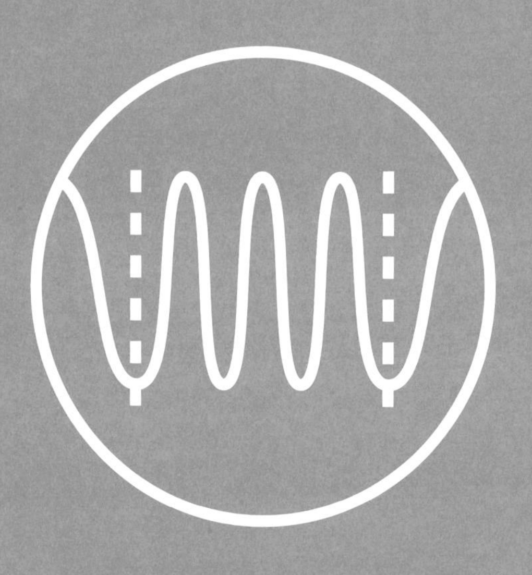

75 波の基本式

波の基本式 $v=\dfrac{\lambda}{T}=f\lambda$

ここから波動の学習が始まります。波動は形や動きをイメージしながら考えることが多く，身のまわりの現象と結びつけて学習することが大切になっていきます。

波とは何か？

ピンと張られたひもの一端を上下に振動させてみましょう。すると，その振動が次々とひもに伝わり，波となって進んでいきます。

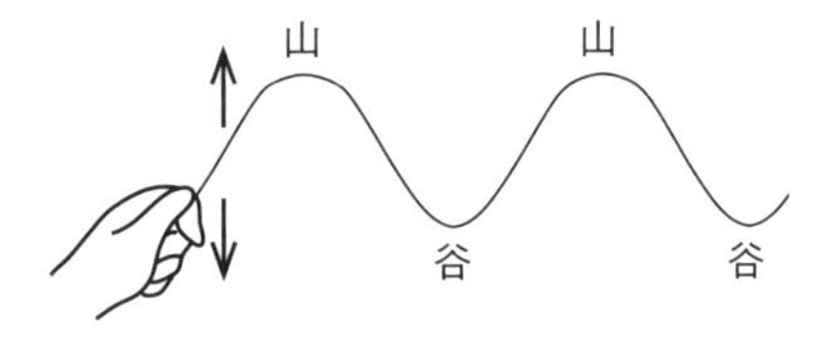

振動が次々と周囲に伝わる現象を**波**または**波動**といいます。**波を伝える物質**を**媒質**（ばいしつ）といいます。この場合，媒質はひもであり，水面を伝わる波の場合，媒質は水ということになります。

また，隣りあう山と山または谷と谷の間の距離（**波1つ分の長さ**）を**波長**といい，**山や谷が進む速さ**を**波の速さ**といいます。いろいろな用語が出てきましたが，しっかり覚えておきましょうね。

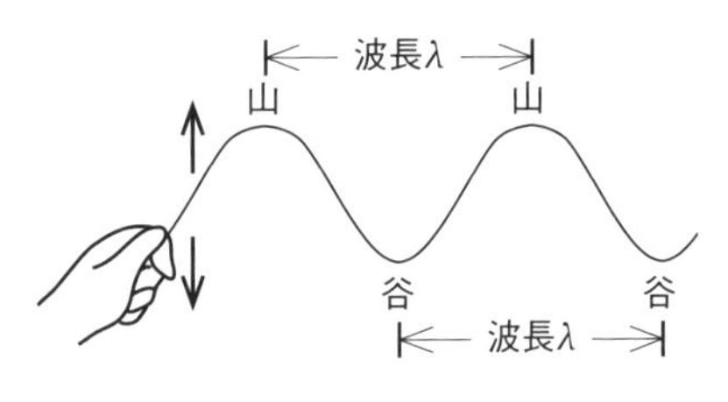

波の速さ v を求めよう

下の図のように，子どもが浮き輪につかまり海に浮かんでいるとします。そこへ，波が1つ進んできました。みなさんも海に浮かんでいるとき，波がきた経験があると思いますので，その場面を思い出してみてください。そのときみなさんは，波の進む向きに押し流されたのではなく，波の山がくると，その場で上昇し，波の谷がくると，その場で下降したと思います。つまり，波がくると子どもはその場で上下に振動します。子どもの上下方向の振動は，媒質の振動を表しています。**媒質はその場で振動し波を伝えますが，媒質自身が波とともに進むわけではありません。**

では，媒質の振動の周期と波の波長と速さの間の関係を考えてみましょう。

子ども(媒質)が①～④のように，上下に1回振動する間，つまり**周期 T の間に，波は1波長 λ 進みます。**

したがって，波の進む速さ v は，

$$(\text{速さ})=\frac{(\text{距離})}{(\text{時間})}$$

の関係より次のように表すことができます。

$$v=\frac{\lambda}{T}$$

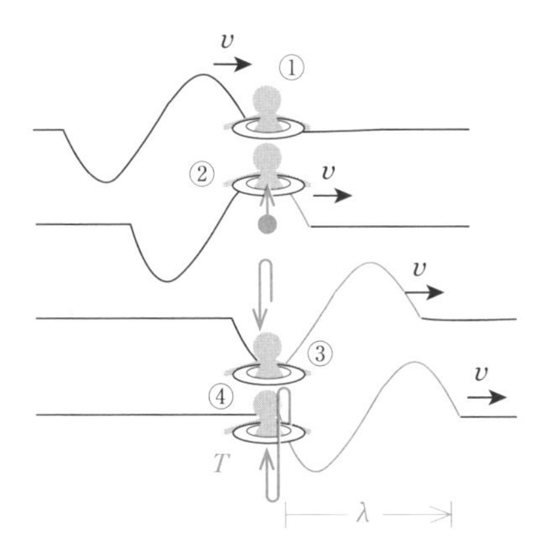

また，周期 T と振動数 f の間には，$T=\frac{1}{f}$ の関係があるので，波の速さ v は**波の基本式**として次のようにまとめて表すことができます。

$$v=\frac{\lambda}{T}=f\lambda$$

波の基本式　$v=\frac{\lambda}{T}=f\lambda$

やって
みよう
Q

x 軸の正の向きに波が進んでいる。(a)は，時刻 $t=0\text{s}$ の波形で，時刻 $t=0.6\text{s}$ に初めて(b)の波形になった。

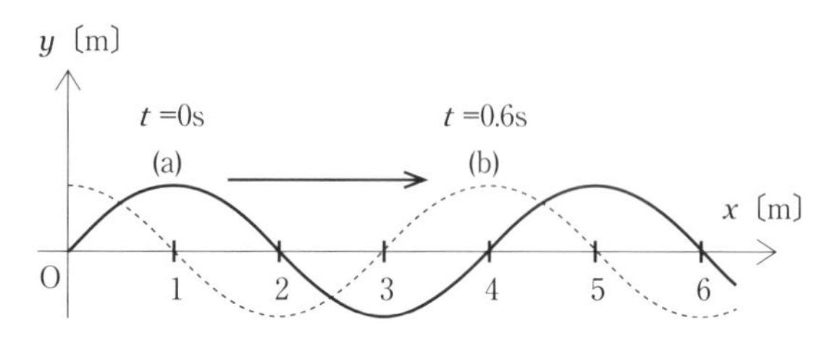

つづき
Q

(1) この波の波長 λ，速さ v，周期 T，振動数 f をそれぞれ求めよ。

波長は隣りあう山と山の間の距離を見ればよいです。

解答 問題で与えられたグラフより $\lambda=4$ **λ = 4m** ……答

次に，波の速さを求めます。(a)で, $x=1\text{m}$ にあった山が 0.6s 経過した(b)では $x=4\text{m}$ に移動しています。0.6s で 3m 進んだので，波の速さ v は次のように求めることができます。

$$v=\frac{3}{0.6}=5$$ **v = 5m/s** ……答

波長と速さがわかっているので，周期は波の基本式から求められます。

$$T=\frac{\lambda}{v}=\frac{4}{5}=0.8$$ **T = 0.8s** ……答

振動数は周期と逆数の関係なので，次のようになります。p.211 で学んだとおり，振動数の単位は Hz となることに気をつけましょう。

$$f=\frac{1}{T}=\frac{1}{0.8}=1.25$$ **f = 1.25Hz** ……答

(2) 時刻 $t = 0$s の瞬間，媒質の速度が 0 となる位置 x はどこか？
前ページのグラフの範囲で答えよ。

波の全体の速度と媒質の速度は異なることに注意しましょう。海に浮かぶ子どもの例でいえば，波全体，すなわち山や谷が伝わっていく速度が波の速度，子どもが上下に振動する速度が媒質の速度となります。この問題では，媒質の速度について問われています。

媒質の速度が 0 となるのは，上下振動の速度が 0，すなわち振動の両端のことなので，波の山と谷にあたる位置を答えることになります。

図の(a)を見ると，波の山は $x = 1$m，5m，波の谷は $x = 3$m にあるので，答えは次のようになります。

x = 1m，3m，5m …… 答

76 正弦波

等速円運動 ⇔ 単振動 ⇔ 正弦波

今回は，正弦波について学んでいきましょう。

正弦波

半径 A，周期 T で等速円運動をする物体Pがあります。Pの y 軸上への正射影Qは，振幅 A の単振動になりますね。Qの単振動が x 軸方向に一定の速さで伝わっていくと，x 軸上には正弦波ができます。

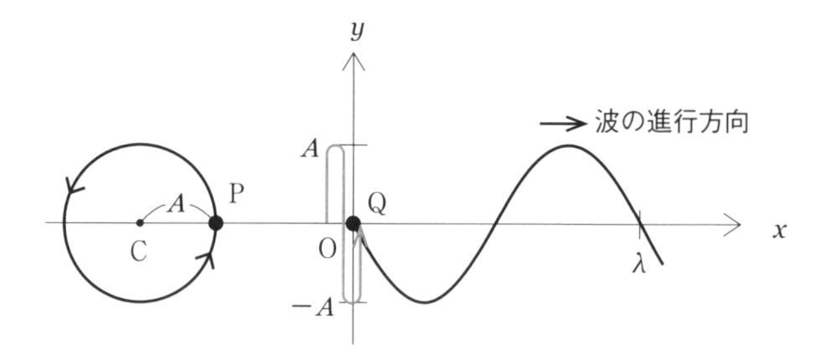

正弦波は名前のとおり，**正弦(sin)曲線が一定の速さで伝わっていく波**のことをいいます。

等速円運動の正射影が単振動であり，**単振動が一定の速さで伝わった波が正弦波**なので，正弦波の問題を解くときには，単振動に戻って考えることもあり，さらに等速円運動に戻って考えることもあります。

また，正弦波全体の x 軸方向の動きについて問われているのか，それとも媒質の y 軸方向の単振動について問われているのかを，しっかり見極めて解いていくことが大切です。

では，次の問題で実際に考えてみましょう。

やってみよう Q

x 軸の正の向きに正弦波が進んでいる。図1は，時刻 $t=0$s のときの波形(位置 x での媒質の変位 y)を表している。図2は，ある位置 x での媒質の単振動(時刻 t のときの媒質の変位 y)を表している。

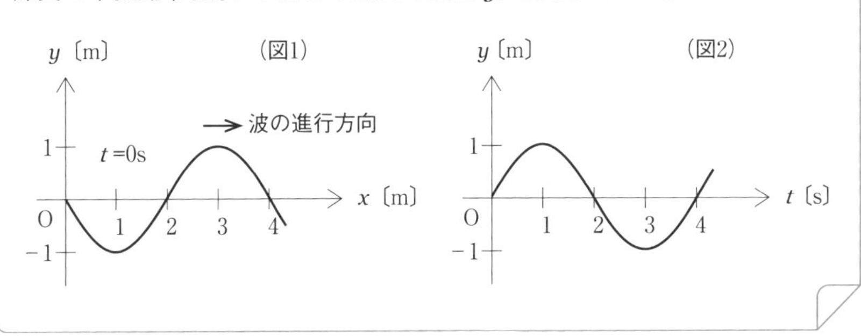

つづき Q

(1) この正弦波の振幅 A，波長 λ，周期 T，振動数 f，速さ v を求めよ。

***y-x* グラフは，ある瞬間の波の形を表しています。**

図1は，$t=0$s の波形を表しています。これを見ると，振幅 A は，振動の中心から両端までの距離なので，$\boldsymbol{A=1}$**m** となります。また，波長 λ は，波1つ分の長さなので，$\boldsymbol{\lambda=4}$**m** であることもわかります。

***y-t* グラフは，ある位置での媒質の単振動の様子を表しています。**

図2より，媒質は1往復振動するのに4sかかっているので，周期 T は，$\boldsymbol{T=4}$**s** となります。振動数は周期と逆数の関係なので，次のようになります。

解答

$$f=\frac{1}{T}=\frac{1}{4}=0.25\text{Hz}$$

波の基本式を用いると速さ v は

$$v=\frac{\lambda}{T}=\frac{4}{4}=1\text{m/s}$$

$\boldsymbol{A=1}$**m**，$\boldsymbol{\lambda=4}$**m**，$\boldsymbol{T=4}$**s**，$\boldsymbol{f=0.25}$**Hz**，$\boldsymbol{v=1}$**m/s** …… 

つづき

Q

(2) 媒質が図2のように振動するのは，図1のグラフ中のどの位置 x か？

図2の y-t グラフを見ると，時刻 $t=0$ のとき媒質の変位 $y=0$ で，時間が少し経つと，y 軸の正の向きに変位することがわかります。

時刻 $t=0$ のとき媒質の変位 $y=0$ となる位置は，図1のグラフの範囲では $x=0\text{m}$，2m，4m です。また，少し時間が経過して波が少し右に進んだときの媒質の上下の変位を考えると，図1′のようになり，y 軸の正の向きに変位するのは $x=0\text{m}$，4m となります。

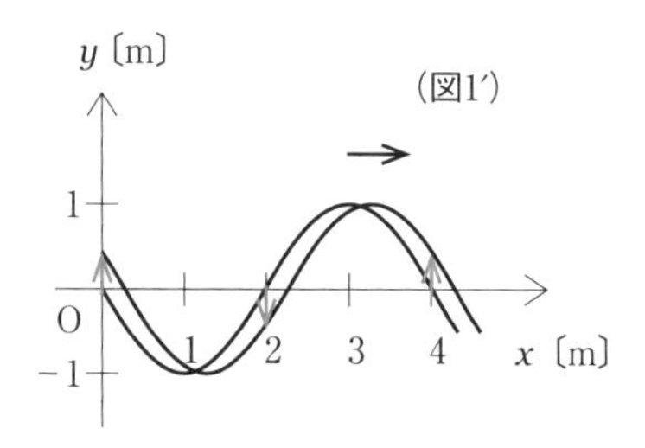

解答

$x=0\text{m}$，4m …… 

このように，微小時間後の y-x グラフをかくと，波全体の x 軸方向の動きと媒質の y 軸方向の動きの両方がわかるので，たいへん便利です。

秘テクニック

微小時間後の y-x グラフをかく
⇒波全体の動きと媒質の動きの両方がわかる。

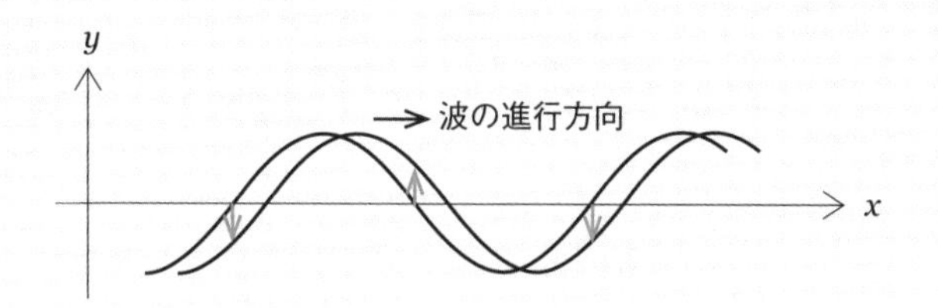

(3) 時刻 $t=0$s のとき，媒質の速度が下向き(y 軸の負の向き)に最大になっているのは，図1のグラフ中のどの位置か？　また，速さの最大値 v_{max} はいくらか？　円周率 π を用いて答えよ。

媒質の速度について問われているので，y 軸方向の単振動に戻って考えましょう。単振動の速さは振動の中心で最大となるので，y 軸方向の単振動の速さが最大になる位置は $y=0$ であり，$y=0$ となっている位置は図1のグラフの範囲だと $x=0$m，2m，4m となります。(2)の図1′より，これらの中で媒質の速度が下向きなのは $x=2$m なので，これが答えとなります。また，単振動の速さの最大値は等速円運動の速さと同じなので，$v=r\omega$ の関係式より速さの最大値 v_{max} を求めることができます。

解答

$$v_{max}=A\omega=A\cdot\frac{2\pi}{T}$$

$$=1\cdot\frac{2\pi}{4}=\frac{\pi}{2}\text{ m/s}$$

$x=2$m，$v_{max}=\dfrac{\pi}{2}$ m/s …… 答

77 横波と縦波

媒質の振動方向と波の進行方向が
互いに垂直な波 ⇒ 横波（よこなみ）
一致している波 ⇒ 縦波（たてなみ）(疎密波（そみつは）)

今回は，横波と縦波について学んでいきましょう。

横波とは何か？

ひもを水平に張り，一端を鉛直方向に振動させると，波は水平方向に伝わっていきます。すなわち，媒質(ひも)の振動方向は鉛直方向となり，波の進行方向は水平となります。

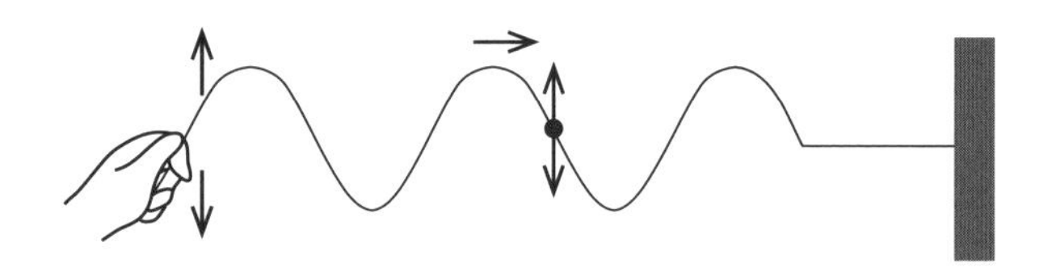

このように，**媒質の振動方向と波の進行方向が互いに垂直な波**を横波といいます。横波の例としては，ひもや弦を伝わる波，光波，地震のS波などがあげられます。

縦波とは何か？

では，縦波とはどのような波でしょうか？　ばねを床の上に置き，一端を水平方向に振動させると，ばねの間隔がつまったり(密)，広がったり(疎)する状態が水平方向に伝わっていきます。ばねの一点にしるしをつけておくと，この点は水平方向に振動します。すなわち，媒質の振動方向は水平方向となります。

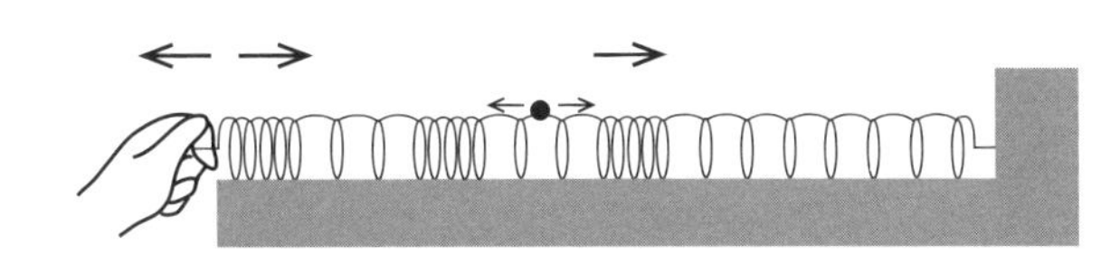

このように，**媒質の振動方向と波の進行方向が一致している波**を縦波または疎密波といいます。縦波の例としては，音波や地震のP波などがあげられます。

縦波はどのように表したらよいか？

縦波をわかりやすく表現する方法として，縦波の横波表示があります。

下図(1)のように，等間隔のａ～ｊまでの10個の点が，縦波が伝わることで(2)のように変位しているときを考えます。これでは，x軸上にいくつも矢印をかかなくてはならないので，わかりにくいですね。

そこで(4)のように，x軸の正の変位はy軸の正の変位として表し，x軸の負の変位はy軸の負の変位として表し，矢印を回転しましょう。

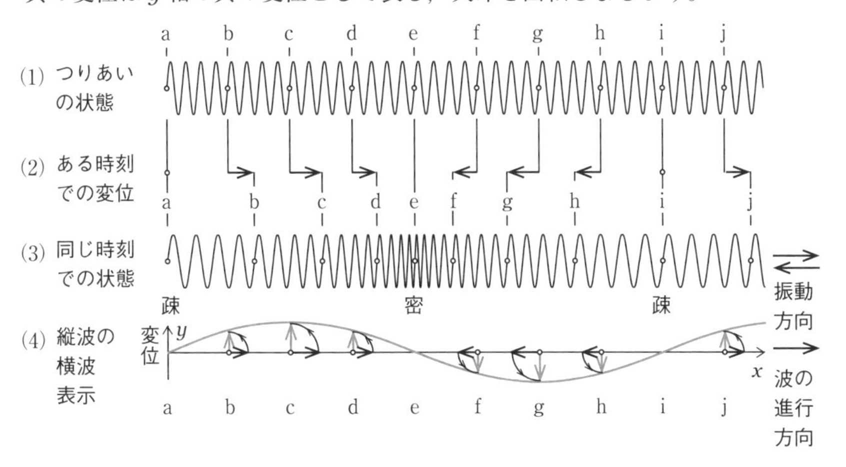

新しくできた矢印の先端をなめらかな曲線で結んでいくと，波形がかけますね。できた上図の(4)の曲線を縦波の横波表示といいます。

図(4)において，点ｅのように，**媒質が密集している部分**を密な部分，点ａ，ｉのように**まばらな部分**を疎な部分といいます。

78 縦波の横波表示

解説動画

P.237

復習 縦波の横波表示

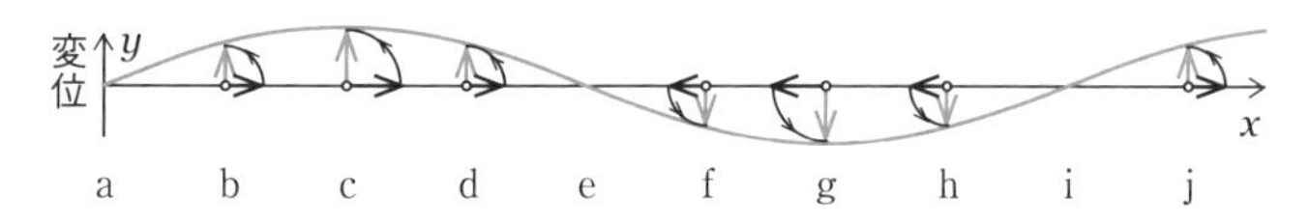

やってみよう Q

右の図は，x 軸の正の向きに進む縦波の時刻 $t=0$ の瞬間を横波表示にした（x 方向の変位を y 方向の変位で表した）ものである。横波表示にした y-x グラフは正弦曲線となった。媒質の状態が(1)～(7)のようになっている位置を a～h の記号で答えよ。

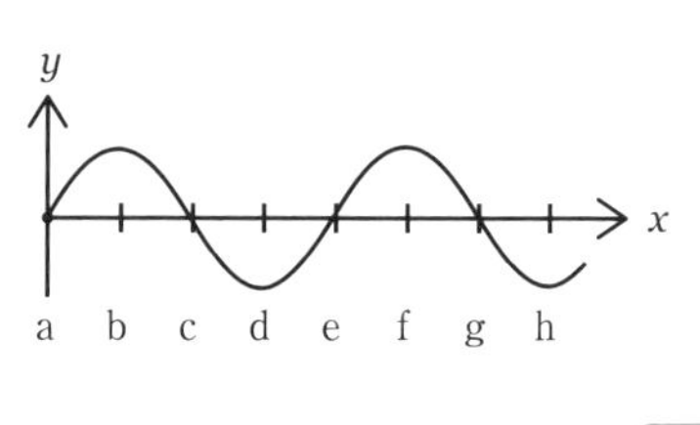

つづき Q

(1) 最も密な位置はどこか？

復習の図の点 e のように，横波表示の y-x グラフが右下がりになっている点が，媒質の密集している密な部分となることがわかります。このような点は問題の図で見ると，c と g になります。

解答

c，g ……答

つづき Q

(2) 最も疎な位置はどこか？

復習の図の，点 a，i のように，y-x グラフが右上がりになっている点が，媒質のまばらになっている疎な部分となることがわかります。このような点は問題の図で見ると，a と e になります。

解答

a，e …… 答

(3) 速度が０の位置はどこか？

ここでの速度は波全体が進む速度ではなく，a ～ h の位置にある**媒質が y 軸方向に振動する速度**であることを確認してください。本来，媒質は x 軸方向に振動しているのですが，横波表示の y-x グラフでは，媒質は y 軸方向に振動していると見なすことができます。問題の図の曲線が正弦曲線ということは，媒質は単振動をしていることがわかりますね。

y 軸方向の単振動で速度が０となるのは媒質が振動の両端の位置にあるときなので，y-x グラフでは山と谷の位置，b，d，f，h となります。

b，d，f，h …… 

(4) 正の向きの速度が最大の位置はどこか？

(3)と同じように y 軸方向の単振動を考えましょう。単振動をする物体の速さは，振動の中心($y = 0$)で最大となるので，答えの候補は a，c，e，g となります。しかし，聞かれているのは正の向きの速度なので，y 軸方向の速度の向きが正である必要があります。

媒質の速度の向きを調べるには，**微小時間後の y-x グラフをかいてみる**のがよいでしょう。すると，答えの候補のうち，y 軸方向正の向きの速度をもつ点は右図より，c と g となります。

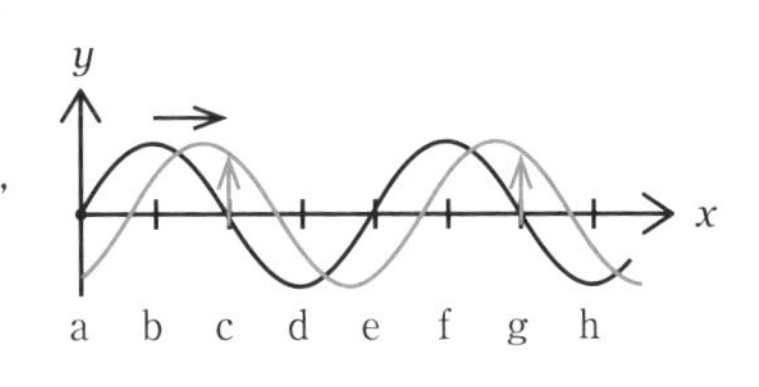

c，g …… 答

つづき Q (5) 加速度が 0 の位置はどこか？

これも y 軸方向の単振動の問題ですね。単振動をする物体の加速度は，振動の中心（$y=0$）で 0 となるので，答えは a，c，e，g となります。

a，c，e，g …… 答

つづき Q (6) 負の向きの加速度が最大の位置はどこか？

y 軸方向に単振動をする媒質の加速度の大きさは，振動の両端で最大となるので，問題の図の山と谷の位置，すなわち答えの候補は b，d，f，h となります。単振動の加速度の向きは，つねに振動の中心（$y=0$）を向いているので，負の向きの加速度が最大の位置は振動の上端，すなわち b，f が答えとなります。

b，f …… 答

つづき Q (7) 媒質の変位（横波表示）の時刻に対する変化が，下図のようになる位置はどこか？

右図より，$t=0$ のとき $y=0$ となっています。

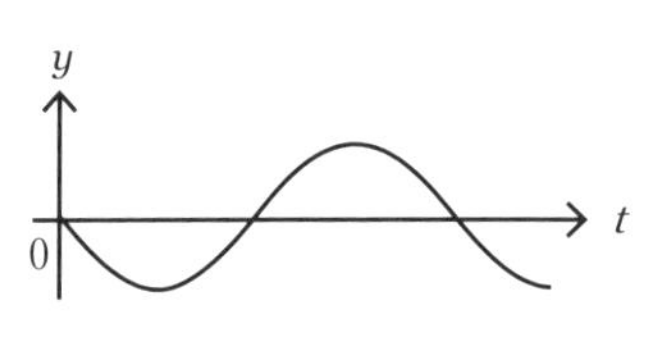

問題のはじめの図は，時刻 $t=0$ の瞬間を横波表示にしたものなので，$t=0$ のとき $y=0$ となる点である a，c，e，g が答えの候補となります。

さらに右図より，$t=0$ から微小時間後の変位が負の値になっているので，微小時間後の図より，y 軸負の向きに変位している a と e が答えになります。

解答

a，e …… 答

79 正弦波の式①

正弦波の式 ⇒ 伝わる時間を考える

79 ～ 81 では正弦波の式について考えていきます。初めて学ぶ人や物理が苦手な人は 79 ～ 81 を飛ばして 82 に進むのがおすすめです。波動がだんだんわかるようになってきてから，戻って学ぶとよいでしょう。

正弦波の問題において，原点ではない点の変位を求めるときは，振動が原点からその点までに**伝わる時間**を考えて，原点での変位に戻して考えるのがポイントです。ではさっそくやっていきましょう。

正弦波の式を求めよう

原点Oで起こった単振動が $y = A\sin\dfrac{2\pi}{T}t$（$A$：振幅，$T$：周期）で表されるとします。p.211 で単振動の変位は $A\sin\omega t$，$\omega = \dfrac{2\pi}{T}$ と学びましたね。それを1つにしたのが $y = A\sin\dfrac{2\pi}{T}t$ です。

原点Oで起こった単振動 $y = A\sin\dfrac{2\pi}{T}t$ が，x 軸の正の向きに速さ v で伝わっています。座標 x の点Pの，時刻 t における変位 y を表す式（正弦波の式）を求めていきましょう。

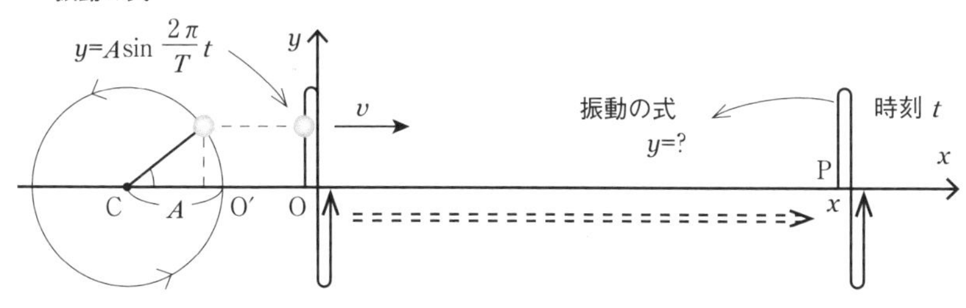

正弦波の問題では，振動の様子がわかっている点(ここでは原点O)から変位を求める点(ここでは座標$\boldsymbol{x}$)まで，波が伝わるのにかかる時間を考えていくことがポイントになりますよ。

秘テクニック **正弦波の式 ⇒ 伝わる時間を考える**

原点Oから点Pまで振動が伝わるのにかかる時間は，距離がxで速さがvなので$\boldsymbol{\frac{x}{v}}$となります。ですから，点Pの時刻tにおける変位yは，伝わる時間だけ前の時刻$\left(\boldsymbol{t-\frac{x}{v}}\right)$における原点Oでの変位$y$に等しくなります。したがって，原点Oでの単振動$y=A\sin\frac{2\pi}{T}t$の式の$\boldsymbol{t}$を$\left(\boldsymbol{t-\frac{x}{v}}\right)$におきかえて，次の式が求められます。

$$y=A\sin\frac{2\pi}{T}\left(t-\frac{x}{v}\right)$$

なぜ$\boldsymbol{t}$を$\left(\boldsymbol{t-\frac{x}{v}}\right)$におきかえるのかがよくわからない人は，次の例で考えてみましょう。

時刻$\boldsymbol{t}$の代わりに時刻**12：00**として考えます。点Pの**12：00**での変位は，点Oでの何時何分の変位と等しくなるのでしょうか？　点Oから点Pまで波が伝わるのに**5**分かかったとしましょう。すると，点Pの**12：00**での変位は，その**5**分前である**11：55**に点Oから出発して，点Pに伝わってきたものであるとわかりますね。

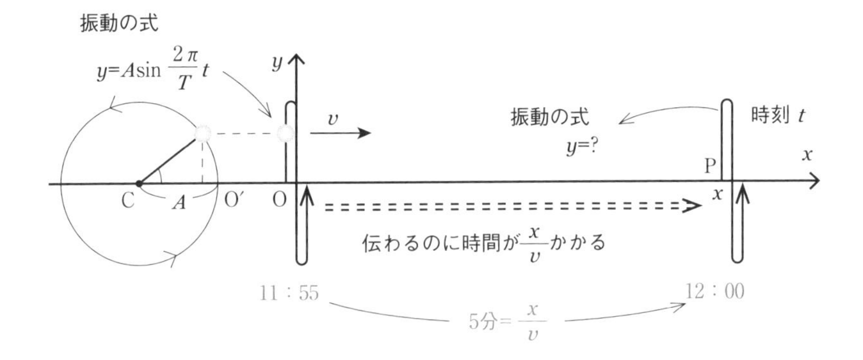

整理すると，点Pの時刻**12：00**における変位yは，伝わる時間**5**分だけ前の時刻**11：55**における原点Oでの変位yに等しくなります。

それでは，文字の式に戻して考えてみましょう。点Pの時刻tにおける変位yは，伝わる時間$\frac{x}{v}$だけ前の時刻$\left(t-\frac{x}{v}\right)$における原点Oでの変位$y$に等しくなりますね。だから，原点Oでの単振動 $y=A\sin\frac{2\pi}{T}t$ の式のtを$\left(t-\frac{x}{v}\right)$におきかえているのです。

また，ここで75の波の基本式より，波長$\lambda=vT$とすると，変位yは波長λを使って次のように表すこともできます。

$$y=A\sin\frac{2\pi}{T}\left(t-\frac{x}{v}\right)=A\sin2\pi\left(\frac{t}{T}-\frac{x}{\lambda}\right)$$

POINT !

x軸の正の向きに進む正弦波の式

$$y=A\sin\frac{2\pi}{T}\left(t-\frac{x}{v}\right)=A\sin2\pi\left(\frac{t}{T}-\frac{x}{\lambda}\right)$$

位相とは何か？

正弦波の式で，$\frac{2\pi}{T}\left(t-\frac{x}{v}\right)$ や $2\pi\left(\frac{t}{T}-\frac{x}{\lambda}\right)$ は等速円運動に戻したときの**角度**〔**rad**〕にあたります。これは**媒質の振動状態**を表しており，位相とよばれます。たとえば，位相が$\frac{\pi}{2}$〔rad〕，すなわち等速円運動に戻したときの回転角が90°の場合，単振動では最上点を表し，正弦波では山を表しています。これから位相という言葉がたびたび登場してきます。抽象的でわかりにくい言葉だと思いますが，**位相とは“等速円運動に戻したときの角度”のこと**なんだと理解しておいてください。

秘テクニック

位相 ⇒ 等速円運動に戻したときの角度

80 正弦波の式②

今回は，正弦波の式の２回目です。79 と同じように，**伝わる時間**を考えながら，問題を解いていきましょう。

正弦波の式 ⇒ 伝わる時間を考える

では問題です。

x 軸上を正の向きへ横波の正弦波が速さ v で進んでいる。位置 $x=a$ での変位 y が，$y=A\sin\frac{2\pi}{T}t$ で表されるとき，座標 x での時刻 t における変位 y を表す式を求めよ。

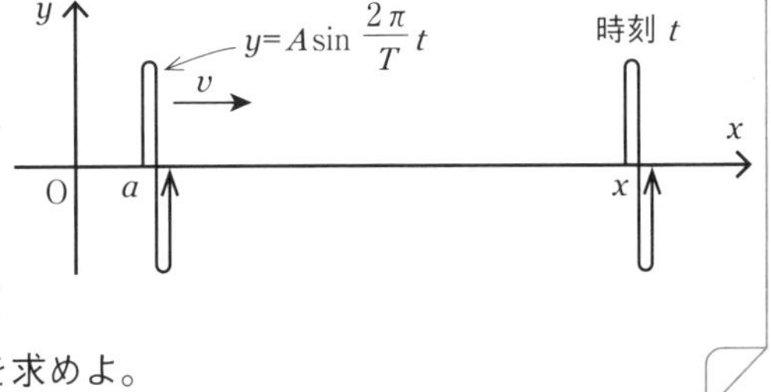

まずは，振動のようすがわかっている位置 $x=a$ と変位を求めたい座標 x との間で波が伝わるのに要する時間は，$\boldsymbol{\frac{x-a}{v}}$ ですね。ここで，79 と同様に，具体例を使って考えていきましょう。時刻 $\boldsymbol{t}$ の代わりに時刻 **12：00**，すなわち **12：00** における座標 x での変位 y を求めることを考えましょう。そして，波が伝わるのに **5** 分かかるものとします。ならば，**12：00** における座標 x での変位 y は，何時何分における位置 $x=a$ での変位 y と等しくなるのでしょうか。正解は **11：55** です。すなわち，伝わる時間(**5** 分)だけ前の時刻の位置 $x=a$ での変位 y と等しくなります。

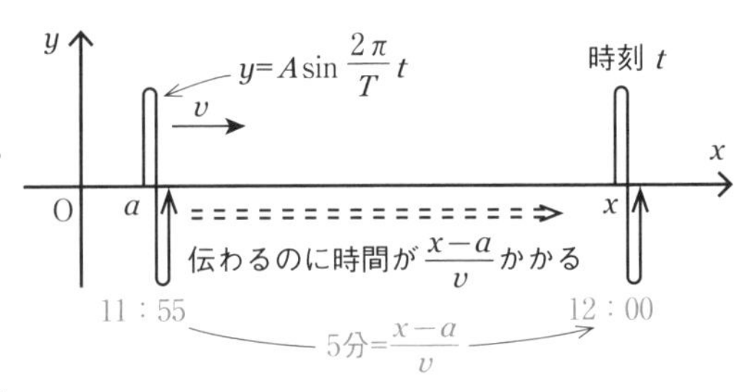

それでは文字の式に戻して考えてみましょう。時刻 $\boldsymbol{t}$ における座標 x での変位 y は，伝わる時間 $\dfrac{\boldsymbol{x-a}}{\boldsymbol{v}}$ だけ前の時刻 $\left(\boldsymbol{t-\dfrac{x-a}{v}}\right)$ における位置 $x=a$ での変位 y と等しくなります。したがって，$y=A\sin\dfrac{2\pi}{T}t$ において，$\boldsymbol{t}$ を $\left(\boldsymbol{t-\dfrac{x-a}{v}}\right)$ におきかえれば求める正弦波の式を得ることができます。答えは次のようになります。

解答

$$\boldsymbol{y=A\sin\frac{2\pi}{T}\left(t-\frac{x-a}{v}\right)}$$ ……答

やってみよう Q

x 軸上を負の向きへ横波の正弦波が速さ v で進んでいる。原点Oでの変位 y が，$y=A\ \sin\dfrac{2\pi}{T}t$ で表されるとき，座標 x の点Pの時刻 t における変位 y を表す式を求めよ。

座標 x の点Pから原点Oまで波が伝わるのに要する時間は，$\dfrac{\boldsymbol{x}}{\boldsymbol{v}}$ ですね。

時刻 $\boldsymbol{t}$ の代わりに時刻 **12：00**，波が伝わるのに **5** 分かかるものとします。それでは，時刻 **12：00** における点Pでの変位 y は，何時何分における原点Oでの変位 y と等しくなるでしょうか。正解は **12：05** です。すなわち，時刻 **12：00** における点Pでの変位 y は，伝わる時間(**5** 分)だけあとの時刻の原点Oでの変位 y と等しくなります。

文字の式に戻して考えましょう。時刻 $\boldsymbol{t}$ における座標 x での変位 y は，伝わる時間 $\dfrac{\boldsymbol{x}}{\boldsymbol{v}}$ だけあとの時刻 $\left(\boldsymbol{t+\dfrac{x}{v}}\right)$ における原点Oでの変位 y と等しくなります。したがって，$y=A\sin\dfrac{2\pi}{T}t$ において，$\boldsymbol{t}$ を $\left(\boldsymbol{t+\dfrac{x}{v}}\right)$ におきかえ

れば，求める正弦波の式を得ることができます。答えは次のようになります。

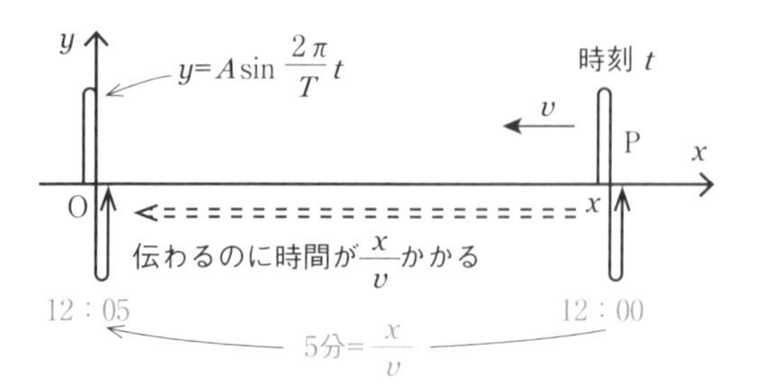

解答

$$y = A\sin\frac{2\pi}{T}\left(t+\frac{x}{v}\right) \quad \cdots\cdots \text{答}$$

また，求めた正弦波の式において，$\frac{1}{T}$をカッコの中に入れて，波長λを用いて表すと，

$$y = A\sin\frac{2\pi}{T}\left(t+\frac{x}{v}\right) = A\sin 2\pi\left(\frac{t}{T}+\frac{x}{\lambda}\right)$$

と表すこともできます。

POINT

x軸の負の向きに進む正弦波の式

$$y = A\sin\frac{2\pi}{T}\left(t+\frac{x}{v}\right) = A\sin 2\pi\left(\frac{t}{T}+\frac{x}{\lambda}\right)$$

81 正弦波の式③

▽解説動画

ここでは，より一般的な設定の正弦波の式を考えていきましょう。

正弦波のより一般的な式を考えよう

これまでは，原点 O での単振動を $\boldsymbol{y = A\sin\frac{2\pi}{T}t}$ としてきましたね。

この単振動は等速円運動に戻して考えると，次の左図のように $t=0$ のとき物体 P は点 O′ を通過することになります。

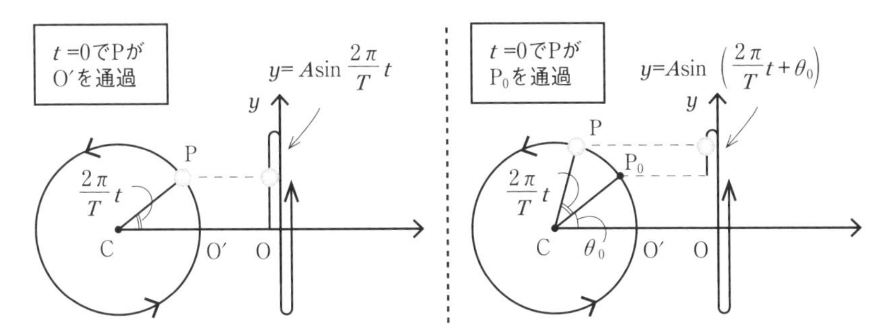

ここでは，より一般的な設定として，上右図のように $t=0$ のとき，物体 P が点 P_0（ただし∠ $P_0CO' = \theta_0$）を通過する場合について考えていきましょう。このとき，原点 O での単振動は，今までよりつねに θ_0 だけ位相が進んでいるので，次のように表すことができます。

$$\boldsymbol{y = A\sin\left(\frac{2\pi}{T}t + \theta_0\right)}$$

ここで，θ_0 のことを初期位相といいます。**$t=0$（初期）のときの角度（位相）**という意味ですね。

次ページの図のように，原点 O での単振動が速さ v で x 軸の正の向きに伝わるとき，原点 O から座標 x まで伝わるのにかかる時間は $\boldsymbol{\frac{x}{v}}$ です。座標 x での時刻 t における変位 y は，伝わる時間 $\boldsymbol{\frac{x}{v}}$ だけ前の時刻の原点 O で

の変位 y に等しくなるので

$y=A\sin\left(\frac{2\pi}{T}t+\theta_0\right)$ の式の $\boldsymbol{t}$ を $\left(\boldsymbol{t}-\frac{\boldsymbol{x}}{\boldsymbol{v}}\right)$ におきかえて，次のように表されます。

$$y=A\sin\left\{\frac{2\pi}{T}\left(t-\frac{x}{v}\right)+\theta_0\right\}=A\sin\left\{2\pi\left(\frac{t}{T}-\frac{x}{\lambda}\right)+\theta_0\right\}$$

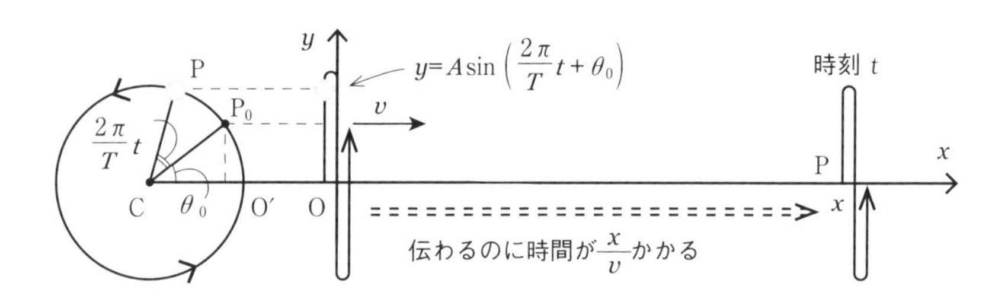

正弦波についてだんだんわかってきたのではないでしょうか？　それでは問題を２つやってみましょう。

(1) x 軸上を正の向きへ横波の正弦波が速さ v で進んでいる。原点Ｏでの変位 y が $y=A\sin(\omega t+\alpha)$ で表されているとき，α は何を表しているか？　また，座標 x での時刻 t における変位 y を表す式を求めよ。

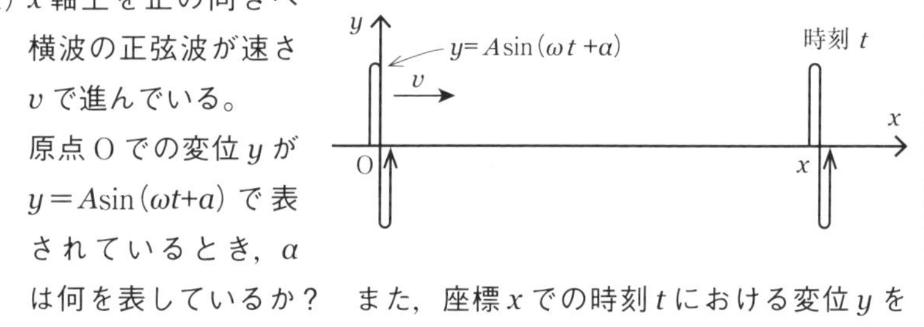

単振動を等速円運動に戻して考えたとき，α は時刻 $t=0$ のときの角度を表しているので，α は**初期位相**を表しています。

原点Ｏから座標 x まで伝わるのにかかる時間は $\frac{\boldsymbol{x}}{\boldsymbol{v}}$ です。座標 x での時刻 t における変位 y は，伝わる時間 $\frac{\boldsymbol{x}}{\boldsymbol{v}}$ だけ前の時刻 $\left(\boldsymbol{t}-\frac{\boldsymbol{x}}{\boldsymbol{v}}\right)$ における原点Ｏ

での変位 y と等しくなるので，次のようになります。

$$\alpha\ \text{は初期位相を表す，}\ y = A\sin\left\{\omega\left(t - \frac{x}{v}\right) + \alpha\right\}$$ ……答

(2) x 軸上を負の向きへ横波の正弦波が速さ v で進んでいる。$x=a$ での変位 y が $y=A\sin\omega t$ で表されているとき，座標 x での時刻 t における変位 y を表す式を求めよ。

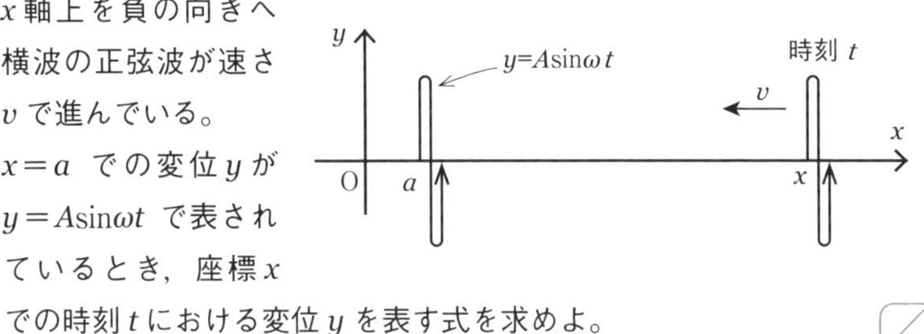

波は負の向きに進んでいることに注意してください。座標 x から $x=a$ まで伝わるのにかかる時間は $\dfrac{x-a}{v}$ です。座標 x での時刻 t における変位 y は，伝わる時間 $\dfrac{x-a}{v}$ だけあとの時刻 $\left(t+\dfrac{x-a}{v}\right)$ における位置 $x=a$ での変位 y と等しくなるので，次のように表されます。

$$y = A\sin\omega\left(t+\frac{x-a}{v}\right)$$ ……答

82 重ねあわせの原理

重ねあわせの原理

媒質の1点に2つの波が到達したとき，それぞれの波の変位を y_1，y_2 とすれば，その点での変位 y は

$$y = y_1 + y_2$$

波の重ねあわせの原理とは何か？

①のように，2つの波が互いに逆向きに進んでいます。時間が経過し，②のように媒質の1点に2つの波が到達すると，その点での変位は**それぞれの波の変位の和**になります。それぞれの波の変位を y_1，y_2 とすれば，その点での変位 y は，次のように表すことができます。

$$y = y_1 + y_2$$

これを波の重ねあわせの原理といいます。

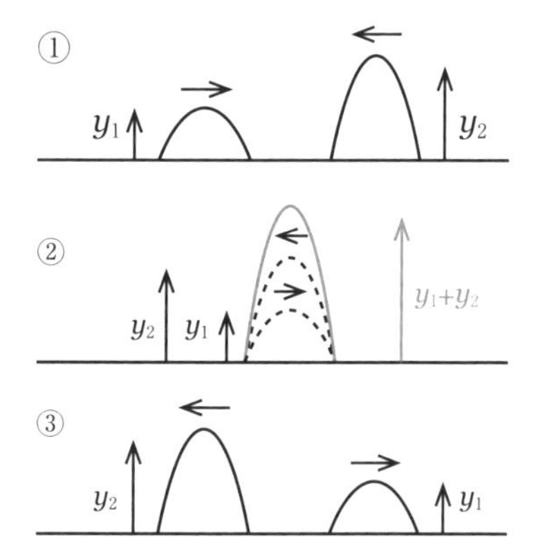

波の独立性とは何か？

2つの波は②のように重なりあったあと，③のように何事もなかったかのようにすれ違い，そして通り過ぎていきます。

2つの波が重なりあう現象は，2つの物体が衝突する現象とは異なり，**互いに他の波の進行を妨げたり，他の波に影響を与えたりするようなことはありません**。これを波の独立性といいます。

では，波の重ねあわせの原理を用いた問題をやってみましょう。

やってみよう Q

下の図のように2つの三角波（実線と点線）が，互いに逆向きに進んでいる。③〜⑤に合成波の波形をかけ。

①　②　③　④　⑤　⑥　⑦

波の重ねあわせの原理より，それぞれの**波の変位の和**を考えればよいですね。まず③を考えてみましょう。実線の三角波の頂点がある位置では，点線の波の変位はまだ0なので，実線の波の頂点より左側は合成波の波形の一部であるとわかります。三角波の変位は直線的に変化しているので，それらが重なった合成波の変位も直線的に変化します。したがって，三角波の頂点どうしを直線で結べば答えになります。点線の波の頂点よりも右側も合成波の波形の一部ですね。

次に④を考えてみます。④では重なった波のどの部分も，変位が逆向きで大きさが等しいので，その区間において合成波の変位は，どこでも0となります。つまり，合成波の形は，平らな直線となります。

最後に⑤を考えてみます。⑤は③と同じようにそれぞれの波の変位の和を考えればよいですね。重なっていない部分は変位をそのままなぞって，重なっている部分は直線で結べばできあがりです。

解答　**下図の色線**……答

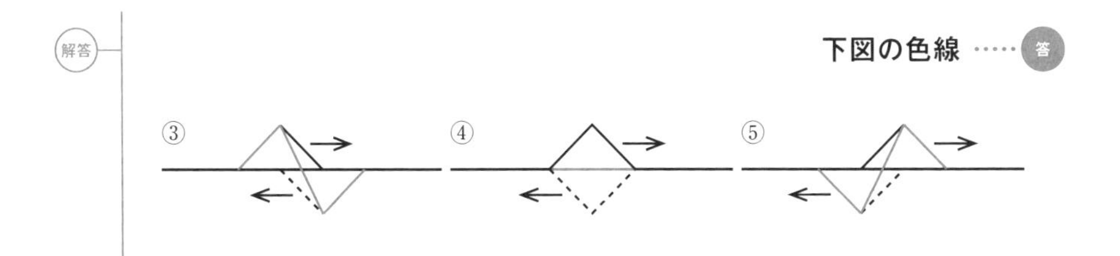

83 定常波（定在波）①

押さえよ

同じ形の2つの波が，一直線上を同じ速さで互いに逆向きに進んで重なりあうと，定常波（定在波）が生じる。

定常波はどのようにして生じるのだろう？

右図のように，同じ形（振幅A，波長λが同じ）の2つの波が，一直線上を同じ速さで互いに逆向きに進んでいます。重ねあわせの原理を用いて，2つの波の合成波をかいてみましょう。ある位置における合成波の変位は2つの波の変位の和で表せましたね。

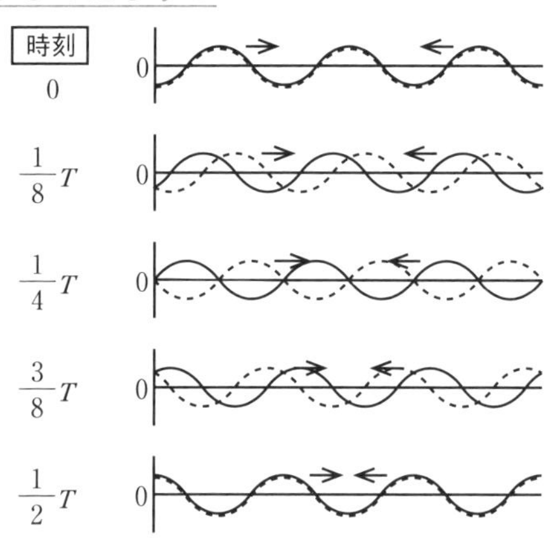

$t=0$，$\dfrac{T}{2}$ のとき，2つの波は完全に一致しているので合成波の変位はもとの波の2倍となり，山や谷の変位の大きさ$2A$になります。

$t=\dfrac{T}{4}$ のとき，2つの波はちょうど線対称の関係になっているので，合成波の変位はどこでも0となります。

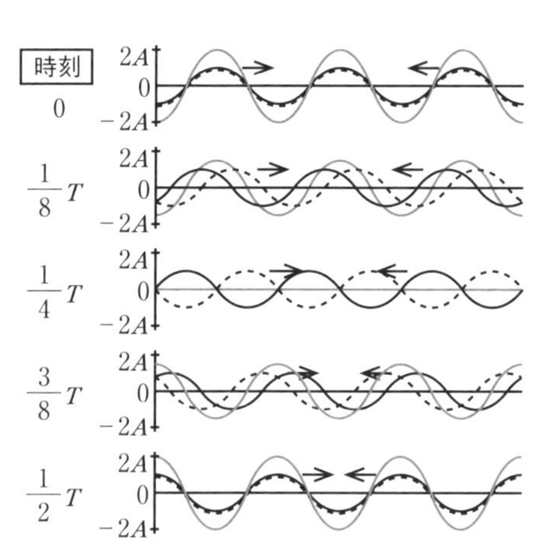

$t=\dfrac{T}{8}$ や $t=\dfrac{3}{8}T$ のときは，

いくつかの代表的な点(2つの波の変位の和が0となる点や，変位の和が最大・最小となるような点)を調べ，なめらかな曲線で結んでいくと，2つの波の合成波(前ページのグラフの色でかいた波)をかくことができます。

次に，それぞれの時刻における合成波を1つの図にまとめて，時刻によって合成波がどのように変化していくのかを見ると，下図のようになります。

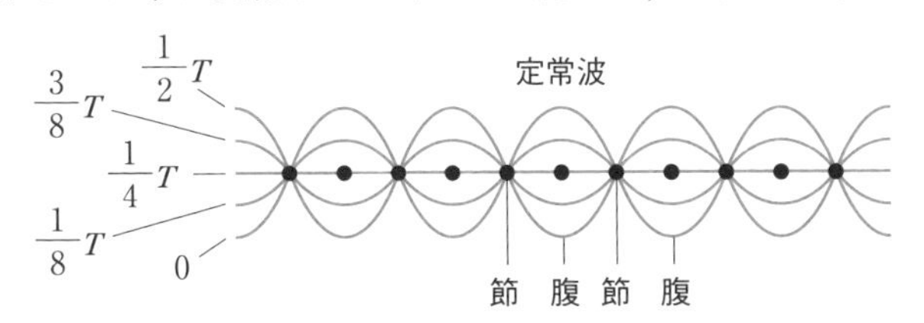

合成波を見ると，まったく振動しない点と大きく振動する点とが交互に並び，**合成波はどちらにも進行しない**ことがわかります。このような波を定常波(または定在波)といい，**まったく振動しない点**を節(ふし)，**大きく振動する点**を腹(はら)といいます。

定常波は1つの波だけで起こるのではなく，2つの波が重なりあうことで生じます。また，その**2つの波は同じ形で一直線上を同じ速さで互いに逆向きに進んでいる**ことになります。

POINT

同じ形の2つの波が，一直線上を同じ速さで互いに逆向きに進んで重なりあうと，定常波(定在波)が生じる。

定常波の特徴を見てみよう

定常波の特徴を見てみましょう。定常波の節と節，腹と腹の間隔は，もとの波の波長の$\frac{1}{2}$倍となっています。また，**定常波の腹の振幅は，もとの波の振幅の2倍**であり，**周期はもとの波に等しく**なっています。

POINT

節と節，腹と腹の間隔　⇒　もとの波の半波長

定常波はこれからたくさん登場してくるので，定常波が生じる仕組みや定常波の特徴をしっかりと理解しておきましょうね。

84 定常波（定在波）②

解説動画

今回は，定常波の２回目ですね。**83** で学んだことの確認もかねて，問題を解いてみましょう。

P.253

同じ形の２つの波が，一直線上を同じ速さで互いに逆向きに進んで重なりあうと，定常波（定在波）が生じる。

やってみよう **Q**

右図のように，振幅 A，波長 λ の２つの正弦波が，x 軸上を同じ速さ v で互いに逆向きに進んでいる。図は時刻 $t=0$ における状態を示している。

実線の波の進む向き

y　a　b　c　d　e　f　g　h　i　x　0

点線の波の進む向き

つづき **Q**

(1) 時刻 $t=0$ における合成波をかけ。

解答

$t=0$ において，２つの波は x 軸に関して線対称だから，合成波の変位 y はどこでも 0

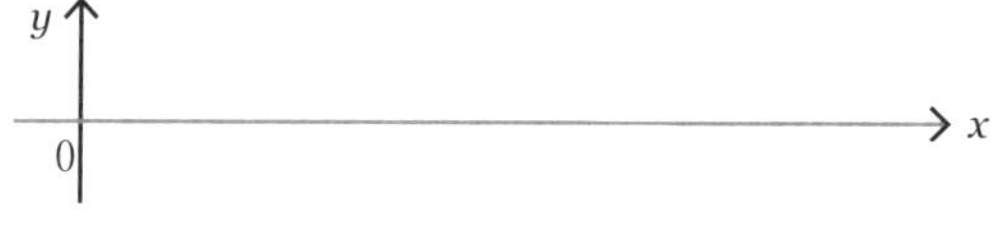

……答

つづき **Q**

(2) ２つの正弦波が進んで重なりあうと，定常波が生じる。図中の a ～ i のうち，定常波の節となる位置をすべて答えよ。

問題の図の形だけを見て，c と g が節だろうと即決してしまった人はいけません。ちゃんと見ていきましょう。定常波の節というのはまったく振動しない点なので，微小時間後も変位の和は0のはずです。

そこで，微小時間後の2つの波(色付き実線と点線の波)をかき，その合成波を求めてみましょう。

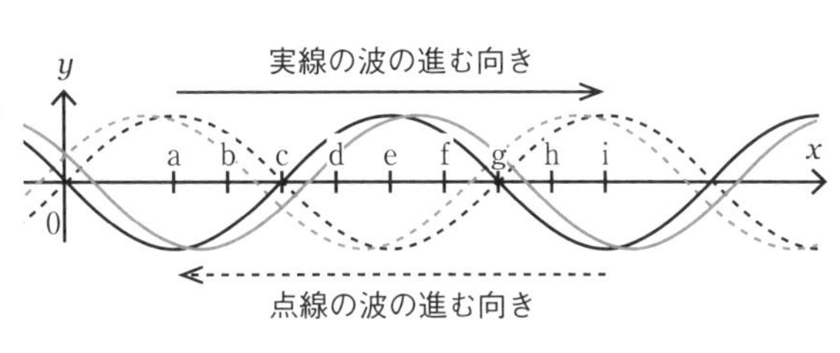

右図のように，実線の波は少し右に移動し，点線の波は少し左に移動します。この図(色付き実線と点線の波)を見ると，cとgは節ではないことがわかります。点cでは実線の波も点線の波も負に変位しているので，微小時間後の合成波の変位は負になります。また，点gではどちらの波も正に変位しているので合成波の変位は正になります。同様に考えていくと，常に変位の和が0である節となる位置はa，e，iであることがわかります。

(3) 図中のa～iのうち，定常波の腹となる位置をすべて答えよ。

定常波では腹と節が交互に等間隔で並んでいるので，隣りあう節と節の中点が定常波の腹の位置となります。(2)より，節の位置はa，e，iなので，腹の位置はc，gとなります。

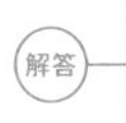

(4) 定常波の節と節，腹と腹の間隔はいくらか？

問題文より，もとの波の波長はλです。(2)，(3)より，**定常波の節と節，腹と腹の間隔はもとの波の波長の半分である**と確認できましたね。

解答

$\boldsymbol{\frac{\lambda}{2}}$ ……答

つづき Q

(5) 定常波の周期はいくらか？

定常波の周期はもとの波の周期と等しくなります。

解答

波の基本式より　$T=\frac{\lambda}{v}$

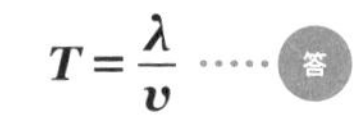
$\boldsymbol{T=\frac{\lambda}{v}}$ ……答

つづき Q

(6) 定常波の腹の振幅はいくらか？

2つの波が完全に重なるとき，合成波の山や谷の変位は，もとの波の山や谷の変位の2倍となります。

解答

定常波の腹の振幅はもとの波の振幅の2倍

$\boldsymbol{2A}$ ……答

つづき Q

(7) 位置cでの媒質の速さの最大値はいくらか？

位置cは腹なので，媒質は振幅$2A$の単振動をします。**単振動の速さの最大値は，等速円運動の速さ $\boldsymbol{r\omega}$ で表されます。**

解答

$$r\omega=2A\cdot\frac{2\pi}{T}$$

$$=2A\cdot\frac{2\pi v}{\lambda}=\frac{4\pi Av}{\lambda}$$

$\boldsymbol{\frac{4\pi Av}{\lambda}}$ ……答

85 ホイヘンスの原理

ホイヘンスの原理
ある瞬間，波面上の各点からは，無数の2次的な球面波(素元波)が出されている。これらの球面波(素元波)に共通に接する面が，次の瞬間の波面になる。

ホイヘンスの原理は，**波の進み方を説明する**ことができる，とても大切な原理です。波の進み方は波面の動きによって表すことが多いので，まずは波面から学んでいきましょう。

波面とは何か？

海や池に生じる波の山や谷を連ねると，直線または曲線になります。また，音の波では面になります。一般に，**同位相の点を連ねたときにできる線または面**を波面といいます。**波面が直線または平面の波**を平面波，**円または球面の波**を球面波といいます。**波の進行方向を示す線**を射線といいます。射線は波面に垂直となります。

波の伝わり方について考えよう

ホイヘンスは波の伝わり方について，次の原理を発見しました。
「**ある瞬間，波面上の各点からは，無数の2次的な球面波**(素元波)**が出されている。これらの球面波(素元波)に共通に接する面が，次の瞬間の波面になる。**」

これをホイヘンスの原理といいます。この原理によって，波の回折，反射，屈折など，波の進み方を説明することができます。

まず，平面波と球面波が伝わっていく仕組みを考えてみましょう。ある瞬間の波面がAで描かれています。波面A上の各点からは，無数の2次的な球面波(素元波)が出されています。球面波(素元波)が出されてから時間が t

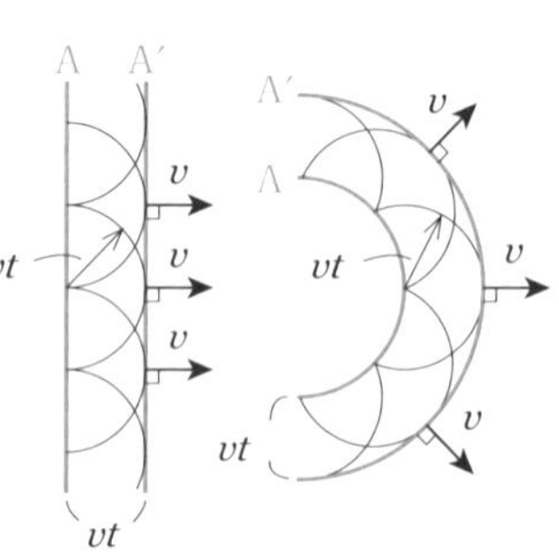

経ったときの波面を考えてみましょう。波の速さをvとすると，無数の素元波は半径vtの位置に進むので，これらに共通して接する面はA′のようになります。したがって，平面波も球面波も時間t後の波面は，**元の波面と平行**になり，**波面に対して垂直な方向に進んでいく**ことになります。

回折とは何か？

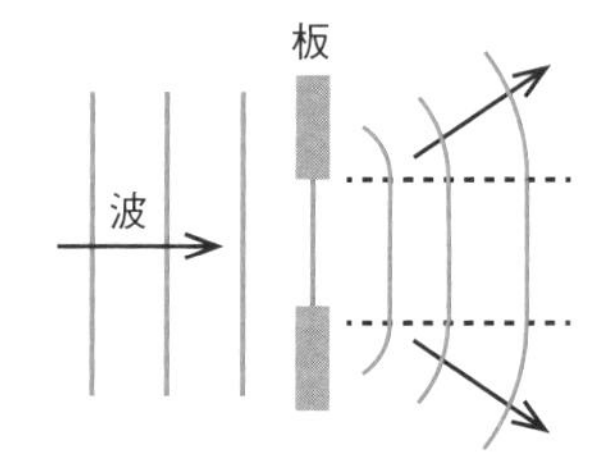

右図のように，2枚の板で平面波の波面に平行なすき間をつくります。波はすき間を通り抜けると**板の背後の部分にまで回り込んでいきます**。この現象を波の回折といいます。回折は，**すき間の幅が波の波長と同程度以下になると目立ってきます**。

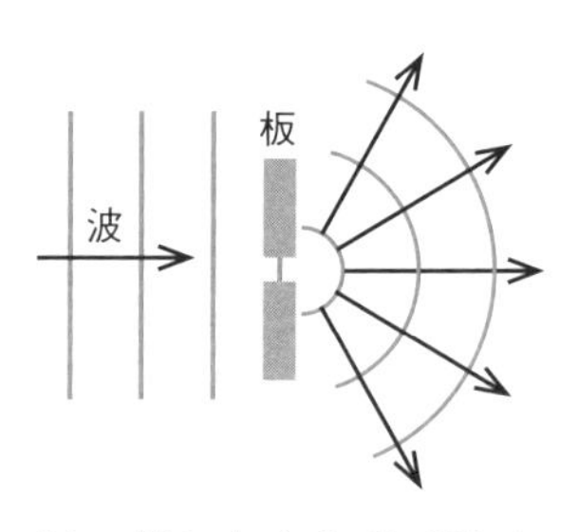

では，ホイヘンスの原理によって，回折という現象を考えてみましょう。

板のすき間の各点から出た無数の素元波に共通に接する面は右下図のようになります。すき間の中央部では平面波として進んでいきますが，板の端から出た素元波は，素元波自体が共通に接する波面になるので，波面が板の背後に回り込んでいきます。

すき間の幅が波の波長と同程度以下になると，平面波の波面の長さが短くなり，板の背後への回り込みが目立ってくるので，回折の影響が大きくなってくるのです。

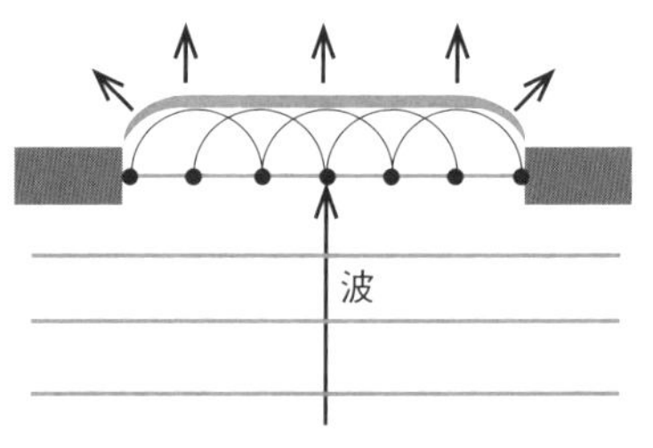

86 波の反射

反射の法則
入射波の射線と反射波の射線は，入射点における境界面の法線と同一平面内にあり，次の関係が成り立つ
入射角 i = 反射角 i'

今回は，波の反射について学んでいきましょう。波の進行方向は境界面で入射角と反射角が等しくなるように反射します。これを波の反射の法則といいます。反射の法則の内容とその導き方を見ていきましょう。

反射の法則とは何か？

波の進む向きを表す線を射線といいます(85)。波の進む向きは波面と垂直なので，射線は波面に垂直になります。

図のように，**入射波の射線と境界面の法線とのなす角 i** を入射角といい，**反射波の射線と境界面の法線とのなす角 i'** を反射角といいます。波の反射では，次の反射の法則が成り立ちます。

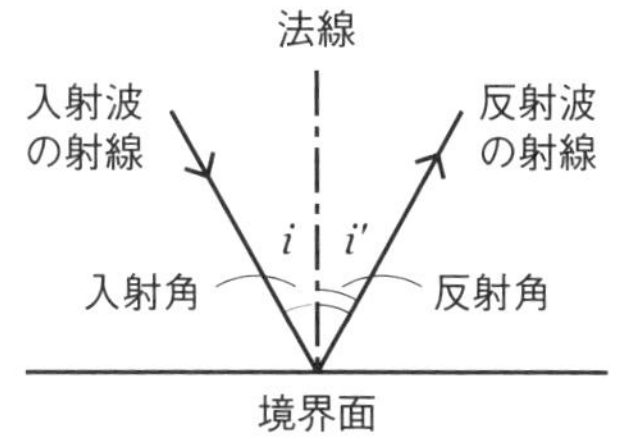

反射の法則
入射波の射線と反射波の射線は，入射点における境界面の法線と同一平面内にあり，次の関係が成り立つ
入射角 i = 反射角 i'

また，**波が反射しても，伝わる速さ，振動数，波長は変わりません**。波の反射の場合，反射波が入射波と同じ媒質中を進むので，速さや波長が変化しないのです。このことは，一見当たり前のように感じるかもしれませんが，次の 87 で学ぶ波の屈折の場合，速さや波長が変化します。波の屈折の場合は，屈折の前後で波の進む媒質が異なるためです。

ホイヘンスの原理を用いて，反射の法則を導いてみよう

反射の法則「入射角 i = 反射角 i'」は，ホイヘンスの原理を用いて導くことができます。

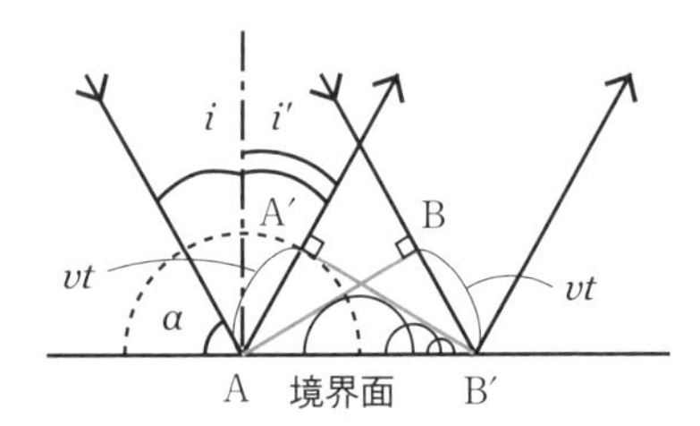

右図のような状況を考えます。入射波の波面 AB の A 端が境界面に達してから B 端が境界面の B′に達するまでの時間を t とします。

波の速さを v とすると，A より出た素元波は時間 t の間に，A を中心とする半径 vt の円周上(点線の半円上)まで進みます。

一方，同じ時間 t の間に B 端の波はそのまま直進するため，BB′間の距離は vt であることがわかります。

また，AB′の間の点にも波はやってきますが，B′に近い点ほど波がやってくるのが遅いため，A より出た素元波が vt 進んだときに，AB′ の間の点から出た素元波の半径は，上図のように B′に近い点ほど短くなります。したがって，このときの反射波の波面は共通に接する直線 A′B′となります。

ここで，△ ABB′と△ B′A′Aは直角三角形であり，斜辺 AB′は共通で，BB′ = A′Aなので，△ ABB′ ≡△ B′A′A （合同である)ことがいえます。

合同より　∠ BB′A = ∠ A′AB′

また，同位角より α = ∠ BB′A なので，α = ∠ A′AB′ となります。

よって，90° − α = 90° −∠ A′AB′ も成り立ちますね。これはつまり，$i = i'$ ということです。

以上で，反射の法則を導くことができました。このような導出は，しばしば問題にも出てきますので，できるようにしておきましょうね。

87 波の屈折

屈折の法則

媒質1に対する媒質2の屈折率 n_{12} は

$$n_{12}=\frac{v_1}{v_2}=\frac{\lambda_1}{\lambda_2}=\frac{\sin\theta_1}{\sin\theta_2}$$

砂浜で波を見ていると，波は浜に対してつねに平行に打ち寄せてきます。浜に対して垂直な波や斜めの波は見たことがありませんね。これは，波が水深の浅い所ほど遅く進むために起こる現象です。右図の波面ABを見てください。浜から遠い沖合では波面ABは浜に対して斜めです。しかし，浜に近づくにつれて，浅いAのあたりでは波はなかなか進まず，深いBのあたりでは速く進みます。結果的に水深の深い所を進む波が浅い所を進む波に追いつき，浜に平行な波面となるわけです。

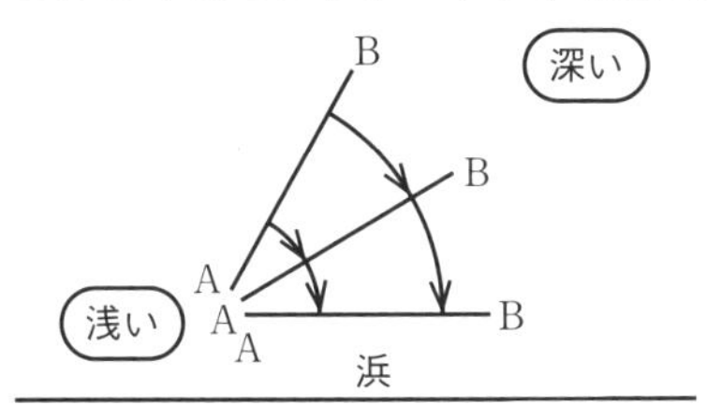

このように，波は伝わる速さが違うと，**進む方向が変化**します。この現象を波の屈折といいます。**屈折は波の進む速さが変化することによって生じる現象**です。

屈折の法則について学習しよう

波の屈折について，その原理をくわしく見ていきましょう。

右図のように，波が入射角 θ_1 で媒質1から媒質2に入射し，境界面で屈折しています。**屈折波の射線と境界面の法線とのなす角** θ_2 を屈折角といいます。

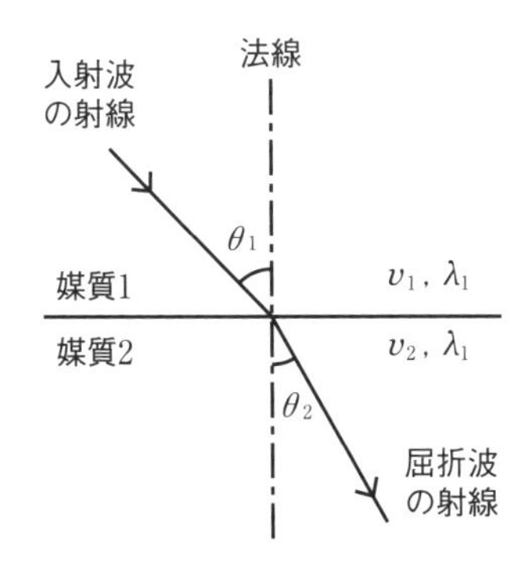

媒質1での波の速さを v_1，媒質2での

波の速さを v_2 とすると**媒質1に対する媒質2の屈折率**(相対屈折率)n_{12} は次のように波の速さの比で表されます。

$$n_{12}=\frac{v_1}{v_2}$$

「媒質1に対する」とあるので v_1 を分母にしてしまいそうですが，上式のように定義では v_1 は分子であることに注意してください。ここで v_1 と v_2 を逆にしてしまうと，このあとの答えがすべて逆になってしまうので，確実に覚えるようにしましょう。

波が境界面に入射すると，境界面の媒質は入射してくる波の数だけ振動し，その媒質の振動が波源となって屈折波(の元となる素元波)が生じているので，振動数 f は屈折によって変化しません。さらに，媒質1での波の波長を λ_1，媒質2での波の波長を λ_2 とすると，波の基本式 $v=f\lambda$ から次のように波長の比として表すこともできます。

$$n_{12}=\frac{v_1}{v_2}=\frac{f\lambda_1}{f\lambda_2}=\frac{\lambda_1}{\lambda_2}$$

次に，ホイヘンスの原理を用いて，屈折する原理とともに速さと角度の関係を見ていきましょう。

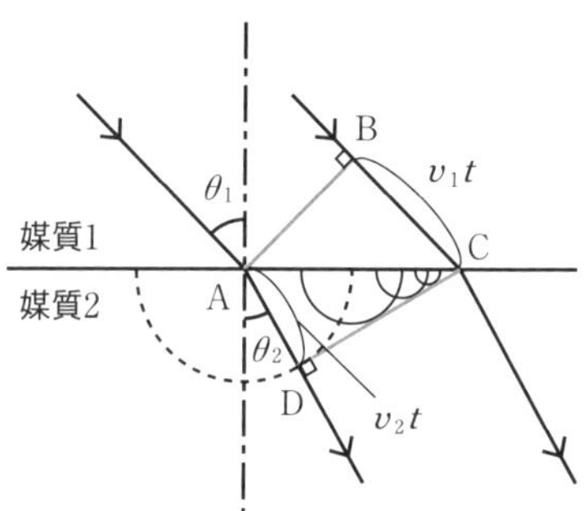

右図のような状況を考えます。入射波の波面 AB の A 端が境界面に達してから B 端が境界面の C に達するまでの時間を t とします。

媒質1での波の速さを v_1，媒質2での波の速さを v_2 とすると，A より出た素元波は時間 t の間に，A を中心とする半径 v_2t の円周上(点線の半円上)まで進みます。

一方，同じ時間 t の間に B 端の波はそのまま直進するので，BC 間の距離は v_1t になります。図では，v_1t より v_2t のほうが短くなっているので媒質2の方が波は遅く伝わっていることがわかります。

また，AC の間の点にも波はやってきますが，C に近い点ほど波がやってくるのが遅いため，A より出た素元波が v_2t 進んだときに，AC の間の点から出た素元波の半径は C に近い点ほど短くなります。したがって，このときの屈折波の波面は共通に接する線分 CD となります。

そして，屈折波はこのあと，波面CDに垂直な向きに進んで行きます。

ここで，右図のように角度を○，△とおいてみましょう。波面と射線は垂直なので，

$\theta_1 + ○ = 90°$

$\angle \mathrm{CAB} + ○ = 90°$

$\angle \mathrm{CAB} = \theta_1$

同様にして

$\theta_2 + △ = 90°$

$\angle \mathrm{ACD} + △ = 90°$

$\angle \mathrm{ACD} = \theta_2$

であることがわかります。

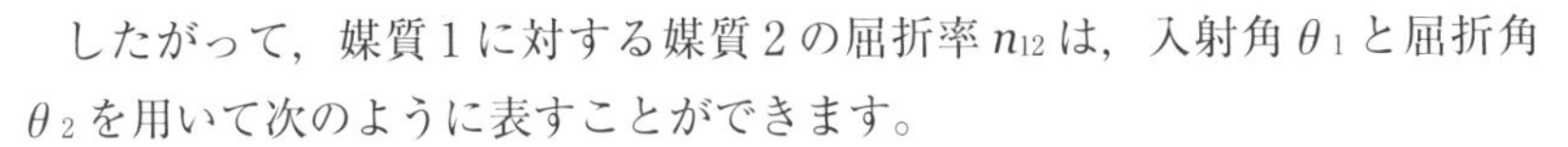

したがって，媒質1に対する媒質2の屈折率n_{12}は，入射角θ_1と屈折角θ_2を用いて次のように表すことができます。

$$n_{12} = \frac{v_1}{v_2} = \frac{v_1 t}{v_2 t} = \frac{\mathrm{BC}}{\mathrm{AD}} = \frac{\mathrm{AC}\sin\theta_1}{\mathrm{AC}\sin\theta_2} = \frac{\sin\theta_1}{\sin\theta_2}$$

これらをまとめて**屈折の法則**といいます。

POINT

屈折の法則

媒質1に対する媒質2の屈折率n_{12}は

$$n_{12} = \frac{v_1}{v_2} = \frac{\lambda_1}{\lambda_2} = \frac{\sin\theta_1}{\sin\theta_2}$$

88 反射波の位相

\押さえよ/

固定端反射 ⇒ 位相が π 変化する
自由端反射 ⇒ 位相が変わらない

今回は，波が反射するときの位相の変化について学習します。波は反射の際，山が山のまま反射される場合と，山が谷となって反射される場合があります。それでは，くわしく見ていきましょう。

波が反射するときに，位相がどうなるかを見てみよう

図のように，ロープの端を棒に結んだもののように，**媒質が変位できないように固定されている端**のことを固定端といいます。逆に，ロープの端に軽いリングを付けてなめらかな棒に通したもののように，**媒質が自由に変位できるような端**のことを自由端といいます。

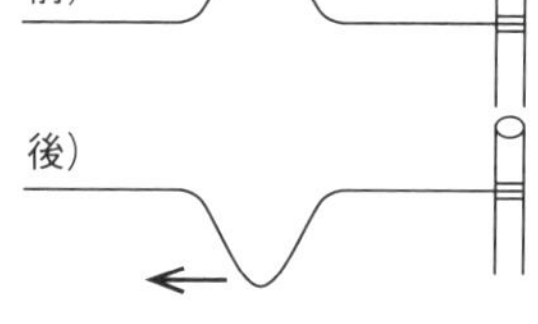

ここで，1つの波を送ってみると，固定端では，山は谷，谷は山となって反射されます。すなわち，固定端反射では位相が π 変化します。一方，自由端では山は山，谷は谷となって反射されます。すなわち，自由端反射では位相が変化しません。

POINT

固定端反射 ⇒ 位相が π 変化する
自由端反射 ⇒ 位相が変わらない

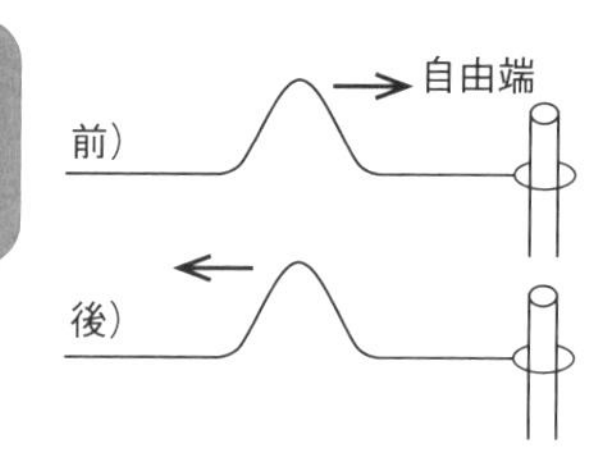

反射波はどのようにかけばよいか？

ここでは，固定端や自由端における反射波のかきかたについて考えます。また，固定端反射ではなぜ位相がπ変化し，自由端反射ではなぜ位相が変化しないのかについても触れていきます。

固定端反射の場合は，入射波を延長したものを**固定端に関して点対称に移すと，反射波がかけます**（反射波は右図の色線）。このようにかくと，固定端における入射波と反射波の合成波の変位を常に0とすることができるからです。固定端は変位することができないという特徴をもっており，これを満たすことができるのです。

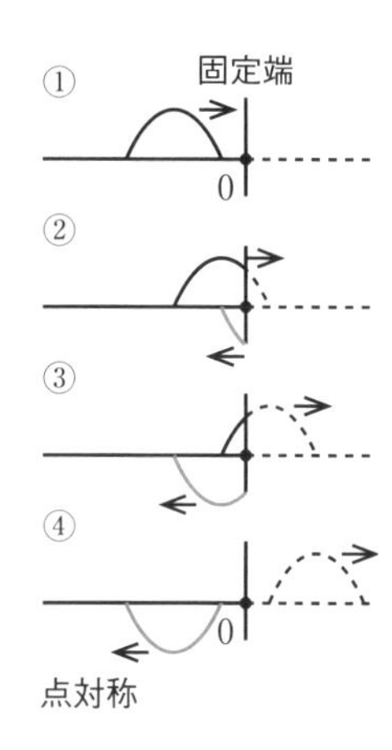

一方，**自由端反射の場合**は，入射波を延長したものを**自由端に関して線対称に移すと反射波がかけます**（反射波は右図の色線）。このようにかくと，自由端における反射波の変位を常に入射波の変位と等しくすることができます。こうすると，自由端は自由に変位することができ，新たな波源として変位を逆向きに伝えていくことができるという特徴を満たすことができますね。

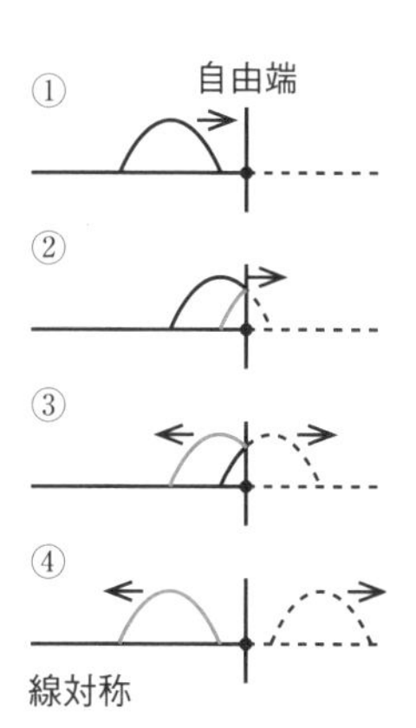

合成波のかきかた

最後に合成波をかいてみましょう。波の重ねあわせの原理より，**入射波と反射波の変位の和が合成波の変位となる**ので，それぞれの反射における合成波は右図のようになります（合成波は右図の色線）。

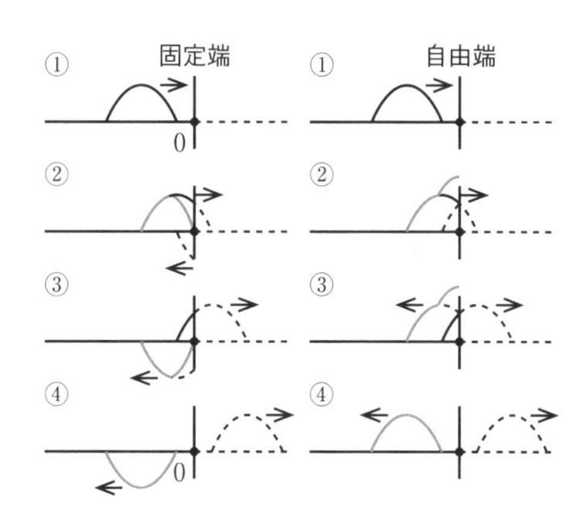

89 定常波の式

＼押さえよ／

→ **定常波の式　$y(x,\ t)=f(x)g(t)$**

今回は，定常波（定在波）に関する問題に挑戦してみましょう。初学者や物理が苦手な人は，**89** はいったん飛ばして **90** に進んでください。

＼やってみよう／
Q

原点 O で起こった単振動 $y_0 = A\sin\dfrac{2\pi}{T}t$（$A$：振幅，$T$：周期）が，$x$ 軸の正の向きに速さ v で伝わっている。

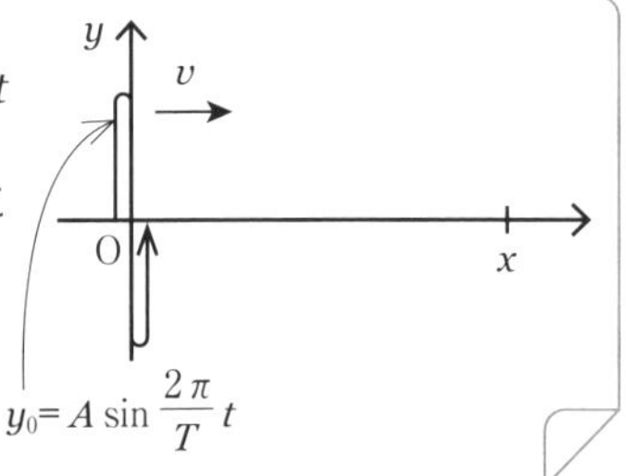

＼つづき／
Q

(1) 位置 x での時刻 t における変位 y_1 を求めよ。

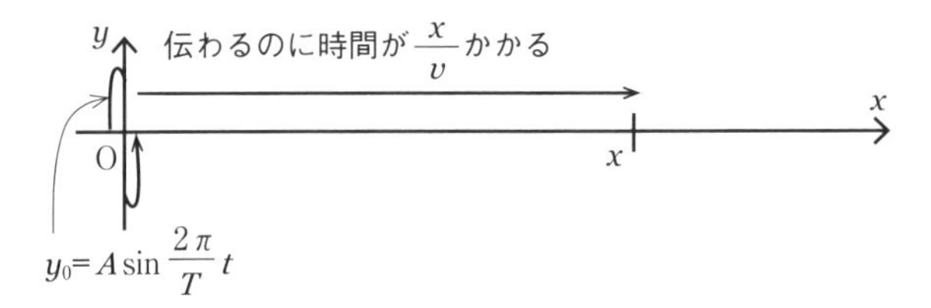

波源から離れたある場所の振動の様子を考えるときには，**波源からその場所まで波が伝わるのに要する時間**を考えればよかったですね。

解答　原点 O から座標 x まで波が伝わるのに $\dfrac{x}{v}$ かかるため，座標 x での時刻 t における変位 y_1 は原点 O での時刻 $\left(t-\dfrac{x}{v}\right)$ における変位と等しくなるから

$$y_1 = A\sin\frac{2\pi}{T}\left(t-\frac{x}{v}\right)$$

$$\boldsymbol{y_1 = A\sin\frac{2\pi}{T}\left(t-\frac{x}{v}\right)}$$ ……答

(2) $x=L$ の位置に固定端があり，ここで，波は反射する。位置 x での時刻 t における反射波の変位 y_2 を求めよ。

(1)とは違い，反射波は原点 O から $x=L$ で反射して座標 x にやってくるので，原点 O から座標 x に達するまでの距離は，$L+(L-x)=2L-x$ となります。したがって，振動が伝わるのにかかる時間は $\dfrac{2L-x}{v}$ となります。また，この波は $x=L$ で**固定端反射**しているので，**位相が π ずれて変位の符号が反対になる**ことに注意しましょう（下図参照）。

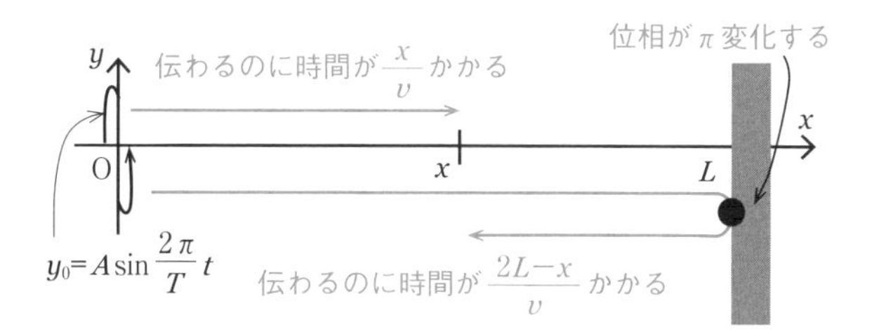

解答　座標 x での時刻 t における反射波の変位 y_2 は原点 O での時刻 $\left(t-\dfrac{2L-x}{v}\right)$ における変位の符号を反対にした値になる

$$\boldsymbol{y_2 = -A\sin\frac{2\pi}{T}\left(t-\frac{2L-x}{v}\right)}$$ ……答

(3) 位置xでの時刻tにおける合成波の変位yを求めよ。

ただし，$\sin\alpha \pm \sin\beta = 2\sin\dfrac{\alpha \pm \beta}{2}\cos\dfrac{\alpha \mp \beta}{2}$ とする。

前ページの図のように，位置xには原点Oからの直接波と，$x=L$ での反射波が同時に伝わってくるので，波の重ねあわせの原理より，**合成波の変位yはそれぞれの波の変位の和**を考えればよいことになります。(1)，(2)で求めた式を上の和積の公式にあてはめて変形しましょう。

解答

$$y = y_1 + y_2$$

$$y = A\sin\frac{2\pi}{T}\left(t - \frac{x}{v}\right) - A\sin\frac{2\pi}{T}\left(t - \frac{2L - x}{v}\right)$$

$$y = 2A\sin\frac{\pi}{T}\cdot\frac{2L - 2x}{2v}\cos\frac{\pi}{T}\cdot\frac{1}{2}\left(2t - \frac{2L}{v}\right)$$

$$\boldsymbol{y = 2A\sin\frac{2\pi(L - x)}{vT}\cos\frac{2\pi}{T}\left(t - \frac{L}{v}\right)}$$ ……答

(4) (3)の合成波はどのような波になるか？

(3)で求めた合成波の式において，A，v，T，Lは定数なので，合成波の変位yは変数xのみ含んだ三角関数 $\boldsymbol{2A\sin\dfrac{2\pi(L-x)}{vT}}$ と，変数tのみ含んだ三角関数 $\boldsymbol{\cos\dfrac{2\pi}{T}\left(t - \dfrac{L}{v}\right)}$ の積の形をしていることがわかります。

ここで，$2A\sin\dfrac{2\pi(L-x)}{vT}$ が次の図の色付きの曲線で表されるとします。

$\boldsymbol{\cos\dfrac{2\pi}{T}\left(t - \dfrac{L}{v}\right)}$ の部分は変数tによって-1～1の間で変化するので，その代表的な値である-1，-0.5，0，0.5，1を，$2A\sin\dfrac{2\pi(L-x)}{vT}$（上図の色付きの曲線）にかけると図の実線のようになります。このような時間変化をする波は定常波でしたね。

一般に，合成波の変位が，**変数 x のみの三角関数と変数 t のみの三角関数の積の形**で表されていれば，その波は**定常波**であることがわかります。

定常波 …… 

(5) (3)の合成波において，いつでも変位 y が 0 となる位置 x を，もとの正弦波の波長 λ を用いて表せ。

解答

$$y = 2A\sin\frac{2\pi(L-x)}{vT}\cos\frac{2\pi}{T}\left(t-\frac{L}{v}\right) \quad \cdots①$$

①式が，どの時刻 t においても 0 となるには，時刻 t に関係ない部分の値が常に 0 となればよいから

$$2A\sin\frac{2\pi(L-x)}{vT} = 0$$

$$\sin\frac{2\pi(L-x)}{vT} = 0$$

波の基本式より　$vT = \lambda$

$$\frac{2\pi(L-x)}{\lambda} = n\pi$$

$$L-x = \frac{n\lambda}{2} \qquad \boldsymbol{x = L - \frac{n\lambda}{2}} \quad (\boldsymbol{n = 0,\ 1,\ 2,\ \cdots})$$ …… 

(4)，(5)は次のように考えて解くこともできます。波源と固定端の間では，右向きに伝わる直接波と左向きに伝わる反射波が重なっています。**同じ形の波が互いに逆向きに同じ速さで進んでいる**ので，それらの波の**合成波は定常波**になりますね。

また，固定端($x = L$)では定常波の変位 y はいつでも 0 となり節になります。そして，定常波の節と節の間隔はもとの波の波長 λ の半分となるので，いつでも変位 y が 0 となる位置(節の位置) x は，**$x = L$ から $\frac{\lambda}{2}$ の間隔で並ぶ**ので，(5)の答えの式のように表すことができます。

90 波の干渉①

解説動画

\押さえよ/

2つの波源から同位相で出る波の干渉

強めあう条件：　経路差 $= m\lambda = 2m\cdot\dfrac{\lambda}{2}$

弱めあう条件：　経路差 $= \left(m+\dfrac{1}{2}\right)\lambda = (2m+1)\cdot\dfrac{\lambda}{2}$

$(m = 0,\ 1,\ 2,\ \cdots)$

波の干渉とは何か？

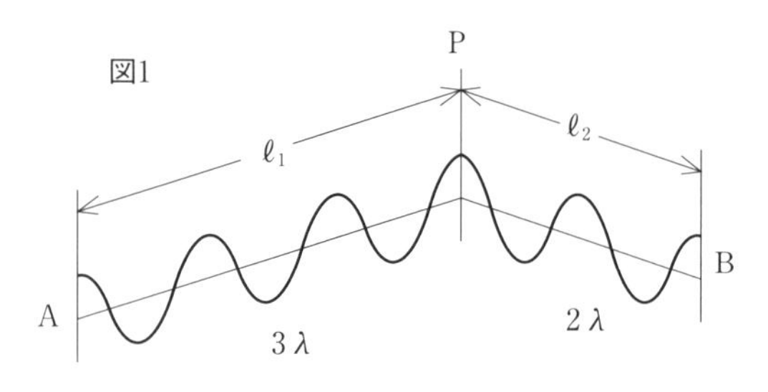

2つの波源A，Bを同位相で振動させ，波長λの波を連続的に送り出します。波源A，Bからある点Pまでの距離をそれぞれℓ_1，ℓ_2とします。この**距離の差 $|\ell_1 - \ell_2|$** を経路差，または行路差といいます。図1の場合の経路差は，$|3\lambda - 2\lambda| = \lambda$ ということになります。

2つの波が重なりあうと重ねあわせの原理より，その合成波の変位はそれぞれの波の変位の和になりますね。**重ねあわせによって2つの波が互いに強めあったり弱めあったりする現象**を波の干渉といいます。

干渉条件について考えよう

波源A，Bから同位相で出ている2つの波が点Pで干渉し，**強めあったり弱めあったりする条件**(干渉条件)について考えてみましょう。

[**強めあう条件**]

Aからの波の位相とBからの波の位相が点Pにおいて一致している，すなわち２つの波が山と山，または谷と谷というように同位相で重なりあっているとき，２つの波は強めあいます。**２つの波が同位相で干渉している位置では，経路差が波長 λ の整数倍になっている**ので，強めあう条件は次のように表すことができます。

$$経路差 = m\lambda = 2m \cdot \frac{\lambda}{2} \quad (m = 0,\ 1,\ 2,\ \cdots) \quad \cdots ①$$

たとえば，図１や図２では，点Ｐにおいて山と山，または谷と谷が干渉して強めあっています。半周期だけ時間が経過すると，はじめ山と山であった図１では谷と谷になり，はじめ谷と谷であった図２では山と山になるので，このときも波は強めあいます。

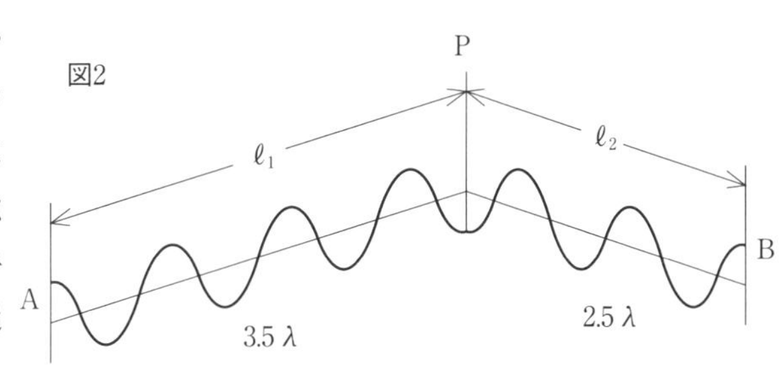

このように，干渉条件式①を満たしている位置では同位相の振動が重なりあうので，つねに強めあいが起こっています。

[**弱めあう条件**]

Ａからの波の位相とＢからの波の位相が，点Ｐにおいて π だけずれている，すなわち２つの波が山と谷というように逆位相で重なりあっているとき，２つの波は弱めあいます。**２つの波が逆位相で干渉している位置では，経路差が波長 λ の整数倍から半波長だけずれている**ので，弱めあう条件は次のように表すことができます。

$$経路差 = \left(m + \frac{1}{2}\right)\lambda = (2m+1) \cdot \frac{\lambda}{2} \quad (m = 0,\ 1,\ 2,\ \cdots) \quad \cdots ②$$

右の図３では，点Ｐにおいて山と谷になっているため弱めあっています。半周期だけ時間が経過すると，はじめ山と谷であったもの

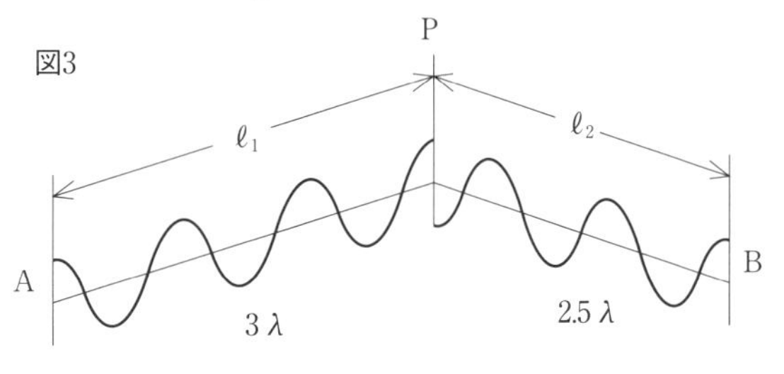

が谷と山になるので，このときも波は弱めあいます。

このように，干渉条件式②を満たしている位置では逆位相の振動が重なりあうので，つねに弱めあいが起こっています。

ところでみなさん，ノイズキャンセリング機能をもったイヤホンやヘッドホンを知っていますか？　ノイズキャンセリング機能とは雑音（ノイズ）をマイクで拾って，逆位相の音波の信号をリアルタイムに加えることで，雑音を弱める機能のことです。そうすることで，私たちは周囲の雑音を気にすることなく音楽を楽しむことができるようになります。このようなところにも，波の干渉は利用されているのですね。

話を戻しましょう。ここまでをまとめると，干渉条件は次のようになります。2つの波源から同位相で出る波の干渉では，**経路差が半波長の偶数倍のときに強めあい**，**経路差が半波長の奇数倍のときに弱めあう**と覚えるとよいと思います。

POINT

2つの波源から同位相で出る波の干渉

強めあう条件：　経路差 $= m\lambda = 2m \cdot \dfrac{\lambda}{2}$

弱めあう条件：　経路差 $= \left(m + \dfrac{1}{2}\right)\lambda = (2m+1) \cdot \dfrac{\lambda}{2}$

$(m = 0,\ 1,\ 2,\ \cdots)$

91 波の干渉②

今回は，水面波の干渉に関する問題をやってみましょう。波が一直線上ではなく平面上に広がっていくので少し難しいかもしれませんが，じっくりと考えていきましょうね。

やってみよう Q

右の図は，12cm 離れた 2 つの波源 S_1, S_2 から，同位相で広がる周期 4 秒，振幅 2cm の水面波のようすを表している。実線は時刻 0 のときの波の山，点線は波の谷の位置を示している。波が広がることによる振幅の減衰は無視できるものとする。

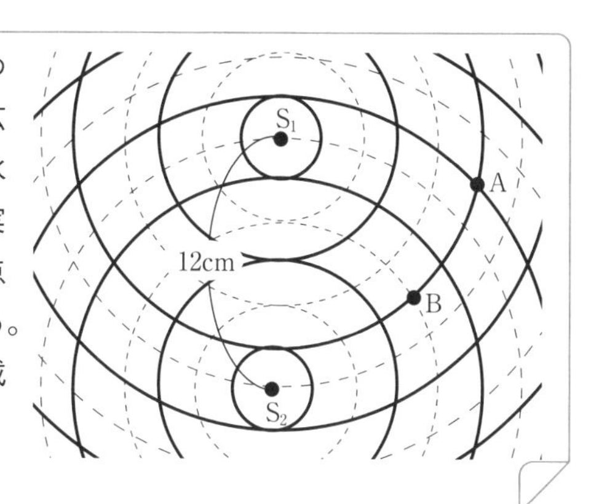

つづき Q

(1) S_1, S_2 から出ている水面波の波長を求めよ。

解答

S_1S_2 間は 12cm で，問題文の図より，S_1S_2 間は 3 波長(3λ)分だから

$$12 = 3\lambda$$

$$\lambda = 4$$

4cm …… 

つづき Q

(2) A 点の時刻 2 秒における変位を求めよ。ただし，山の変位を正の値，谷の変位を負の値として表せ。

A 点はどのような振動をするのかを経路差を使って考えてみましょう。

2つの波源から同位相で出る波の干渉

P.272

強めあう条件：　経路差 $= m\lambda = 2m \cdot \dfrac{\lambda}{2}$

弱めあう条件：　経路差 $= \left(m+\dfrac{1}{2}\right)\lambda = (2m+1)\cdot\dfrac{\lambda}{2}$

$(m = 0,\ 1,\ 2,\ \cdots)$

A点での経路差は，$S_2A - S_1A = 3.5\lambda - 2.5\lambda = \lambda$ なので，2つの波は同位相で重なりあい，強めあっていることがわかります。

時刻0のときS_1，S_2から伝わってきた波は，A点ではどちらも山となっているので，合成波の変位は4cmですね。波の周期は4秒なので，時刻2秒のときは半周期後となります。2つの波の変位はどちらも谷となるので，合成波の変位は，−4cmとなります。

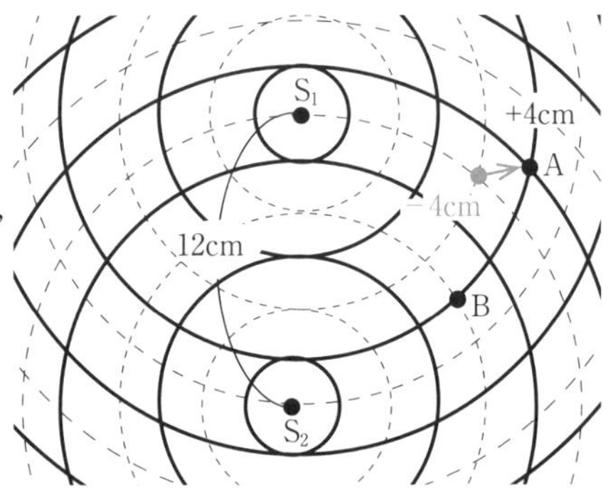

−4cm …… 答

時刻2秒に点Aで重なりあう2つの波は，時刻0秒では半波長ずつ後退したA点の左隣にある点線の交点で重なりあっていました。その合成波の谷は，2秒間で上図の矢印のように点Aまで移動していくのです。

つづき Q

(3) A点の時刻5秒における変位を求めよ。

それぞれの波の周期が4秒ということは合成波の周期も4秒となるので，時刻5秒の変位と時刻1秒の変位は等しくなります。合成波の変位は，時刻0秒では4cmの山，時刻2秒では−4cmの谷となっているので，その中間の時刻である時刻1秒(＝時刻5秒)での変位は0となります。

0cm …… 答

(4) B 点の時刻 2 秒における変位を求めよ。

B 点での経路差は，$S_1B - S_2B = 2.5\lambda - 2\lambda = 0.5\lambda$ なので，2 つの波は逆位相で重なりあい，弱めあっていることがわかります。したがって，B 点の変位は時刻に関係なく，つねに 0cm となります。

0cm …… 答

(5) S_1，S_2 から出ている 2 つの水面波が強めあう点を P，弱めあう点を Q とする。整数 m を用いて，S_1P-S_2P，S_1Q-S_2Q のそれぞれが満たす干渉条件式を求めよ。

2 つの波源 S_1，S_2 から同位相で出る 2 つの波の干渉条件式をかきます。

P 点は強めあう条件を満たしていればよいので

$$S_1P - S_2P = m\lambda$$ …… 答

Q 点は弱めあう条件を満たしていればよいので

$$S_1Q - S_2Q = \left(m + \frac{1}{2}\right)\lambda$$ …… 答

なお，**90** で経路差は $|\ell_1 - \ell_2|$ のように絶対値がついていましたが，この問いでは m は整数で負の値もとることができるので，絶対値ははずしてもよいのです。

(6) S_1 と S_2 の間では，どのような波が生じるか？

同じ形の 2 つの波が一直線上を同じ速さで互いに逆向きに進んで重なりあっているので，S_1 と S_2 の間では定常波が生じることになります。

解答

定常波 ……答

つづき Q

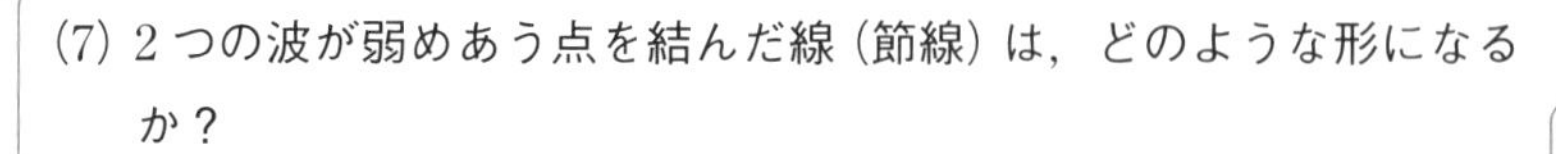

(7) 2つの波が弱めあう点を結んだ線（節線）は，どのような形になるか？

(5)より，$S_1Q - S_2Q = \left(m + \dfrac{1}{2}\right)\lambda$ を満たす点の集合を求めればよいことになりますね。2点 S_1，S_2 からの距離の差が一定の点の集合は双曲線を表します(これは数学で教わる話です)。したがって，それぞれの m に対して1つの双曲線をかくことができます。

解答

双曲線 ……答

つづき Q

(8) 節線は何本できているか？

双曲線はその焦点 S_1，S_2 の間を通るので，S_1 S_2 間で2つの波が弱めあう点の個数を求めればよいことになります。

S_1 S_2 間での合成波は定常波となっているので，その節の数が求める答えとなります。ここで，S_1，S_2 の中点は，経路差 = 0 の点であり強めあう点なので，定常波の

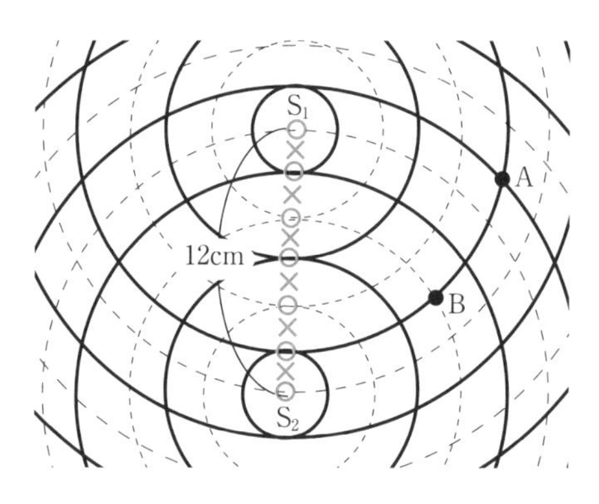

腹になります。右図より，腹と腹，節と節の間隔が $\dfrac{\lambda}{2} = 2\text{cm}$ であることを考慮すると，S_1 S_2 間に定常波の腹(○)は7個あるので，節(×)はその間の6個となります。

解答

6本 ……答

92 音波とその伝わりかた

うなりの振動数　$f = |f_1 - f_2|$

音波とは何か？

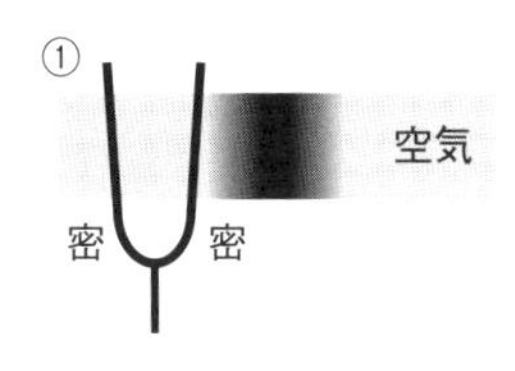

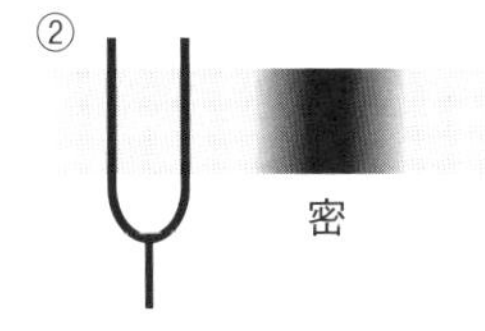

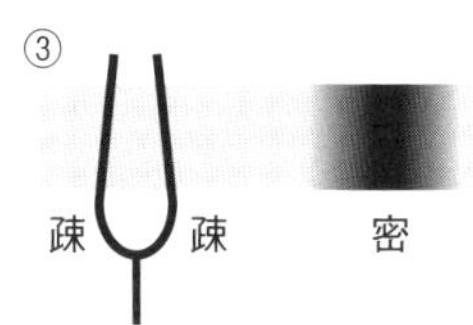

物体が振動すると，それに接している空気を圧縮，膨張させて，空気に**疎密な状態**をつくります。これが**縦波となって伝わったもの**を音波といいます。人が音として感じとれる音波の振動数は，**約 20 ～ 20000Hz** です。**高い音ほど音波の振動数は大きく**なります。たとえば，自動車でアクセルを踏み込んでエンジンの回転数(振動数)を大きくするとエンジン音は高くなりますね。

音波の伝わりかたを見てみよう

音波も今まで扱ってきた波と同じように反射したり，屈折したり，回折したり，干渉したりする性質をもっています。

校庭に立って校舎に向かって手をたたくと，こだまが返ってきます。これは音波の反射の１つの例です。

また，晴れた日の夜は遠くの音がよく聞こえます。これは放射冷却によって地上付近の空気の温度が上空の温度よりも低くなることによって生じる現象です。温度が高くなるにつれて音波の速さが大きくなるので，低温の空気と高温の空気の境界面では，音波は図のように屈折を繰り返して遠くまで伝わっていくことになります。

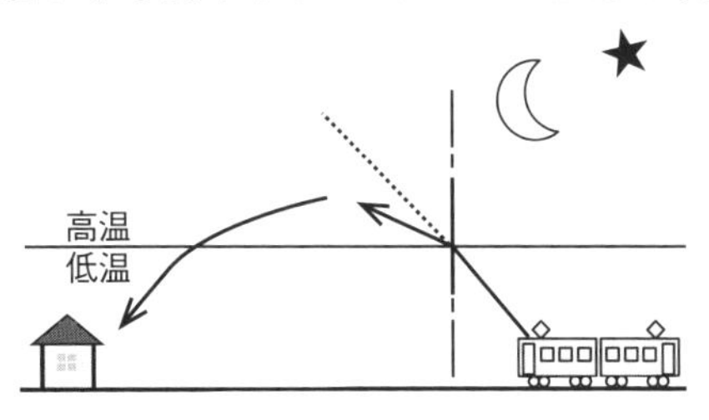

塀(へい)や建物の向こう側の音が聞こえるのは，音波の**回折**の一例です。音波は障害物の背後に回り込んでいるのですね。

次に学ぶ，うなりという現象は，2つの音波が重なりあうことで強めあったり弱めあったりする現象なので，音波の干渉の一種ということができます。

うなりとはどのような現象か？

わずかに異なる振動数f_1〔Hz〕，f_2〔Hz〕の2つのおんさ A, B を同時に鳴らすと，ウォーン，ウォーンと**音の大小が周期的に変化して聞こえます**。このような現象を**うなり**といいます。

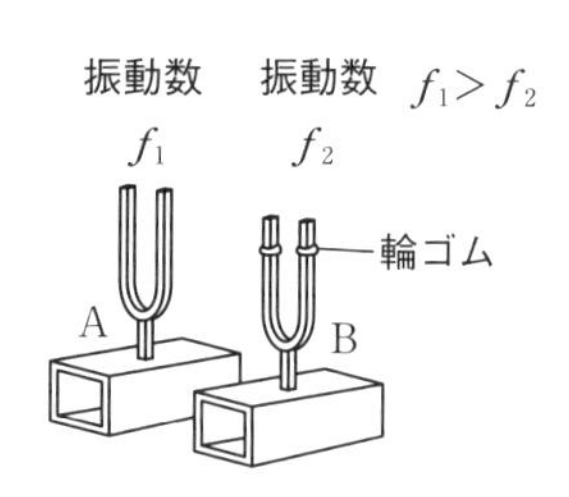

右図のように，おんさBに輪ゴムを巻くと枝が少し重くなり，振動数f_2がわずかに小さくなります。

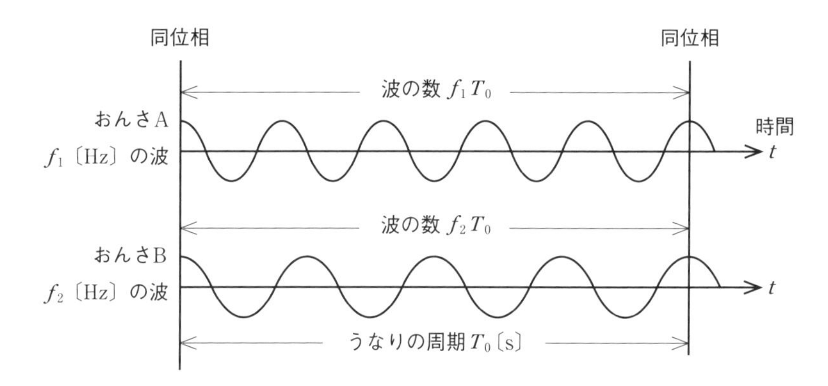

上の図を見てください。おんさ A,B から出た音波は，左端で同位相となり，このとき音は大きく聞こえます。音はいったん小さくなり，時間がT_0〔s〕経過して右端で再び同位相となり，音はまた大きく聞こえます。**T_0〔s〕がうなりの周期**となります。

振動数f_1，f_2は，それぞれ1秒間で出される波の数なので，T_0〔s〕間に，おんさ A，B から出される波の数はそれぞれ$\boldsymbol{f_1T_0}$個，$\boldsymbol{f_2T_0}$個ですね。

左端で同位相であった2つの音波が少しずつずれていき，その波の数の差がちょうど1個となったときに再び右端で同位相となるのですから，次式が成り立ちます。

$$|f_1T_0 - f_2T_0| = 1$$

$$|f_1 - f_2| = \frac{1}{T_0}$$

うなりの振動数をf〔Hz〕とすると，$f = \frac{1}{T_0}$より次式が成り立ちます。

POINT

うなりの振動数　$f = |f_1 - f_2|$

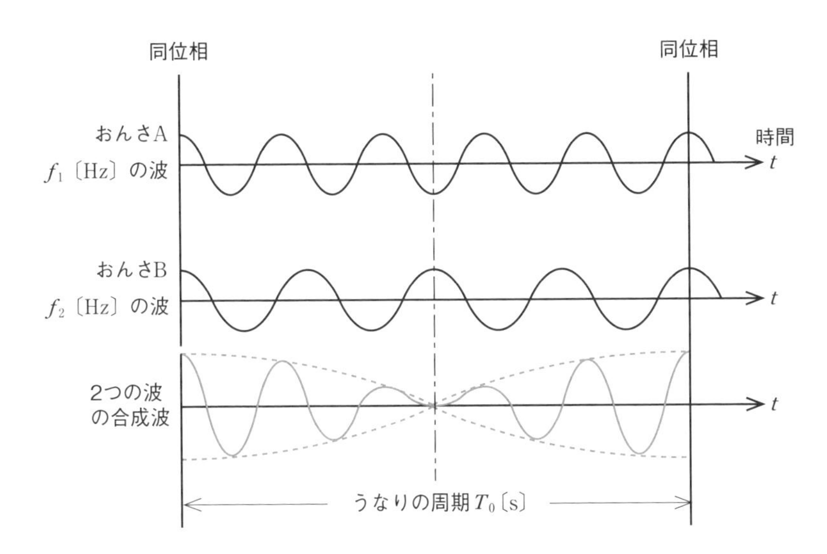

2つの波の合成波は上の図のようになります。図の点線から，合成波の振幅は周期的に増減することが読みとれます。このようにして，音の大小が周期的に聞こえるうなりという現象が生じるのです。

93 音波の干渉

音波の干渉について考えよう

今回は音波の干渉について学んでいきます。音波の干渉も波の干渉なので経路差を求めて干渉条件を考えればよいのです。

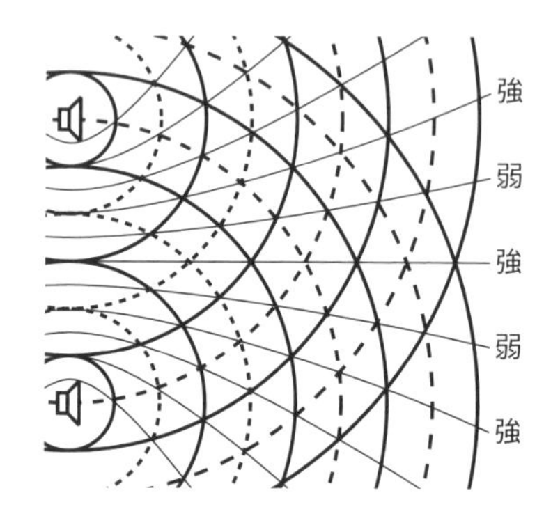

2つの小さいスピーカーから，等しい振動数の音波を同位相で送り出すと，音が大きく聞こえる場所と小さく聞こえる場所が交互に現れます。これは，2つのスピーカーから出た音波が，干渉することにより生じる現象です。どこで音が大きく聞こえ，どこで小さく聞こえるのかは，干渉条件によって決まります。

P.272

2つの波源から同位相で出る波の干渉

強めあう条件：　経路差 $= m\lambda = 2m \cdot \dfrac{\lambda}{2}$

弱めあう条件：　経路差 $= \left(m + \dfrac{1}{2}\right)\lambda = (2m+1) \cdot \dfrac{\lambda}{2}$　$(m = 0, 1, 2, \cdots)$

小さいスピーカーA，Bを1.5m離して置き，等しい振動数の音波を同位相で送り出す。ABに平行で2.0m離れた直線PQ上を，PからQへ歩きながら音波を観測した。

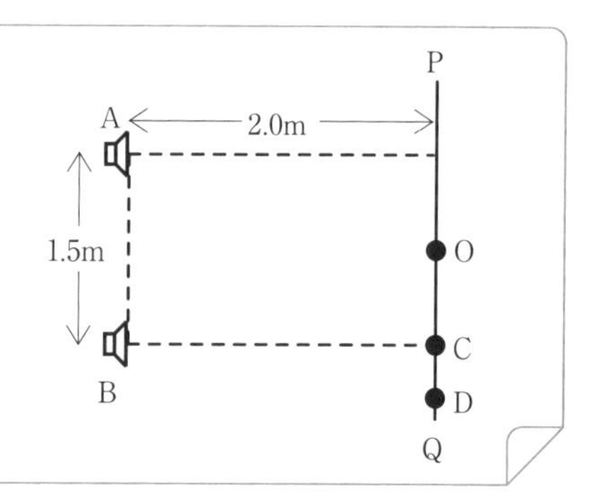

(1) A，B から等距離の点 O では，音はどのように聞こえるか？

スピーカー A，B から等距離にある点 O では，経路差が 0 で 2 つの音源は同位相となるので，強めあって音は大きく聞こえます。

経路差は 0 なので，2 つの音波は強めあっている。

大きく聞こえる …… 

(2) 点 O を通り過ぎて，初めて最も大きく聞こえる点 C は，点 B に最も近い点でした。音波の波長は何 m か？

O から C まで移動していくと，経路差は 0 から徐々に大きくなっていくので，点 O を通り過ぎてはじめて最も大きく聞こえる点 C での経路差は 1 波長 λ になります。よって，次式が成り立ちます。

$$AC - BC = \lambda$$

また，点 C は直線 PQ 上で点 B に最も近い点なので点 B から直線 PQ におろした垂線（すいせん）の足であることがわかります。

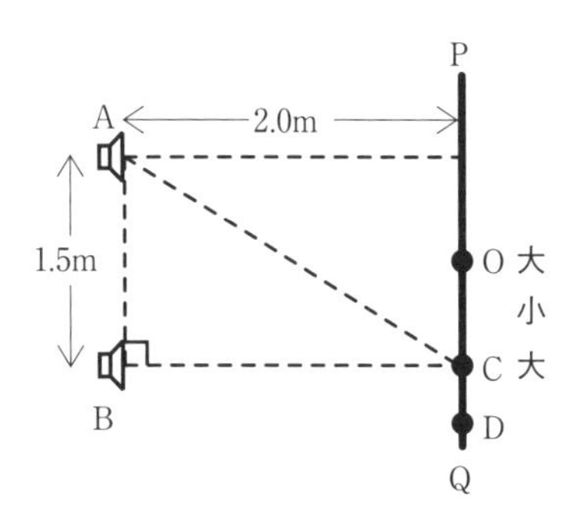

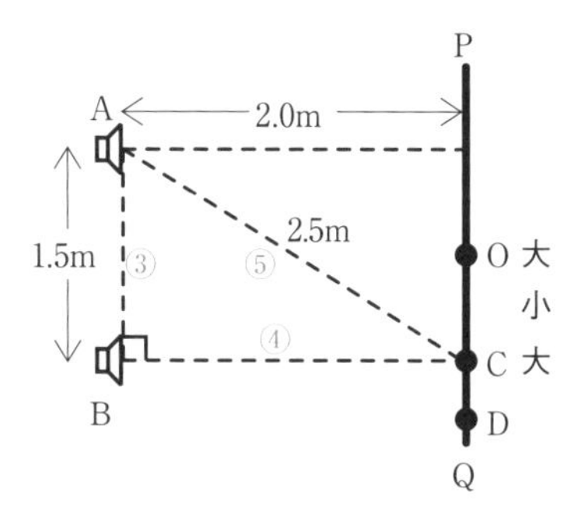

△ ABC は直角三角形となり，図より

BC＝2.0m

AB：BC：AC＝3：4：5 より　AC＝2.5m

したがって　λ＝AC－BC＝2.5－2.0＝0.5

0.5m …… 答

(3) 音速を 340m/s とすると，音波の振動数は何 Hz か？

音速vと波長λの値がわかっているので，波の基本式$v=f\lambda$を用いれば振動数fを求めることができます。

$$f=\frac{v}{\lambda}=\frac{340}{0.5}=680$$

680Hz …… 答

つづき Q

(4) 点 C を通り過ぎて，次に最も小さく聞こえる点を D とする。AD－BD は何 m か？

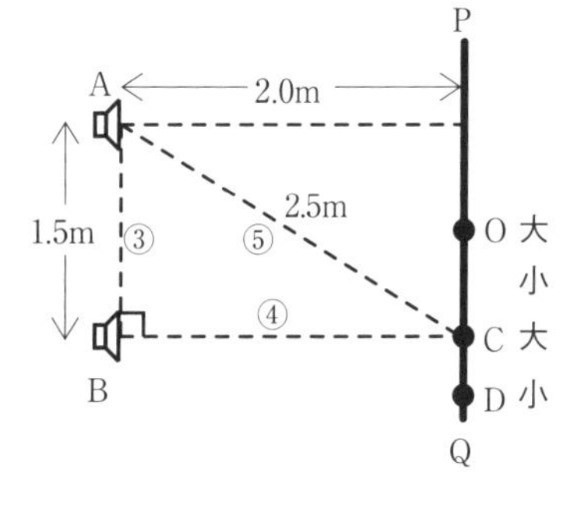

強めあう点と弱めあう点は交互に現れるので，O から C まで移動していく途中で弱めあう点の 1 つ目は通り過ぎています。点 D は，点 C を通り過ぎて，次に最も小さく聞こえる点なので，2 回目に弱めあう点ということになります。よって点 D では，2 つの波が弱めあう干渉条件の 2 回目に小さいmである$m=1$のときの式が成り立ちます（$m=0$が 1 回目）。

$$\mathrm{AD}-\mathrm{BD}=\left(m+\frac{1}{2}\right)\lambda=1.5\lambda$$

(2) より$\lambda=0.5$を代入すると

$$\mathrm{AD}-\mathrm{BD}=1.5\times0.5=0.75$$

0.75m …… 答

94 弦の振動

弦に生じる波は，弦の両端を節とする定常波である。

ギターを弾くと音が聞こえるのは，弦が振動し，それによって空気が振動し，その空気の疎密波が耳に届くからです。ピアノも鍵盤をたたくことで弦が振動し，音が発生します。今回はこのような弦の振動を見ていきます。

弦を伝わる波の速さはどのような式になるだろうか？

弦の張力を S〔N〕，線密度(1mあたりの質量)を ρ（ロー）〔kg/m〕とすると，弦を伝わる波の速さ v〔m/s〕は次式で表されます。

弦を伝わる波の速さ　$v=\sqrt{\dfrac{S}{\rho}}$

弦には，どのような波が生じるのだろうか？

弦に生じる波について考えてみましょう。

両端を固定した弦の1点をはじくと，その点から両端へ波が入射し，両端で波が固定端反射をします。弦の中では入射波と反射波が干渉し，再び逆の両端で反射され，重なりあって強めあう波だけがこれをくり返し，全体として**弦の両端を節とする定常波が生じます**。

弦に生じる定常波による振動のうちで，**最も単純な形の振動**を**基本振動**といいます。基本振動では弦の長さが定常波の半波長となるので，弦の長さを ℓ とすると基本振動の波長 λ_1 は，$\lambda_1=2\ell$ となります。

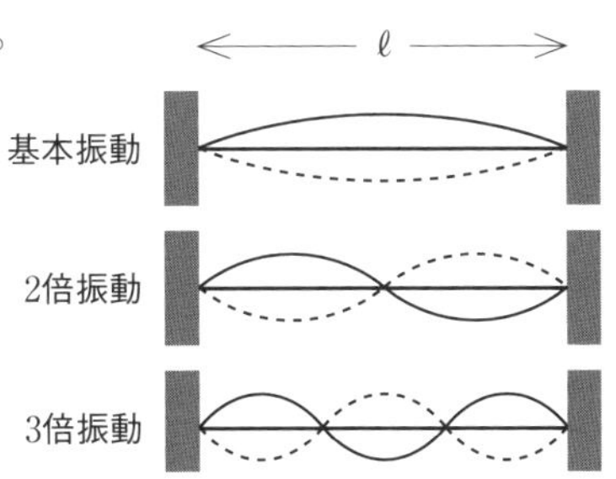

また，**基本振動の形2個分，3個分の振動**を2倍振動，3倍振動といい，これらをまとめて倍振動とよんでいます。基本振動の形をもとに考えると，n倍振動の定常波の波長λ_n〔m〕は，次のように求めることができます。

弦の長さℓをnで割った$\dfrac{\ell}{n}$は，基本振動の形1個分の長さになります。

λ_nは，基本振動の形2個分の長さなので$\lambda_n = \dfrac{2\ell}{n}$と表されます。

長さℓ〔m〕，線密度ρ〔kg/m〕の弦の一端を固定し，滑車を経て他端に質量m〔kg〕のおもりをつるす。弦をはじいたところ，n倍振動の定常波が生じた。重力加速度の大きさをg〔m/s^2〕とするとき，n倍振動の定常波の振動数f_n〔Hz〕を求めよ。

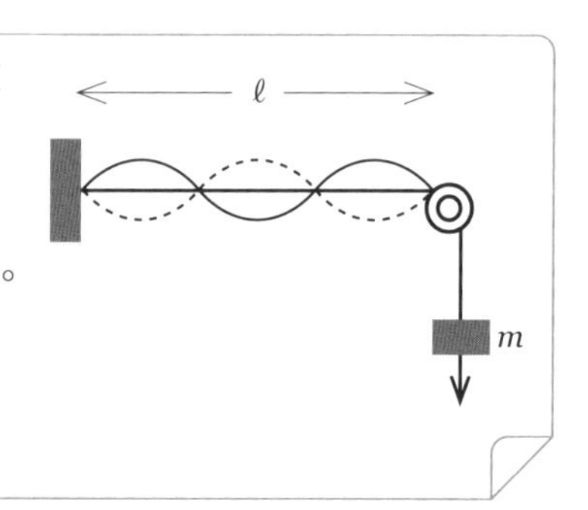

解答

弦にかかる張力の大きさSはmgなので，弦を伝わる波の速さv〔m/s〕は

$$v = \sqrt{\frac{S}{\rho}} = \sqrt{\frac{mg}{\rho}}$$

n倍振動の定常波の波長λ_n〔m〕は，$\lambda_n = \dfrac{2\ell}{n}$なので，波の基本式より

$$f_n = \frac{v}{\lambda_n} = \frac{n}{2\ell}\sqrt{\frac{mg}{\rho}}$$

$$\boldsymbol{f_n = \frac{n}{2\ell}\sqrt{\frac{mg}{\rho}}}$$ 〔Hz〕……答

上の解答中に出てきた波の基本式について，少しくわしい説明を加えておきます。定常波の振動数f_nは弦を伝わる波の振動数fと等しいので，$f_n = f$が成り立っています。さらに，fは弦を伝わる波の波長λを用いて

$f = \dfrac{v}{\lambda}$と表せます。そして，λは定常波の波長λ_nと等しいので，

$$f_n = f = \frac{v}{\lambda} = \frac{v}{\lambda_n}$$

となり，上記の波の基本式が成り立っているのです。

95 共振と共鳴

弦の共振は，弦の固有振動数とおんさの振動数が一致したときに生じる。

共振，共鳴とは何か？

物体にはその**材質や形状によって決まる固有の振動数**があります。その振動数を**固有振動数**といい，その振動を**固有振動**といいます。振り子をその固有振動数と同じ振動数でゆらすと，振り子の振動はしだいに大きくなっていきます。このような現象を**共振**といいます。振り子を固有振動数と異なる振動数でゆらしても，振り子の振動は大きくなりません。

また，**音がともなう共振**を，特に**共鳴**といいます。たとえば，振動数の等しい2つのおんさの一方を鳴らすと，その振動は空気中を伝わって他方のおんさに達し，そのおんさを振動させます。直接鳴らしていない他方のおんさが鳴り出すという現象は，共鳴の一例です。この場合も，2つのおんさの振動数が異なっていれば，共鳴は起こりません。

弦の共振について考えよう

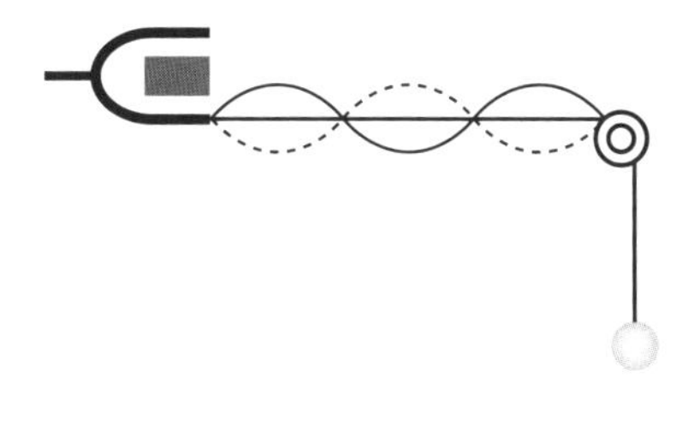

右図のように，弦の一端を電磁おんさ(振動数を変えられるおんさ)につけて，滑車を経て他端におもりをつるします。電磁おんさを振動させても，弦の固有振動数と電磁おんさの振動数が一致していなければ，弦はほとんど振動しません。

しかし，電磁おんさの振動数を徐々に変えていくと，ときどき弦がいくつかの区間に分かれて大きく振動することがあります。

これは，弦の固有振動数と電磁おんさの振動数が一致して，弦に共振が生じているために起こる現象です。両端が固定されている弦には，両端を節とする定常波が生じます。定常波には基本振動，2倍振動，3倍振動というように複数の振動がありましたね。これらの振動の振動数が弦の固有振動数となるので，弦の固有振動数も1つではなく複数あることになります。

それでは，弦の共振に関する問題をやってみましょう。

長さ0.30m，線密度1.0×10^{-4} kg/mの弦の一端を電磁おんさにつけ，滑車を経て他端に5.0kgのおもりをつるす。電磁おんさを振動させたところ，弦には腹3個をもつ定常波が生じた。重力加速度の大きさを9.8m/s^2とする。

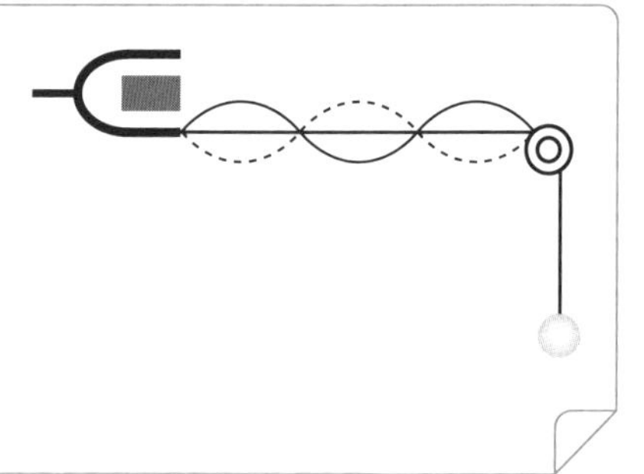

(1) 弦を伝わる波の速さは何m/sか？

弦にかかる張力の大きさSはmgとなるので，弦を伝わる波の速さv〔m/s〕は弦を伝わる波の速さの式(→p.283)より，次のようになります。

解答

$$v=\sqrt{\frac{S}{\rho}}=\sqrt{\frac{mg}{\rho}}$$

$$=\sqrt{\frac{5.0\times9.8}{1.0\times10^{-4}}}=\sqrt{49\times10^4}$$

$$=7.0\times10^2$$

7.0×10^2 m/s …… 

(2) 弦に生じる定常波の波長は何mか？

n 倍振動の定常波の波長 λ_n〔m〕は

$$\lambda_n = \frac{2\ell}{n}$$

腹を3個もつ3倍振動の定常波の波長 λ〔m〕は

$$\lambda = \frac{2 \times 0.30}{3} = 0.20$$

0.20m …… 答

(3) 電磁おんさの振動数は何 Hz か？

(1)，(2)の答えから波の基本式を用いると，弦に生じる定常波の振動数，すなわち弦の固有振動数 f〔Hz〕を求めることができますね。

$$f = \frac{v}{\lambda} = \frac{7.0 \times 10^2}{0.20} = 3.5 \times 10^3$$

弦は共振しているので，電磁おんさの振動数は，この固有振動数と一致する。

3.5×10^3 Hz …… 答

上の解答中に出てきた波の基本式について，少しくわしい説明をしておきましょう（**94** と同様）。電磁おんさと弦は共振しているので，(3)で求めた電磁おんさの振動数は，弦に生じる定常波の振動数（弦の固有振動数）と同じ値になります。さらに，弦に生じる定常波の振動数は，弦を伝わる波の振動数とも一致しているので，波の基本式 $f = \dfrac{v}{\lambda}$ において，v には弦を伝わる波の速さ（(1)の答）を代入し，λ には弦に生じる定常波の振動数（(2)の答）を代入することができるのです。

96 気柱の振動①

解説動画

\押さえよ/

→ **気柱には，閉口端を節，開口端を腹とする定常波が生じる。**

気柱には，どのような波が生じるのだろうか？

ビンやペットボトルのように，**一端が閉じている管**を閉管といいます。ビンやペットボトルの口に息を吹き込むと，音が出ますね。これは，開口端(管口)から閉口端(管底)に入射する音波と，閉口端で反射する音波とが，干渉して管内に定常波が生じ，これが管外の空気に伝わるからです。このとき，空気が振動できない**閉口端は固定端**になるので，**定常波の節**となり，**開口端は自由端**になるので**定常波の腹**になります。このような定常波の起こす振動が，管内の**気柱の固有振動**となります。

POINT

気柱には，閉口端を節，開口端を腹とする定常波が生じる。

閉管内の気柱の固有振動数を求めよう

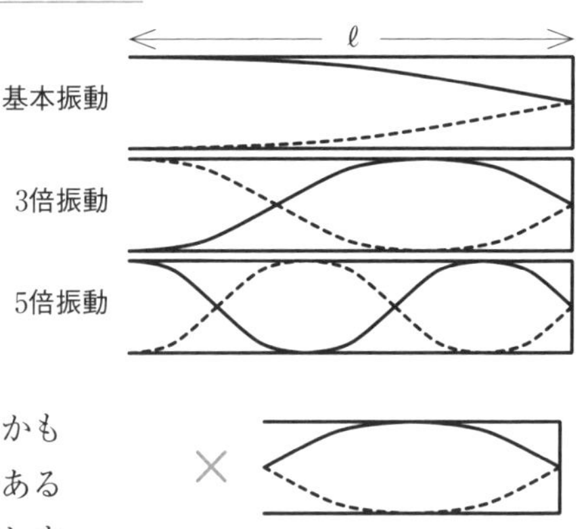

閉管に生じる定常波による振動のうちで，**最も単純な形の振動**を基本振動といいます。**基本振動の形3個分，5個分の振動**をそれぞれ3倍振動，5倍振動といいます。基本振動の形2個分の2倍振動もあるのではないか，と疑問に思う人がいるかも知れませんが，基本振動が偶数個分あると，図のように開口端が節となってしまいます。開口端は，腹でなければならないので，2倍振動は起こりません。

n 倍振動の定常波において，基本振動の形 1 個分の長さは $\frac{\ell}{n}$ ですね。したがって，**n 倍振動の定常波の波長 λ_n は，基本振動の形 4 個分の長さ**なので，

$$\lambda_n = \frac{4\ell}{n} \quad (n = 1,\ 3,\ 5,\ \cdots)$$

となります。音速を V とすると，**n 倍振動の振動数 f_n** は，波の基本式を用いて次のように表されます。

$$f_n = \frac{V}{\lambda_n} = \frac{nV}{4\ell}$$

気柱の密度と圧力の変化を考えよう

閉管に生じる縦波である音波の定常波を横波表示にしたものが(1)です。(1)の定常波のうち，(2)と(3)の状態についてくわしく見ていきます。

横波表示は，縦波のときの右向きの変位を上向きの変位に変換したものであることに気をつけましょう。横波表示を縦波に戻して考え，空気の変位を矢印で表してみると，図(2)は図(2)′，図(3)は(3)′のようになります。

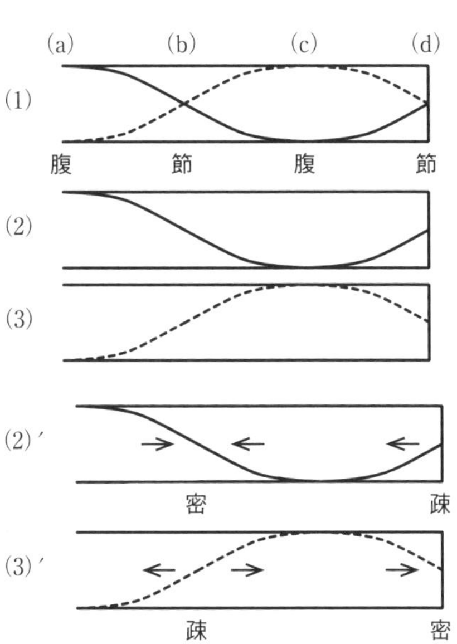

すると，(b)や(d)の位置では密の状態と疎の状態を繰り返していることがわかります。このように，**気柱の密度と圧力が激しく変化する位置は，定常波の節**となります。逆に，空気の変位が激しく変わる(a)や(c)のような定常波の腹の位置では，気柱の密度と圧力はあまり変わりません。

97 気柱の振動②

96 では閉管について学びましたので，今回は開管と開口端補正について学んでいきましょう。

気柱には，閉口端を節，開口端を腹とする定常波が生じる。

P.288

開管内の気柱の固有振動数を求めよう

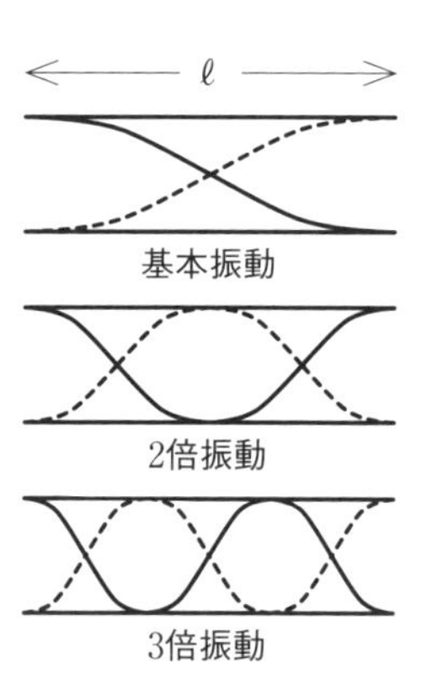

両端が開いた管を開管といいます。開口端は自由端になるので，**開管内の気柱の振動**は，**両端を腹とする定常波**になります。このような定常波の起こす振動が，管内の**気柱の固有振動**です。

開管内に生じる定常波による振動のうちで，**最も単純な形の振動**を基本振動といいます。**基本振動の形 2 個分，3 個分の振動**をそれぞれ 2 倍振動，3 倍振動といいます。

では，開管内の気柱の固有振動数を求めてみましょう。**n 倍振動の定常波において，基本振動の形 1 個分の長さは $\frac{\ell}{n}$** です。したがって，**n 倍振動の定常波の波長 λ_n は，基本振動の形 2 個分の長さ**なので，

$$\lambda_n = \frac{2\ell}{n} \quad (n = 1,\ 2,\ 3,\ \cdots)$$

よって，音速を V とすると，**n 倍振動の振動数 f_n** は次のようになります。

$$f_n = \frac{V}{\lambda_n} = \frac{nV}{2\ell}$$

開口端で音波は反射するのか？

そもそも，開口端で音波は反射するのでしょうか？

開口端付近では，管内の空気と管外の空気で振動の様子が異なるため，媒質の境界面が生じているので音波はここでも反射します。

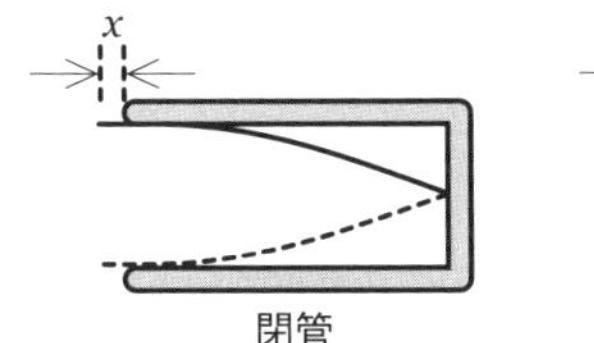

閉管

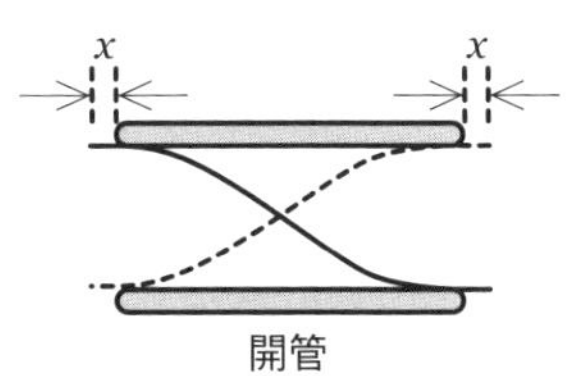

開管

開口端付近の空気は振動しやすいので，音波は自由端反射して，ここに定常波の腹をつくります。しかし，**実際の腹の位置は，開口端よりも少し外側**に出ています。この**外側に出た長さ x** を**開口端補正**といいます。したがって，閉管の場合の開口端補正は１か所で，開管の場合は両端が開口端なので開口端補正も２か所となります。問題を解くときには，開口端補正を考慮するのか，しないのかをしっかり見極めて解くようにしましょう。

では，開口端補正を考慮する問題を解いてみましょう。

右図のように，閉管の管口付近で振動数 f のおんさを鳴らし，気柱を徐々に長くしていく。気柱の長さが ℓ_1，ℓ_2 のときに共鳴が起こった。音波の波長と速さ，開口端補正をそれぞれ求めよ。

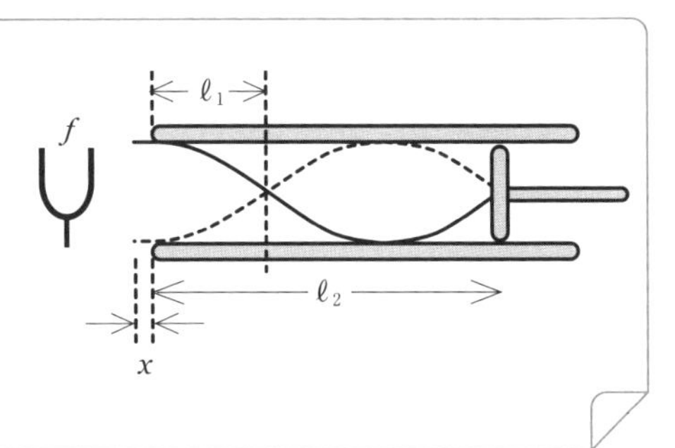

一見，ℓ_1 が４分の１波長であるように見えますが，開口端補正の分だけずれているので，閉管の中にある半波長に目をつけて，波長 λ を正確に求める必要があります。

解答

$\ell_2 - \ell_1 = \dfrac{\lambda}{2}$ だから

$$\lambda = 2(\ell_2 - \ell_1)$$

波長：$2(\ell_2 - \ell_1)$ ……答

求めた波長λは定常波の波長ですが，音波の波長と一致していますね。一方，振動数も定常波の振動数，音波の振動数，そして共鳴が起きているのでおんさの振動数もすべて一致しています。したがって，波の基本式より音波の速さVは次のようになります。

$$V=f\lambda$$

$$=2f(\ell_2-\ell_1)$$

速さ：$2f(\ell_2-\ell_1)$ ……答

最後に，4分の1波長の長さとℓ_1との差が開口端補正になるので，開口端補正xは次のようになります。

$$x=\frac{\lambda}{4}-\ell_1=\frac{\ell_2-\ell_1}{2}-\ell_1=\frac{\ell_2-3\ell_1}{2}$$

開口端補正：$\dfrac{\ell_2-3\ell_1}{2}$ ……答

98 音源が動くドップラー効果

音源が動くドップラー効果
音源が進む前方 ⇒ 波長が短くなる
音源が進む後方 ⇒ 波長が長くなる

ドップラー効果とは何か？

緊急自動車のサイレンは，近づくときは止まっているときよりも高い音に聞こえ，遠ざかるときは止まっているときよりも低い音に聞こえます。このように，**音源や観測者が互いに近づいたり遠ざかったりすると，観測者には音源の振動数と異なる振動数の音が聞こえます**。このような現象をドップラー効果といいます。

音源が動く場合のドップラー効果について考えよう

図のように，振動数f_0〔Hz〕の音源Sが，静止している観測者O_1に向かって，速さu〔m/s〕で進んでいます。音速をV〔m/s〕とします。

ここでは，1秒間での出来事について考えていきましょう。

ある瞬間にSから出た音波は，1秒間に半径V〔m〕の位置まで広がります。そして，同じ1秒間にSはu〔m〕だけO_1に近づくので，図のように，Sが進む前方では波長は短くなり，Sが進む後方では波長が長くなります。このように，音源が動くと音波の波長が変化し，ドップラー効果が生じるのです。

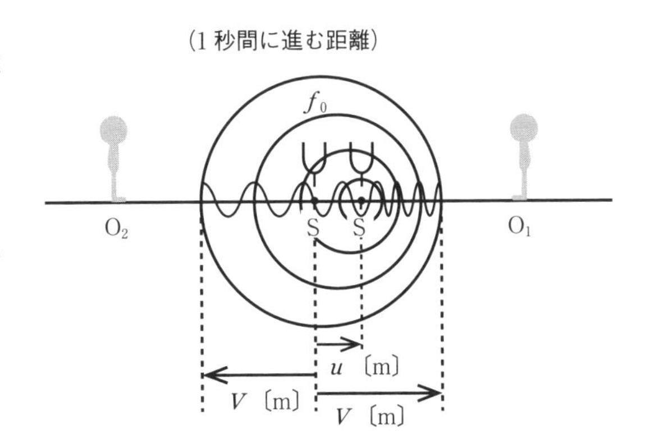

さらに，くわしく見ていきましょう。まずは，Sが進む前方に静止している観測者 O_1 が聞く音波の振動数について考えます。

音源Sの振動数は f_0〔Hz〕なので，Sからは1秒間に f_0 個の波が送り出されています。1秒間にSから出た f_0 個の波は，前ページの図のように，Sが進む前方では，$V-u$〔m〕の間につまった形で並ぶことになります。音波の波長は波1個分の長さなので，Sが進む前方での波長 λ_1〔m〕は次のようになります。

$$\lambda_1 = \frac{V-u}{f_0}$$

ここで，音波の速さは音源の動く速度に関係なく一定値 V〔m/s〕であることに気をつけましょう。すると，観測者 O_1 が聞く音波の振動数 f_1〔Hz〕は波の基本式より，次のように表すことができます。

$$f_1 = \frac{V}{\lambda_1} = \frac{V}{V-u}f_0$$

同様に，音源が進む後方に静止している観測者 O_2 が聞く音波の振動数について考えます。Sが進む後方では，1秒間にSから出た f_0 個の波が，前ページの図のように，$V+u$〔m〕の間に広がった形で並んでいるので，Sが進む後方での波長 λ_2〔m〕は，

$$\lambda_2 = \frac{V+u}{f_0}$$

となり，観測者 O_2 が聞く音波の振動数 f_2〔Hz〕は次のようになります。

$$f_2 = \frac{V}{\lambda_2} = \frac{V}{V+u}f_0$$

f_1 や f_2 のようにもとの振動数 f_0 と異なる振動数の音波が聞こえ，ドップラー効果という現象が起こっているのです。

99 観測者が動くドップラー効果

観測者が動くと，見かけの音速が変化する。

観測者が動く場合のドップラー効果

今回は観測者が動くドップラー効果について学んでいきます。まずは，振動数f_0〔Hz〕の音源Sが静止し，観測者O_1が速さu〔m/s〕でSから遠ざかっている場合を考えてみましょう。音速をV〔m/s〕とします。

ここでも，1秒間での出来事について考えていきます。

ある瞬間にPの位置を通過した音波は，1秒間にPの先V〔m〕の位置まで達します。同じ1秒間に，Pにいた観測者はPの先u〔m〕の位置まで進みます。観測者O_1から見ると，音波はこの1秒間に$V-u$〔m〕進んだことになるので，O_1から見た見かけの音速は$V-u$〔m/s〕となります。

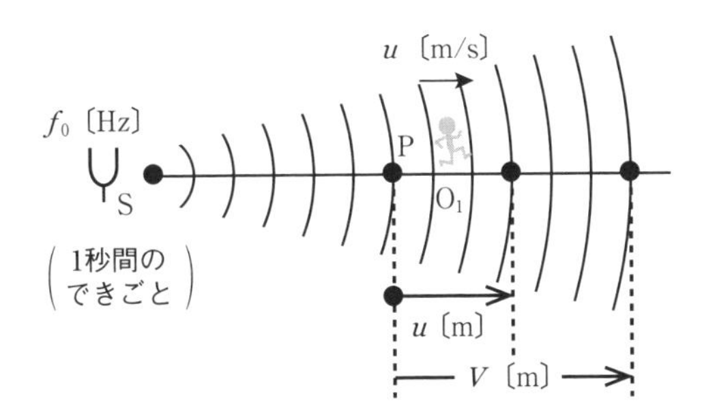

音源Sは静止しているため，音波の波長λ_0〔m〕はもとのままなので，波の基本式より，次のように表されます。

$$\lambda_0 = \frac{V}{f_0}$$

したがって，O_1が聞く音波の振動数f_1〔Hz〕は次のようになります。

$$f_1 = \frac{V-u}{\lambda_0} = \frac{V-u}{V}f_0$$

次に，観測者 O_2 が，速さ u〔m/s〕で音源Sに近づいている場合を考えます。

ある瞬間にPの位置を通過した音波は，1秒間にPの先 V〔m〕の位置まで達しますが，同じ1秒間に，Pにいた観測者はPの手前 u〔m〕の位置まで進むことになります。

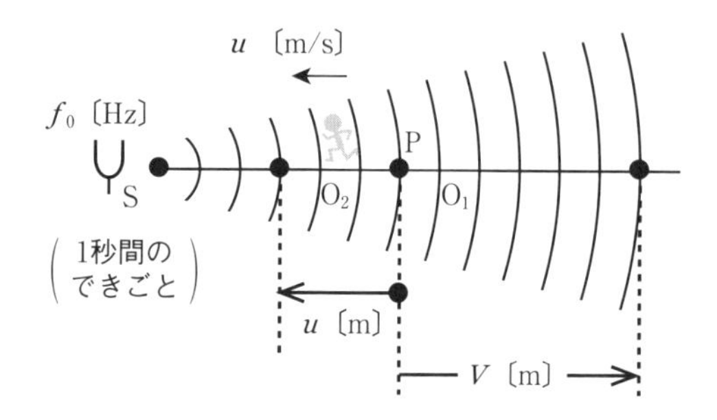

観測者 O_2 から見ると，音波はこの1秒間に $V+u$〔m〕進んだことになるので，O_2 から見た見かけの音速は $V+u$〔m/s〕となります。

したがって，O_2 が聞く音波の振動数 f_2〔Hz〕は次のようになります。

$$f_2 = \frac{V+u}{\lambda_0} = \frac{V+u}{V}f_0$$

以上より，観測者が動いていると，観測者から見た見かけの音速が本来の音速から変化してしまうためドップラー効果が起きることがわかりました。

観測者が音源から遠ざかっていると見かけの音速が小さくなるので，波の基本式 $f=\dfrac{v}{\lambda}$ より，止まっているときより振動数が小さくなり，音が低く聞こえます。

逆に観測者が音源に近づいていると見かけの音速が大きくなるので，止まっているときより振動数が大きくなり，音が高く聞こえます。

100 音源・観測者がともに動くドップラー効果①

▽解説動画

\押さえよ/

ドップラー効果の公式

$$f = \frac{V \quad\quad}{V \quad\quad} \cdot f_0$$　※人は偉いから上

音源と観測者がともに動くドップラー効果について考えよう

図のように，振動数f_0〔Hz〕の音源Sが，速さu_S〔m/s〕で観測者Oに向かって運動し，観測者OがSと同じ向きに速さu_O〔m/s〕で運動しています。音速をV〔m/s〕とします。

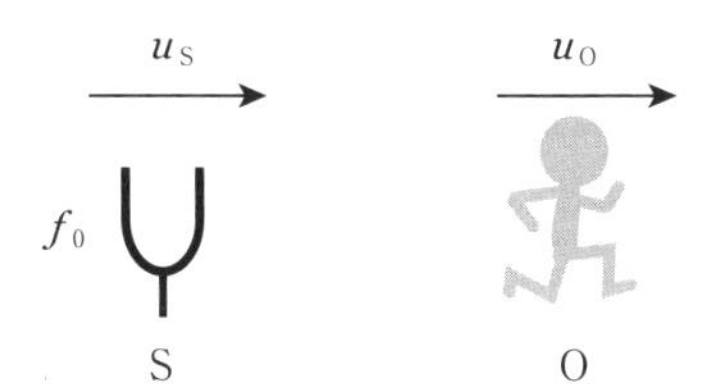

まず，音源Sが動いているので，波長が変化します。これまでのように，1秒間での出来事を考えていきましょう。Sを出てOに向かう音波は1秒間にV〔m〕進みます。同じ1秒間にSも同じ向きにu_S〔m〕進んでいるので，1秒間にSから出たf_0個の波は，Sが進む前方では，$V-u_S$〔m〕の間につまった形で並ぶことになります。

よって，Sから出てOに向かう音波の波長λ'〔m〕は次のようになりますね。

$$\lambda' = \frac{V-u_S}{f_0}$$

ここまでで，観測者Oに向かう音波の波長はλ'となることがわかりました。

次に，観測者Oが動いているので，見かけの音速が変化します。ここで，確認をしておきますが，音波自体の速さはV〔m/s〕です。しかし観測者Oが，速さV〔m/s〕で伝わっていく音波と同じ向きに速さu_O〔m/s〕で運動しているので，Oから見た見かけの音速V'〔m/s〕は次のようになります。

$$V' = V - u_O$$

ここまでで，O は速さ V'〔m/s〕で進む波長 λ'〔m〕の音波を観測することがわかりました。したがって，O が観測する音波の振動数 f'〔Hz〕は次のようになります。

$$f' = \frac{V'}{\lambda'} = \frac{V - u_O}{V - u_S} \cdot f_0 \quad \cdots ①$$

では，S と O の運動の速さは変えずに，向きだけを逆にしてみましょう。O が観測する音波の振動数はどのように変化するでしょうか。

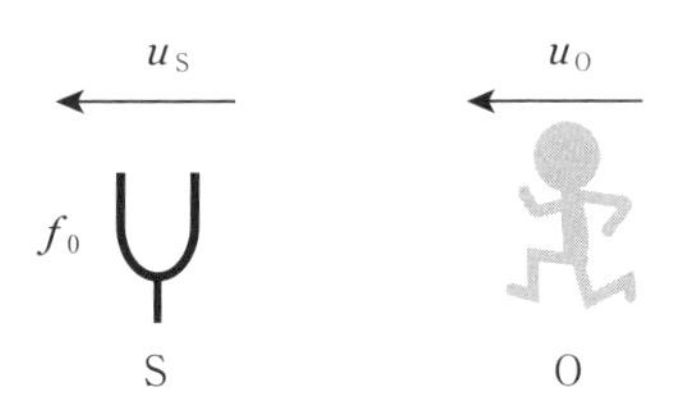

先ほどと同じように考えていけば難しくはありませんよ。

まず，音源 S が動いているので波長が変化します。S が進む後方では，1 秒間に S から出た f_0 個の波は，$V + u_S$〔m〕の間に広がった形で並んでいるので，S から出て O に向かう音波の波長 λ''〔m〕は次のようになります。

$$\lambda'' = \frac{V + u_S}{f_0}$$

また，観測者 O が動いているので見かけの音速が変化します。O は，速さ V〔m/s〕の音波が伝わっていく向きと逆向きに速さ u_O〔m/s〕で運動しているので，O から見た見かけの音速 V''〔m/s〕は次のようになります。

$$V'' = V + u_O$$

O は速さ V''〔m/s〕で進む波長 λ''〔m〕の音波を観測することになるので，O が観測する振動数 f''〔Hz〕は次のようになります。

$$f'' = \frac{V''}{\lambda''} = \frac{V + u_O}{V + u_S} \cdot f_0 \quad \cdots ②$$

ドップラー効果の公式のつくりかたを学ぼう

ここまで，2 つの例でドップラー効果について考えてきましたが，観測者が観測する振動数を求めるには少し時間がかかりますね。実は，この悩みを解消するドップラー効果の公式のつくりかたというものがあるので，それを見ていきましょう。

緊急自動車のサイレンなどの例から，私たちは経験上，観測者と音源が近づくように動けば，音は高く聞こえ振動数は大きくなることを知っています。逆に，観測者と音源が遠ざかるように動けば，音は低く聞こえ振動数は小さくなることも知っています。このことを利用すれば，ドップラー効果の公式は簡単につくることができます。

ドップラー効果の公式は，もとの振動数f_0と大きな分数の積の形をしています(下の POINT参照)。①式，②式を見ると，観測者の速さu_Oは分子にあり，音源の速さu_Sは分母にあることがわかります。まず，この形を覚えておきましょう。観測者は人であることが多いので，**人は偉いから上**と覚えておけば，u_Oは分子になることは覚えられますね(人間至上主義は問題ありだと思いますが……)。

①式を例にドップラー効果の公式をつくってみましょう。観測者Oは速さu_O〔m/s〕で音源Sから遠ざかっているので，u_Oは振動数を小さくするはたらきをしています。u_Oは分子になるので $\boldsymbol{V-u_O}$ とします。一方，音源Sはu_S〔m/s〕で観測者Oに近づいているので，u_Sは振動数を大きくするはたらきをしています。u_Sは分母になるので $\boldsymbol{V-u_S}$ とします。これで①式をつくることができますね。

POINT

ドップラー効果の公式

$$f=\frac{V\quad\quad}{V\quad\quad}\cdot f_0$$

※人は偉いから上

もう一度確認しておきます。**観測者の速さu_Oは分子に，音源の速さu_Sは分母になります**。そして，**観測者と音源が近づくときは振動数が大きくなるようにu_Oとu_Sの符号を定め，遠ざかるときは振動数が小さくなるようにu_Oとu_Sの符号を定めます**。

②の例を使って，もう一度公式をつくってみてください。

101 音源・観測者がともに動くドップラー効果②

100 で学習したドップラー効果の公式の使いかたを練習しましょう。

ドップラー効果の公式

P.299

$$f = \frac{V \quad}{V \quad} \cdot f_0$$

※人は偉いから上

観測者の速さは分子に，**音源の速さは分母**になることがポイントでしたね。そして，その速さの符号については，**観測者と音源が近づくときには振動数が大きくなるように，遠ざかるときには振動数が小さくなるように符号を決めます**。これでドップラー効果の公式は簡単につくることができますよ。

新幹線が 1200Hz の警笛を鳴らしながら，60m/s の速さで直線の軌道を進んでいる。そのすぐわきの道を，自動車が 10m/s の速さですれ違った。自動車の運転手が，すれ違う前後に聞いた警笛の振動数は，それぞれ何 Hz か？　音速を 340m/s とする。

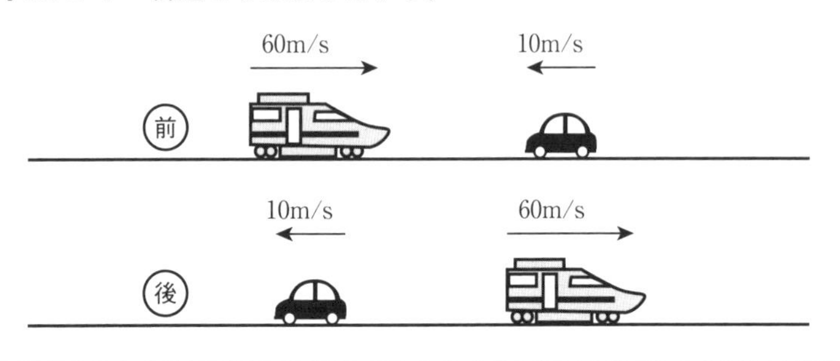

この問題の場合，新幹線は音源，自動車は観測者とみなすことができますね。すれ違う前は音源である新幹線と観測者である自動車は互いに近づく向きに運動しています。したがってドップラー効果の公式では，音源，観測者どちらの速さも振動数が大きくなるように，分母と分子に代入していけばよいことになります。分母は小さくなるように符号はマイナス，分子は大きく

なるように符号はプラスにすればよいので，観測者の速さが上になることに気をつけて代入すると，すれ違う前に聞こえる警笛の振動数は次のようになります。

解答 $f_1 = \dfrac{340+10}{340-60} \times 1200 = 1500\text{Hz}$

次に，すれ違った後，音源である新幹線と観測者である自動車は互いに遠ざかる向きに運動します。したがってドップラー効果の公式では，音源，観測者のどちらの速さも振動数が小さくなるように，分母と分子に代入していけばよいことになります。分母は大きくなるように符号はプラス，分子は小さくなるように符号はマイナスにすればよいので，すれ違った後に聞こえる警笛の振動数は次のようになります。

$f_2 = \dfrac{340-10}{340+60} \times 1200 = 990\text{Hz}$

前：1500Hz　，後：990Hz …… 

振動数f〔Hz〕の音源A，観測者O，振動数が未知の音源Bが一直線上に静止している。A，Bを同時に鳴らすと，Oには毎秒n回のうなりが聞こえたが，BをOからある速さで遠ざけると，うなりが消えた。音速をV〔m/s〕とする。

(1) Bの振動数は何Hzか？

求めるBの振動数をf_B〔Hz〕とします。Bを遠ざけるとOが観測するBの振動数は小さくなりますね。f_Bが小さくなるとfと同じになってうなりが消えるのだから，$f_B > f$だとわかります。はじめOには毎秒n回のうなりが聞こえたので，次の式が成り立ちます。

$f_B - f = n$　より　$f_B = f + n$

$f+n$〔Hz〕 …… 

つづき Q (2) うなりが消えたとき，Bの速さは何 m/s か？

求めるBの速さを u_B〔m/s〕とします。振動数 f_B〔Hz〕の音源Bが速さ u_B〔m/s〕で遠ざかるときOが観測する振動数は，音源Aからの振動数 f〔Hz〕と等しくなるので，ドップラー効果の公式より次の式が成り立ちます。

解答

$$\frac{V}{V+u_B}\times f_B=f$$

f_B に(1)の答えを代入すると

$V(f+n)=f(V+u_B)$　より　$nV=fu_B$　　$\boldsymbol{u_B=\frac{nV}{f}}$〔m/s〕……答

つづき Q (3) 再びA，Bを静止させて，OがAまたはBに向かってある速さで進んでもうなりが消える。Oが進む向きと速さを求めよ。

$f_B>f$ なので，OはAに向かって進みます。そうすれば，Oが観測するAからの音波の振動数は f より大きくなり，Oが観測するBからの音波の振動数は f_B より小さくなりますね。Oの速さを u_O〔m/s〕とすると，ドップラー効果の公式より観測者が観測するA，Bからの音波の振動数はそれぞれ次のようになります。

解答

A：$\dfrac{V+u_O}{V}\cdot f$　　B：$\dfrac{V-u_O}{V}\cdot f_B$

うなりが消えるとは，2つの音波の振動数が等しくなることだから

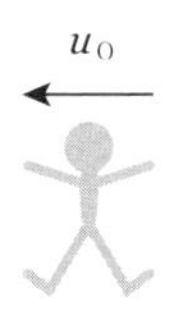

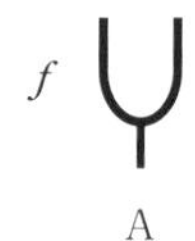

$$\frac{V+u_O}{V}\cdot f=\frac{V-u_O}{V}\cdot f_B$$

f_B に(1)の答えを代入すると

$$(V+u_O)f=(V-u_O)(f+n)$$

$(2f+n)u_O=Vn$　より　$u_O=\dfrac{nV}{2f+n}$

向き：Aの向き，速さ：$\boldsymbol{\frac{nV}{2f+n}}$〔m/s〕……答

102 反射壁によるドップラー効果

反射壁によるドップラー効果

STEP 1：反射壁を観測者とみなし，受けとる振動数f_Rを求める。

STEP 2：反射壁を振動数f_Rを発する音源とみなし，観測者が受けとる振動数を求める。

反射壁によるドップラー効果

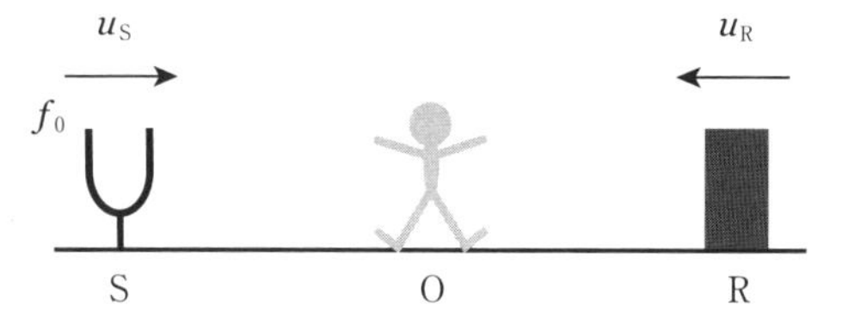

振動数f_0〔Hz〕の音源Sは速さu_S〔m/s〕で，反射壁Rは速さu_R〔m/s〕で，どちらも静止している観測者Oに近づく向きに動いています。S，O，Rは一直線上にあり，OはSからの直接音と，Rによる反射音の両方を観測します。音速はV〔m/s〕とします。

まず，直接音の振動数f_1〔Hz〕を求めてみましょう。これはドップラー効果の公式を使って求めることができますね。音源は観測者に近づいているので，u_Sは振動数を大きくするはたらきがあります。人(観測者)は偉いから上なので，音源の速さu_Sは分母になりますね。したがって，観測者が観測する直接音の振動数f_1〔Hz〕は次のようになります。

$$f_1 = \frac{V}{V - u_S} \cdot f_0$$

次に，反射音の振動数f_2〔Hz〕を求めます。反射音はSから，いったんRまで到達してからOへと届くので，直接音の振動数より考え方がやや複雑になります。このように，**壁で反射する場合のドップラー効果**を考えるときには，Sが発した音波をRが受けとるまでの過程と，Rで反射した音波をOが受けとるまでの過程の**2つのSTEPに分けて考えましょう**。

POINT

反射壁によるドップラー効果は2STEPで解いていく。

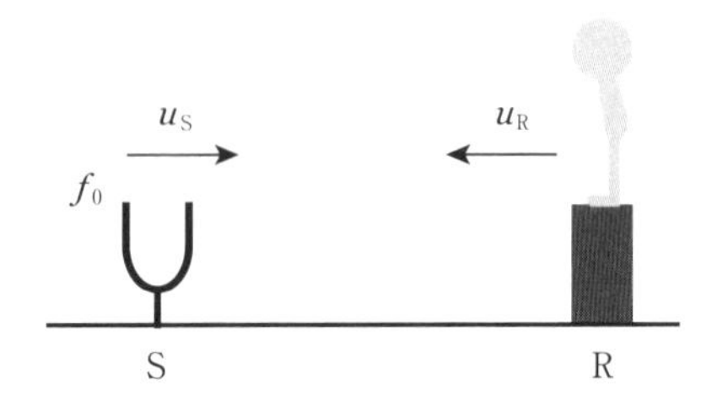

STEP 1：まず，Sが発した音波をRが受けとるまでの過程を考えます。実際，反射壁Rは観測者ではありませんが，音波を受けとる側の立場なので，**反射壁Rを観測者とみなして考えます**。Sは速さu_S，Rは速さu_Rでお互いに近づいているので，Rが受けとる振動数f_R〔Hz〕は，ドップラー効果の公式より次のようになります。

$$f_R = \frac{V+u_R}{V-u_S} \cdot f_0$$

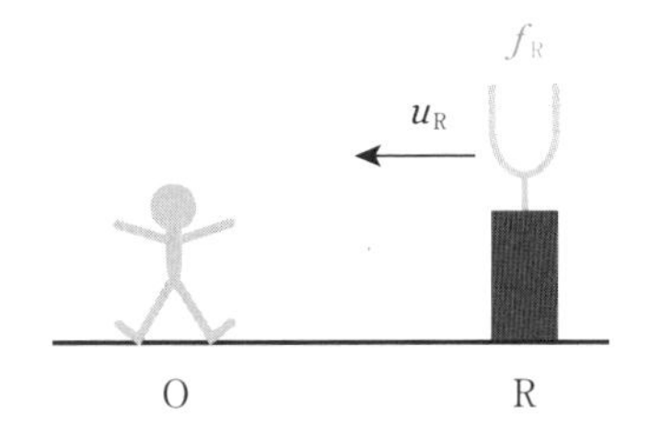

STEP 2：次に，Rで反射した音波をOが受けとるまでの過程を考えます。今度は，**反射壁Rを振動数f_R〔Hz〕を発する音源とみなします**。Rが速さu_Rで観測者Oに近づくとき，観測者Oが受けとる振動数f_2〔Hz〕は，次のようになります。

$$f_2 = \frac{V}{V-u_R} \cdot f_R = \frac{V(V+u_R)}{(V-u_R)(V-u_S)} \cdot f_0$$

今回のポイントは，反射音によるドップラー効果は2STEPで解くということです。ここで，直接音と反射音の振動数が求められたので，これら2つの音波によるうなりの振動数f〔Hz〕も求めてみましょう。f_1とf_2の式を見比べると，明らかに$f_2 > f_1$なので，

$$\begin{aligned} f &= f_2 - f_1 \\ &= \frac{V(V+u_R-V+u_R)}{(V-u_R)(V-u_S)} \cdot f_0 \\ &= \frac{2u_R V}{(V-u_R)(V-u_S)} \cdot f_0 \end{aligned}$$

103 風があるときのドップラー効果

風があるときのドップラー効果の公式
風下に伝わる音速　$V \to V+w$
風上に伝わる音速　$V \to V-w$

風があるドップラー効果

図のように，振動数f_0〔Hz〕の音源S，観測者O_1,O_2が一直線上にあり，O_2からO_1の方へw〔m/s〕で風が吹いています。無風のときの音速をV〔m/s〕とします。

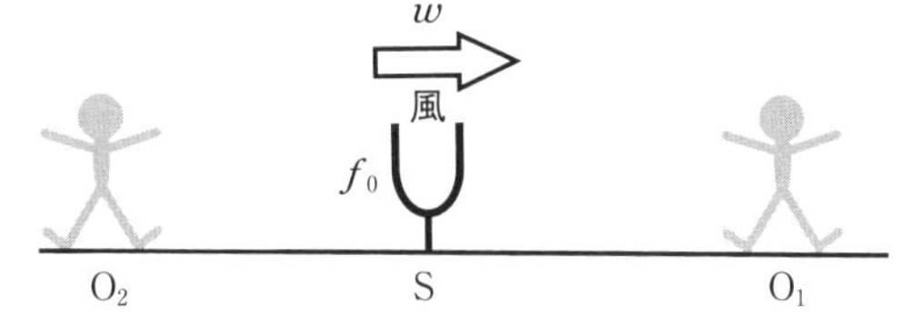

風が吹いている場合，音速はどうなるか？

音波は空気という媒質を伝わっていきますが，風が吹いていると音波を伝える媒質自体が動くので，音速は変化します。

1秒間に，風下（かざしも）に伝わる音波は媒質内をV〔m〕だけ進みますが，風によって媒質自体が同じ向きにw〔m〕進むので，音速は$V+w$〔m/s〕となります。

一方，風上（かざかみ）に伝わる音波も1秒間に媒質内をV〔m〕だけ進みますが，風によって媒質自体が逆向きにw〔m〕だけ戻っていますので，音速は$V-w$〔m/s〕となります。

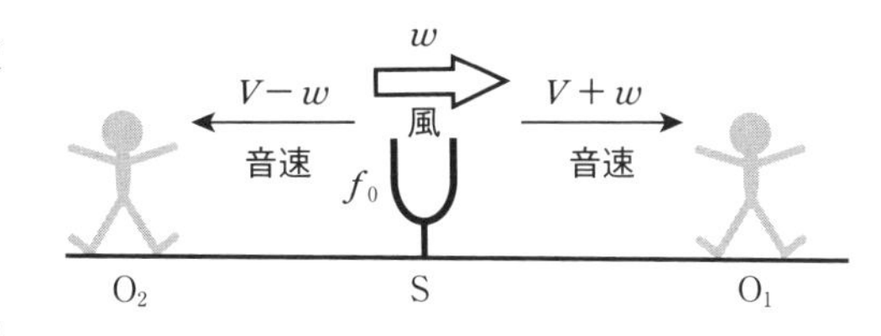

風が吹いているときの音速がわかったところで，このときのドップラー効果の公式の形を考えてみましょう。

w〔m/s〕で風が吹いているときのドップラー効果の公式は，公式の中の音速 V〔m/s〕を次のように書き直せば作ることができます。

POINT

風があるときのドップラー効果の公式
風下に伝わる音速　$V \to V+w$
風上に伝わる音速　$V \to V-w$

では，実際にドップラー効果の公式を作ってみましょう。

O_1，O_2 が速さ u〔m/s〕で，どちらも風と同じ向きに進み始めました。

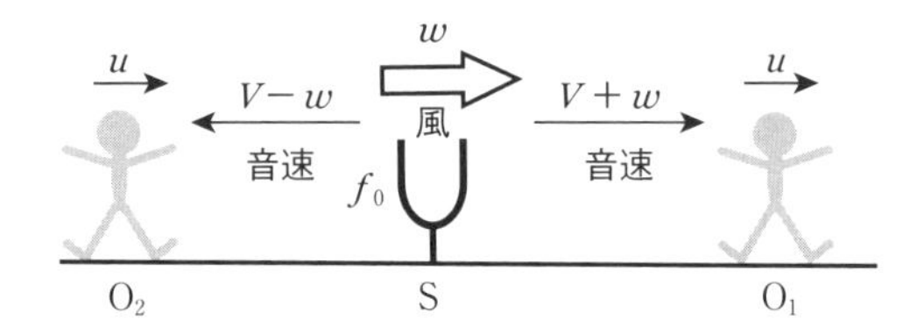

↓ O_1,O_2 が観測する音波の振動数 f_1，f_2〔Hz〕は，それぞれいくらになるか？

観測者 O_1 が観測する音波の速さは $V+w$〔m/s〕なので，ドップラー効果の公式の中の V を $V+w$ にかきかえると，観測者 O_1 が観測する音波の振動数 f_1〔Hz〕は次のようになります。

$$f_1 = \frac{V+w-u}{V+w} \cdot f_0$$

同様にして，観測者 O_2 が観測する音波の速さは $V-w$〔m/s〕なので，ドップラー効果の公式中の V を $V-w$ にかきかえると，観測者 O_2 が観測する音波の振動数 f_2〔Hz〕は次のようになります。

$$f_2 = \frac{V-w+u}{V-w} \cdot f_0$$

104 音源が斜めに動くドップラー効果

音源が斜めに動くドップラー効果

音源の速度は音源と観測者を結ぶ方向への速度成分で考えればよい。

音源が斜めに動くドップラー効果

振動数f_0〔Hz〕の音源Sが，x軸上を速さu〔m/s〕で進み，Sの発する音波を静止している観測者Oが観測します。SOとx軸のなす角がθとなった瞬間にSから出た音波について考えます。音速をV〔m/s〕とします。

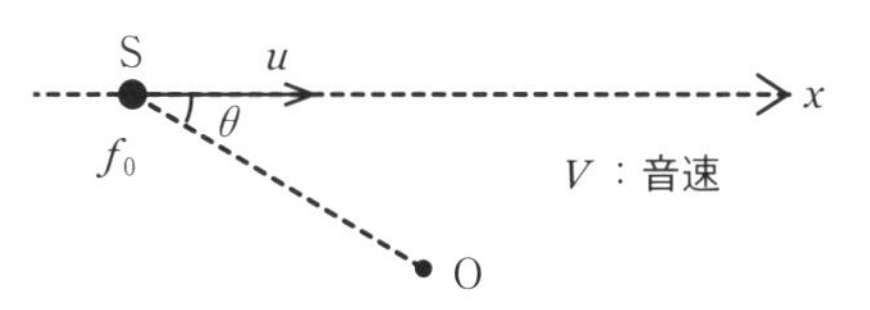

Oが観測する音波の振動数f〔Hz〕を求めよう

音源Sは速さu〔m/s〕で進んでいますが，観測者へ向かっているわけではないので，uをそのまま音源の速さとすることはできません。ドップラー効果は，音源と観測者が近づいたり遠ざかったりするときに起こるので，音源の速度は，**音源と観測者を結ぶ方向への速度成分で考えればよい**ことがわかります。

右図より，Sは速さ$u\cos\theta$でOに近づいているので，Oが観測する音波の振動数f〔Hz〕はドップラー効果の公式より次のようになります。

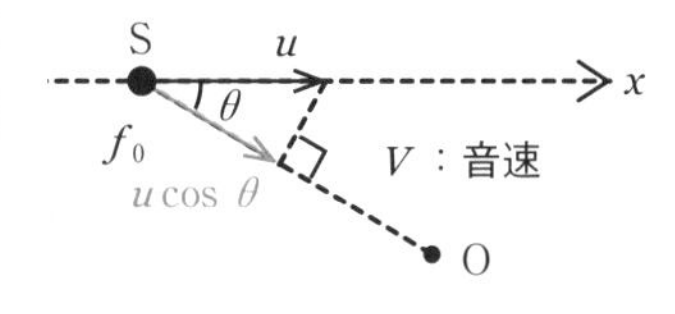

$$f=\frac{V}{V-u\cos\theta}\cdot f_0$$

たとえば $\theta=90°$ のとき，Oが観測する振動数f〔Hz〕は

$$f=\frac{V}{V-u\cos90°}\cdot f_0=f_0$$

となります。$\theta = 90°$ となる瞬間は，音源は観測者に対して近づいても遠ざかってもいないので，ドップラー効果は起こらず，観測する振動数は音源の振動数 f_0 に等しくなります。

音源が斜めに動くドップラー効果

音源の速度は音源と観測者を結ぶ方向への速度成分で考えればよい。

振動数 f_0〔Hz〕の音源Sが，点Oを中心として反時計回りに，半径 r〔m〕，角速度 ω〔rad/s〕で等速円運動をしている。Sから発せられる音波を点Oから $\sqrt{2}r$〔m〕離れた点Pで観測する。音速を V〔m/s〕とする。

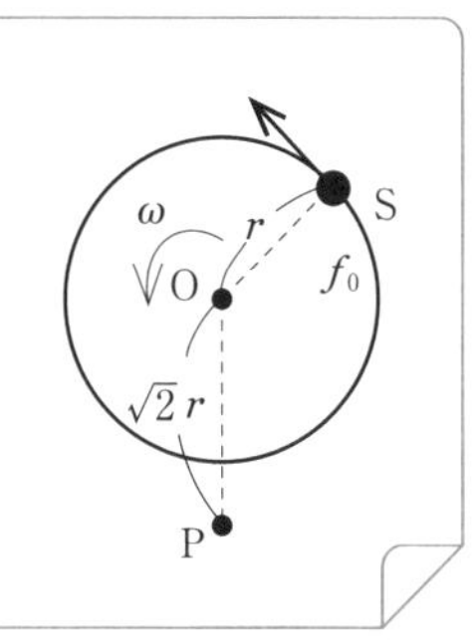

(1) 点Pで観測される最も低い音の振動数 f_A〔Hz〕と最も高い音の振動数 f_B〔Hz〕をそれぞれ求めよ。

半径 r，角速度 ω で等速円運動をする音源Sは，円の接線方向に，速さ $r\omega$〔m/s〕で運動します。

そこで，ドップラー効果の公式を適用するときは，音源の速度として，右図のように，音源Sと観測者Pを結ぶ方向(PS方向)への速度成分を考えます。

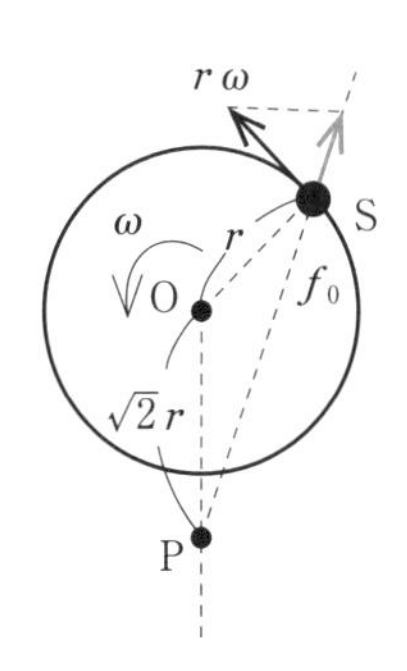

最も小さい振動数 f_A〔Hz〕を観測するのは，音源Sの速度のPS方向成分が最大で，しかも遠ざかっているときに発せられた音波なので，次ページのように，Sが接線上の点Aにあるときです。

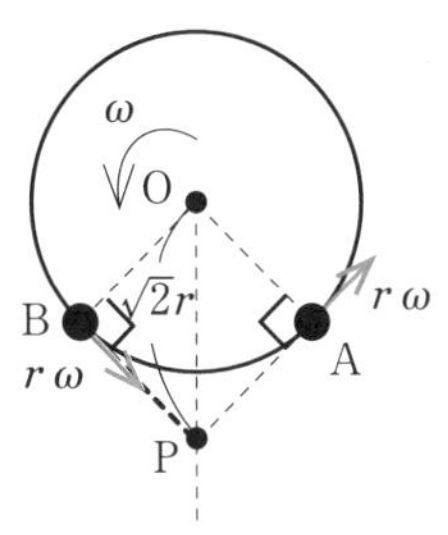

したがって，このとき観測できる振動数f_A〔Hz〕はドップラー効果の公式より，次のようになります。

$$f_A = \frac{V}{V + r\omega} \cdot f_0$$

一方，点Pから引ける2本の接線のうちのもう片方の接点BにSがあるとき，音源Sの速度が点Pに向かっているので，このとき発せられた音波が最も大きい振動数f_B〔Hz〕となり，その振動数は次のようになります。

$$f_B = \frac{V}{V - r\omega} \cdot f_0$$

$$\boldsymbol{f_A = \frac{V}{V + r\omega} \cdot f_0}$$ **〔Hz〕，** $$\boldsymbol{f_B = \frac{V}{V - r\omega} \cdot f_0}$$ **〔Hz〕** ……答

つづき
Q (2) f_Aを観測してから次にf_Bを観測するまでの時間t〔s〕を求めよ。

上図において，△OAPは，∠A = 90°，OA = r，OP = $\sqrt{2}r$ より，直角二等辺三角形であることがわかりますね。同様に△OBPも直角二等辺三角形となりますので，四角形OAPBは正方形となります。

解答

観測者がf_Aを観測してから次にf_Bを観測するまでの時間tは

音源が360° − 90° ＝270°，つまり$\frac{3}{4}$周期だけ運動する時間と同じだから

時間t〔s〕は

$$t = \frac{3}{4}T = \frac{3}{4} \cdot \frac{2\pi}{\omega} = \frac{3\pi}{2\omega}$$

$$\boldsymbol{t = \frac{3\pi}{2\omega}}$$ **〔s〕** ……答

観測者の位置Pは，点A，Bから同じ距離rだけ離れているので，点A，Bで発せられた音波は，同じ時間$\frac{r}{V}$〔s〕だけ遅れて観測者に届きます。この遅れの時間が同じなので，求める時間t〔s〕を(2)の解答のように考えることができるのです。

105 光の反射・屈折

押さえよ

(絶対)屈折率 n

$$n=\frac{c}{v}=\frac{\lambda}{\lambda'}=\frac{\sin i}{\sin r}$$

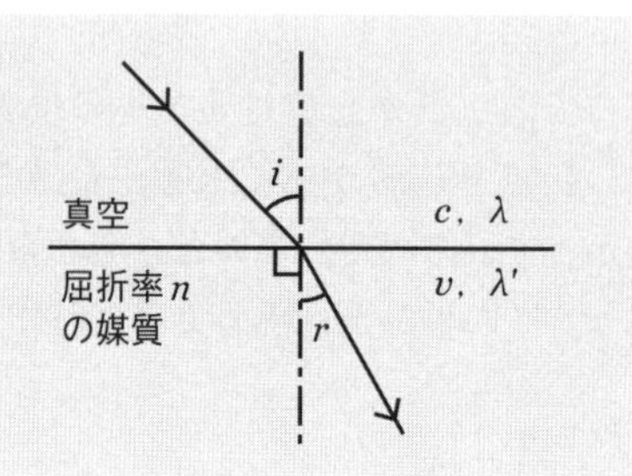

今回からは光について学んでいきましょう。光は波動性があるため，光波とも呼ばれ，媒質の境界面では反射や屈折が起こります。波が屈折する原因は，媒質によって波の速さが変化するためでしたね。

相対屈折率について復習しよう

光(光波)が入射角 i で媒質1から媒質2に入射し，境界面で屈折角 r の屈折を起こしました。媒質1，2での波の速さを v_1，v_2 とし，媒質1，2での波の波長を λ_1，λ_2 とすると，媒質1に対する媒質2の屈折率(相対屈折率) n_{12} は，次のように表されました。

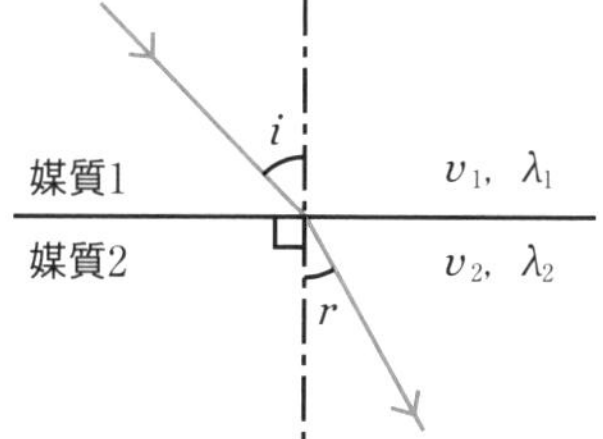

$$n_{12}=\frac{v_1}{v_2}$$

この式は相対屈折率の定義式ですので，覚えておきましょう。このあとの関係式は，波の基本式やホイヘンスの原理の説明図より，次のように導くことができました。忘れている人は，87 波の屈折を見直しておいてください。

$$n_{12}=\frac{v_1}{v_2}=\frac{\lambda_1}{\lambda_2}=\frac{\sin i}{\sin r}$$

絶対屈折率とは何か？

今までの屈折率(相対屈折率)は「ある媒質に対するある媒質の屈折率」と

いうように，屈折率を相対的なものとして考えてきました。そこで今回は真空を絶対的な基準とした屈折率を考えます。

光が真空中からある媒質中へ入射するときの屈折率，つまり，**真空に対するその媒質の屈折率**を**絶対屈折率**または単に**屈折率**といいます。屈折率は，真空中での光の速さ c と真空以外の媒質中での光の速さ v を用いて次のように定義されています。

$$n = \frac{c}{v}$$

一般に，真空中での光の速さ c は媒質中での光の速さ v よりも大きいので，屈折率 n は1よりも大きくなります。

また，真空中での光の波長を λ，屈折率 n の媒質中での波長を λ'，入射角を i，屈折角を r とすると，相対屈折率と同様に，次の屈折の法則が成り立ちます。

$$n = \frac{c}{v} = \frac{\lambda}{\lambda'} = \frac{\sin i}{\sin r}$$

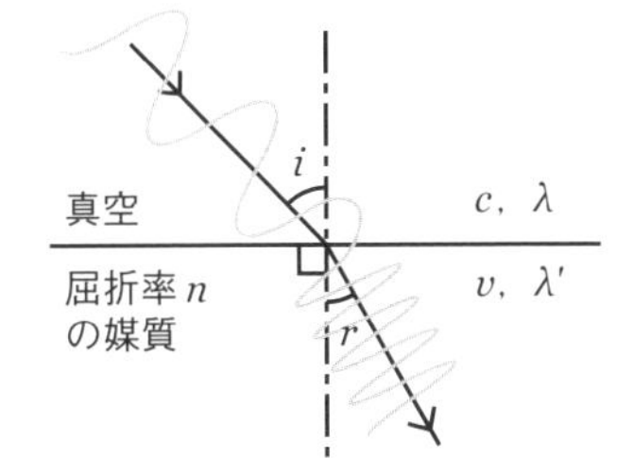

これらの式から導くことができる，よく使う関係式として次のものがあげられます。

$$v = \frac{c}{n}, \quad \lambda' = \frac{\lambda}{n}$$

これらの式から光は媒質に入ると，速さは遅くなり，波長は短くなることがわかりますね。

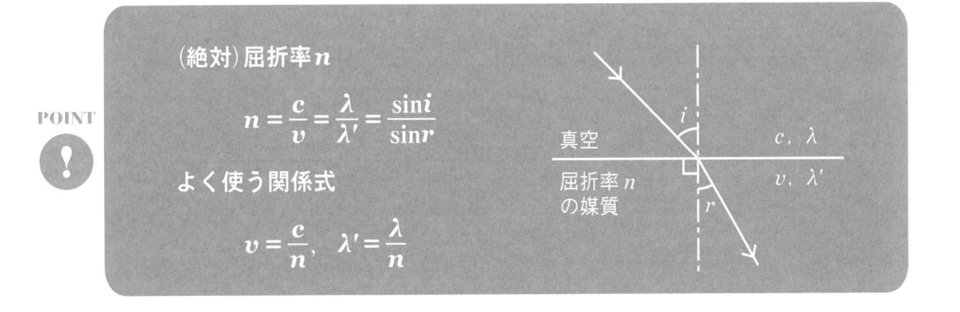

106 平行多重層における屈折

平行多重層における屈折

$$n_1 \sin\theta_1 = n_2 \sin\theta_2 = n_3 \sin\theta_3 = \cdots$$

今まで習った屈折は，波が1回だけ屈折する場合でしたが，今回は2回以上の屈折について考えてみます。いくつかの媒質が平行に積み重なっている平行多重層における屈折について考えていきましょう。

平行多重層における屈折

右図のような3つの媒質からなる平行多重層を考えます。

まず，入射角θ_1で媒質1から入射した光は，媒質2との境界面で屈折角θ_2の屈折を起こします。媒質1，2における光の速さをv_1，v_2とすると，媒質1に対する媒質2の屈折率n_{12}は次のように表すことができましたね。

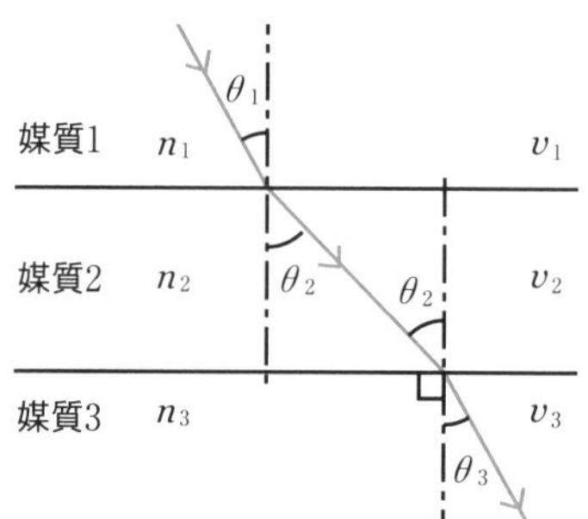

$$n_{12} = \frac{v_1}{v_2} = \frac{\sin\theta_1}{\sin\theta_2}$$

ここで，**105**で学んだ絶対屈折率を用いてこの式を変形してみましょう。

(絶対)屈折率n

$$n = \frac{c}{v} = \frac{\lambda}{\lambda'} = \frac{\sin i}{\sin r}$$

よく使う関係式

$$v = \frac{c}{n},\quad \lambda' = \frac{\lambda}{n}$$

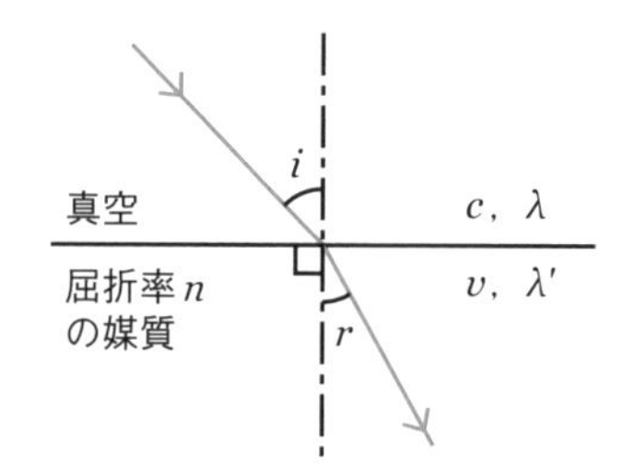

v_1, v_2 を真空中での光速 c と，媒質 1，2 の屈折率 n_1, n_2 を用いて表すと

$$\boldsymbol{v_1 = \frac{c}{n_1}} \quad , \quad \boldsymbol{v_2 = \frac{c}{n_2}}$$

となるので，さきほどの式を変形すると次のようになります。

$$\boldsymbol{n_{12} = \frac{v_1}{v_2} = \frac{c/n_1}{c/n_2} = \frac{n_2}{n_1} = \frac{\sin\theta_1}{\sin\theta_2}}$$

$$\boldsymbol{n_1 \sin\theta_1 = n_2 \sin\theta_2} \quad \cdots①$$

同様に，媒質 2 に対する媒質 3 の屈折率 n_{23} についても式変形すると，次のようになります。

$$\boldsymbol{n_{23} = \frac{v_2}{v_3} = \frac{c/n_2}{c/n_3} = \frac{n_3}{n_2} = \frac{\sin\theta_2}{\sin\theta_3}}$$

$$\boldsymbol{n_2 \sin\theta_2 = n_3 \sin\theta_3} \quad \cdots②$$

そして最後に，①，②をまとめると，次式が成り立ちます。

$$\boldsymbol{n_1 \sin\theta_1 = n_2 \sin\theta_2 = n_3 \sin\theta_3}$$

この式から，屈折率 n と屈折角(または入射角) θ の正弦の積，つまり **$n\sin\theta$ の値は各媒質において等しくなる**ことがわかります。

したがって，n と $\sin\theta$ は反比例の関係にあるので，**屈折率 n が大きい媒質ほど，その媒質中を進む光の屈折角 θ は小さくなり(つまり $\sin\theta$ が小さくなり)，光の進行方向は境界面に対して垂直に近くなります。**

一般に，層の数がいくつであっても同様の関係式が成り立ちます。層の数が多いとき，相対屈折率の式をひとつずつ立てて考えると，式の数が多くなり面倒なので，次の形で覚えておくとよいでしょう。

POINT

平行多重層における屈折

$$\boldsymbol{n_1\sin\theta_1 = n_2\sin\theta_2 = n_3\sin\theta_3 = \cdots}$$

107 全反射①

全反射

臨界角i_0：屈折角が90°に なるときの入射角

$$n_1 \sin i_0 = n_2 \sin 90°$$

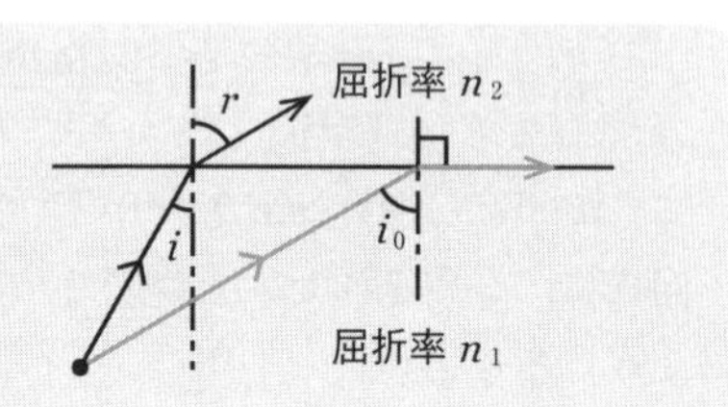

106では，平行多重層における屈折について学びました。屈折の法則は絶対屈折率を用いて次の形で覚えておくのでしたね。

P.313

平行多重層における屈折（屈折の法則）

$$n_1 \sin\theta_1 = n_2 \sin\theta_2 = n_3 \sin\theta_3 = \cdots$$

今回は，この屈折の法則を使って全反射について考えていきましょう。

全反射とは何か？

光が屈折率の大きい媒質1から屈折率の小さい媒質2へ入射する場合について考えます。

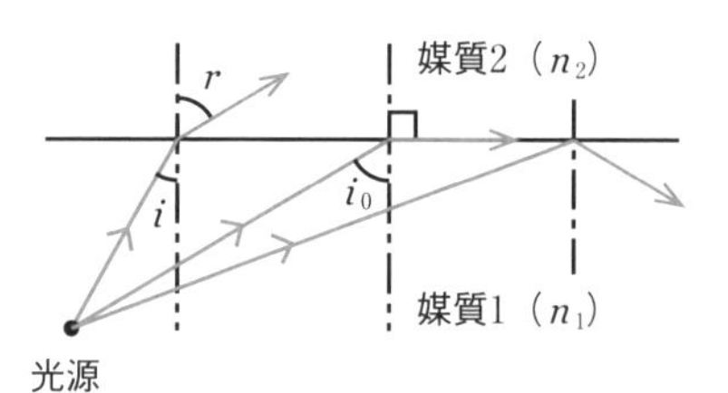

媒質1，2の屈折率をそれぞれn_1，n_2（$n_1 > n_2$）とすると，屈折の法則より，入射角iと屈折角rの間には，次の関係が成り立ちます。

$$n_1 \sin i = n_2 \sin r$$

$n_1 > n_2$ なので，上式より

$$\sin i < \sin r$$

となり，$0° \leqq i \leqq 90°$，$0° \leqq r \leqq 90°$ なので

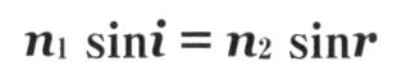

入射角 i < 屈折角 r

となります。

ここで，入射角をしだいに大きくしていくと，それにともなって屈折角も大きくなっていき，やがて**屈折角が90°となるような入射角**になりますね。このときの入射角のことを臨界角といいます。臨界角を i_0 とすると，屈折の法則より次の関係が成り立ちます。

$$n_1 \sin i_0 = n_2 \sin 90°$$

入射角が臨界角 i_0 以上になると，光はすべて反射し，屈折光はなくなります。これを全反射といいます。

POINT

全反射が起こるための条件
1. 光が屈折率の大きい媒質から小さい媒質へ進んでいる。
2. 入射角が臨界角以上である。

「光ファイバー」って聞いたことありますか？　光ファイバーは，光を伝達させるための細い繊維で，ガラスやプラスティックでできています。一本一本の繊維は，屈折率の大きい媒質を屈折率の小さい媒質で覆っている構造になっています。光ファイバーの中を通る光は，全反射を繰り返して進んでいき，光や光にのせた情報が伝わるという仕組みになっています。

このように，全反射は日常生活にも応用されている重要な現象なので，しっかりと理解しておくことが大切です。

108 全反射②

▽解説動画

今回は全反射に関する問題を解いてみましょう。

水面上に厚さが一定の油の層が浮いている。水中から入射角 θ で油の層へ入射した光が，油と空気の境界面で全反射するための条件を求めよ。ただし，空気，油，水の屈折率をそれぞれ 1，n_1，n_2 とし，$1 < n_2 < n_1$ であるとする。

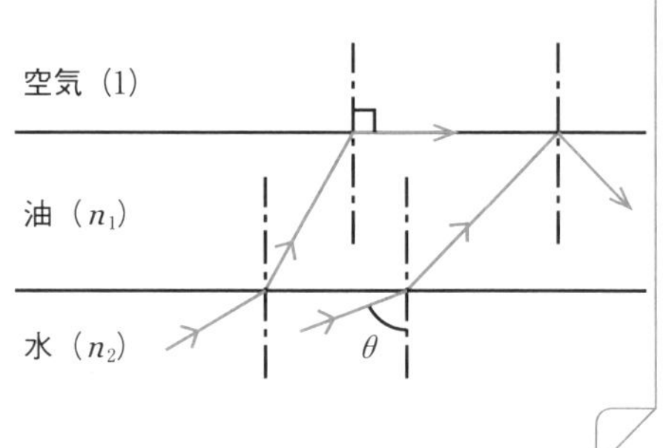

まず，**107** で学んだことをおさらいしておきましょう。全反射が起こるのは，光が**屈折率の大きい媒質から小さい媒質へ進んでいて**，**入射角が臨界角以上**であるときでしたね。

P.314

全反射

臨界角 i_0：屈折角が 90° になるときの入射角

$n_1\sin i_0 = n_2\sin 90°$

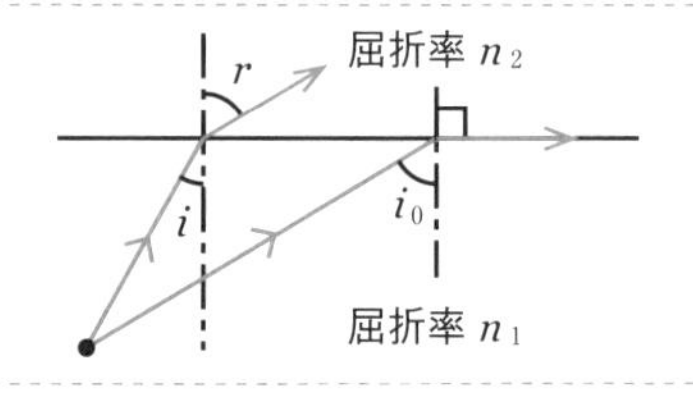

全反射をしているときの油から空気への入射角を i，臨界角を i_0 とすると，$0° \leqq i_0 \leqq i \leqq 90°$ なので，次の関係式が成り立ちます。

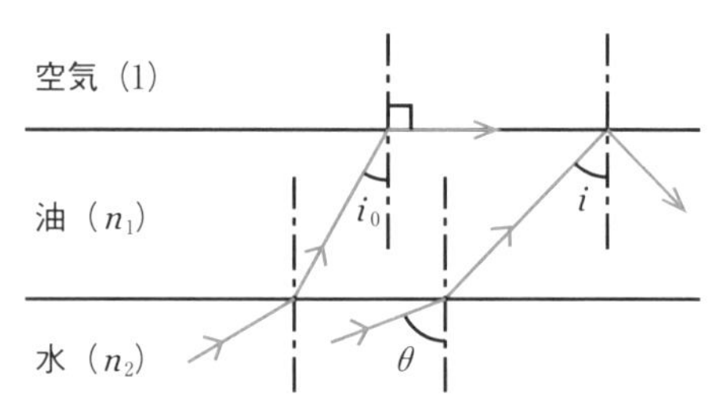

解答

$$\sin i_0 \leqq \sin i \quad \cdots ①$$

次に，$\sin i_0$ と $\sin i$ の値をそれぞれ求めていきます。

まず，油と空気の境界面における屈折の法則は臨界角 i_0 を用いて，次のように表すことができます。

$$n_1 \sin i_0 = 1 \cdot \sin 90°$$

$$\sin i_0 = \frac{1}{n_1} \quad \cdots ②$$

また，右図のように水から油への屈折角と油から空気への入射角は錯角で等しいので，水と油の境界面における屈折の法則は θ，i を用いて次のように表すことができます。

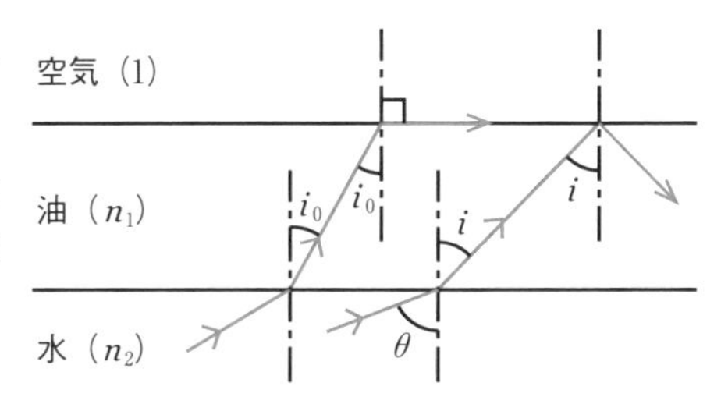

$$n_2 \sin\theta = n_1 \sin i$$

$$\sin i = \frac{n_2 \sin\theta}{n_1} \quad \cdots ③$$

②，③を①に代入すると

$$\frac{1}{n_1} \leqq \frac{n_2 \sin\theta}{n_1}$$

$$\sin\theta \geqq \frac{1}{n_2}$$

$\boldsymbol{\sin\theta \geqq \frac{1}{n_2}}$ ……答

答えの形を見ると，式に n_1 という文字が含まれていないことに気づくと思います。水中から屈折率 n_1 の油の層を通って全反射が起きているのに，n_1 の値が全反射にはなんの影響も及ぼしていないというのは，少し不思議な気もしますね。

109 ヤングの干渉実験①

\押さえよ/ →

ヤングの干渉実験

明線条件： $\dfrac{xd}{\ell} = m\lambda = 2m \cdot \dfrac{\lambda}{2}$

暗線条件： $\dfrac{xd}{\ell} = \left(m + \dfrac{1}{2}\right)\lambda = (2m+1) \cdot \dfrac{\lambda}{2}$

$(m = 0,\ 1,\ 2,\ \cdots)$

ヤングの干渉実験とは何か？

ヤングの干渉実験は，光が波動性をもつことを示す実験であり，入試にもよく出題されます。しっかりとその原理を理解しておきましょう。

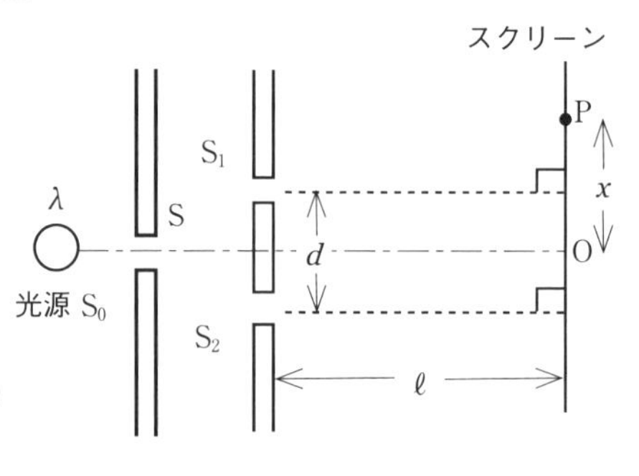

右の図で，S_0 は光源，S はスリット（光を通す細いすきま），S_1，S_2 は S から等距離にある複スリットで間隔は d となっています。S_1，S_2 と平行で距離 ℓ の位置にスクリーンを置きます。

光源 S_0 を出た波長 λ の光は，S を通ったあと回折をして S_1，S_2 を通過します。SS_1 と SS_2 の距離は等しいので，S_1，S_2 での光の位相は等しくなっています。そして，S_1，S_2 は新たな波源となり，S_1，S_2 から出た2つの光波は，スクリーン上で干渉し，スクリーンには明線と暗線が交互に並びます。スクリーン上の点 O は S_1，S_2 から等距離の点で，OP 間の距離は x とします。

まず，経路長 S_1P，S_2P を求めてみましょう。S_1，S_2 は，S_0 と O を結ぶ中心の線からそれぞれ $\dfrac{d}{2}$ の距離にあるので，三平方の定理より，S_1P，S_2P は次のように表すことができます。

$$S_1P = \sqrt{\ell^2 + \left(x - \frac{d}{2}\right)^2}$$

$$S_2P = \sqrt{\ell^2 + \left(x + \frac{d}{2}\right)^2}$$

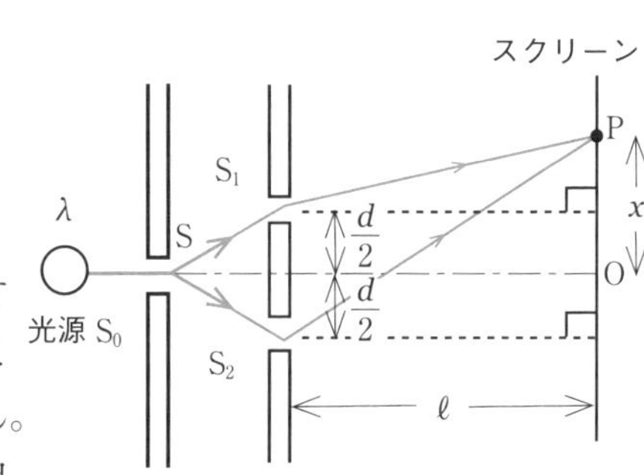

このまま経路差を求めようとすると，ルートがはずせないのでこれ以上計算することができません。このようなときには，近似式を用いて計算を進めていきます。

$y \ll 1$のとき，次の近似式が成り立ちます。

$$(1 \pm y)^n \fallingdotseq 1 \pm ny$$

今回はこの近似式を用いて，経路差 $|S_2P - S_1P|$ を求めていきましょう。

まず，近似式を用いるために，S_1P を$(1+y)^n$ の形にもっていきます。そのためにℓをルートの外に出します。また，ルートは２分の１乗のことなので，わかりやすく変形すると次のようになります。

$$S_1P = \sqrt{\ell^2 + \left(x - \frac{d}{2}\right)^2} = \ell\sqrt{1 + \frac{1}{\ell^2}\left(x - \frac{d}{2}\right)^2}$$

$$= \ell\left\{1 + \frac{1}{\ell^2}\left(x - \frac{d}{2}\right)^2\right\}^{\frac{1}{2}}$$

ここで，ヤングの干渉実験では，$d \ll \ell$，$x \ll \ell$ なので，

$\frac{1}{\ell^2}\left(x - \frac{d}{2}\right)^2 \ll 1$となり，

$$S_1P \fallingdotseq \ell\left\{1 + \frac{1}{2}\cdot\frac{1}{\ell^2}\left(x - \frac{d}{2}\right)^2\right\} = \ell + \frac{1}{2\ell}\left(x - \frac{d}{2}\right)^2$$

同様にして，S_2P も近似式を用いて変形すると次のようになります。

$$S_2P = \ell\left\{1 + \frac{1}{\ell^2}\left(x + \frac{d}{2}\right)^2\right\}^{\frac{1}{2}} \fallingdotseq \ell + \frac{1}{2\ell}\left(x + \frac{d}{2}\right)^2$$

よって，経路差 $|S_2P - S_1P|$ は，次のように近似することができます。

$$|S_2P - S_1P| = \left|\left\{\ell + \frac{1}{2\ell}\left(x + \frac{d}{2}\right)^2\right\} - \left\{\ell + \frac{1}{2\ell}\left(x - \frac{d}{2}\right)^2\right\}\right| = \frac{xd}{\ell}$$

数学では近似をすることはあまりありませんが，物理では途中で近似をすることがよくあります。近似の方法をしっかりと覚えて使いこなせるようにしておきましょう。

ヤングの干渉実験の干渉条件を求めよう

スクリーン上の点Pが，明線または暗線となる条件をそれぞれ求めてみましょう。S_1，S_2から同位相で出た２つの波は，経路差が波長λの整数倍のとき(半波長の偶数倍のとき)，点Pでは山と山，谷と谷というような同位相の波が重なりあうので，互いに強めあって明線となります。逆に，経路差が波長λの整数倍から半波長だけずれているとき(半波長の奇数倍のとき)，点Pでは山と谷というような位相がπずれた波が重なりあうので，互いに弱めあって暗線となります。

したがって，点Pが明線または暗線となる条件(干渉条件)は，次のように表すことができます。

明線となる条件：　**経路差** $\frac{xd}{\ell} = m\lambda = 2m \cdot \frac{\lambda}{2}$

暗線となる条件：　**経路差** $\frac{xd}{\ell} = \left(m + \frac{1}{2}\right)\lambda = (2m+1) \cdot \frac{\lambda}{2}$

$(m = 0,\ 1,\ 2,\ \cdots)$

POINT !

明線条件：　$\frac{xd}{\ell} = m\lambda = 2m \cdot \frac{\lambda}{2}$

暗線条件：　$\frac{xd}{\ell} = \left(m + \frac{1}{2}\right)\lambda = (2m+1) \cdot \frac{\lambda}{2}$

$(m = 0,\ 1,\ 2,\ \cdots)$

ヤングの干渉実験の**経路差**$\frac{xd}{\ell}$は，今後もよく出てきますので近似をして求める手順とともに，経路差$\frac{xd}{\ell}$そのものも覚えてしまいましょう。

110 ヤングの干渉実験②

今回はヤングの干渉実験の2回目です。関連事項として，可視光線について少しふれてから問題を解いてみましょう。

可視光線とは何か？

人の目に明るさとして感じる光を可視光線といいます。可視光線の波長の範囲は，約 0.4μm ～ 0.8μm となっています。人は**波長の違いを色の違いとして認識**しています。

1つの波長，すなわち1つの色からなる光を単色光といいます。ここで，光の波長と色について簡単に説明しておきます。色は波長の短い方から順に，紫藍青緑黄橙赤となっています。大ざっぱに，**青は約 0.4μm，黄は約 0.6μm，赤は約 0.8μm** と覚えておくとよいでしょう。

また，プリズムに太陽光を入射させるといろいろな波長の光(いろいろな色)に分けることができます。太陽光のように**いろいろな波長の光を含んだ光**を白色光といいます。太陽光は可視光線だけでなく，紫より波長の短い紫外線や，赤より波長の長い赤外線も含んでいますが，それらは人の目には見えません。

右の図で，S_0 は波長 λ の光源，S_1，S_2 はスリット S から等距離にある複スリットで間隔は d である。S_1S_2 と平行で距離 ℓ の位置にスクリーンを置く。スクリーン上の点 O は，S_1，S_2 から等距離の点で，スクリーン上の点 P との距離 OP は x である。

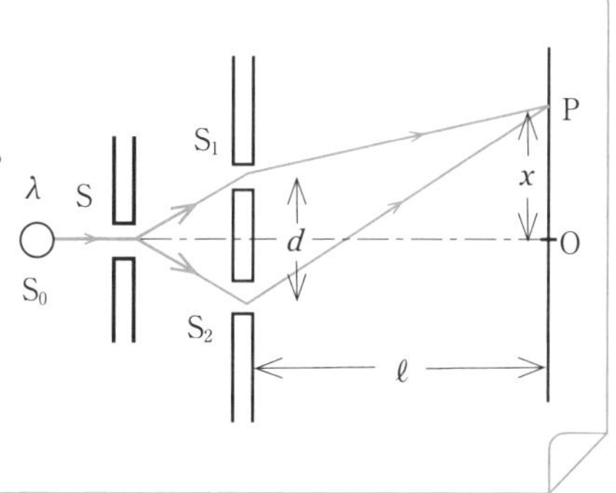

この問題の設定は 109 で見たものですね。覚えていない人は 109 の内容をもう一度見直しておいてください。

つづき Q (1) 経路差 $|S_2P - S_1P|$ を式で表せ。

三平方の定理と近似式を用いると，経路差は次のように求めることができます。経路差$\dfrac{xd}{\ell}$は自分で導き出せるようにしておきましょうね。

$$\frac{xd}{\ell}$$ ……答

つづき Q (2) 点Pが明線となる条件(明線条件)を $m=0,1,2,\cdots$ を用いて表せ。

点Pが明線となるのは，S_1，S_2 から同位相で出た2つの波の経路差が波長 λ の整数倍となるときなので，$m=0,1,2,\cdots$ を用いて次のように表すことができます。

$$\frac{xd}{\ell} = m\lambda \quad \cdots①$$ ……答

①式より，$x = \dfrac{m\ell\lambda}{d}$ となるので，この式に $m=0,1,2,\cdots$ を順に代入していくと，スクリーン上で明線となる位置は，点Oを中心として上下対称に等間隔で分布することがわかります。

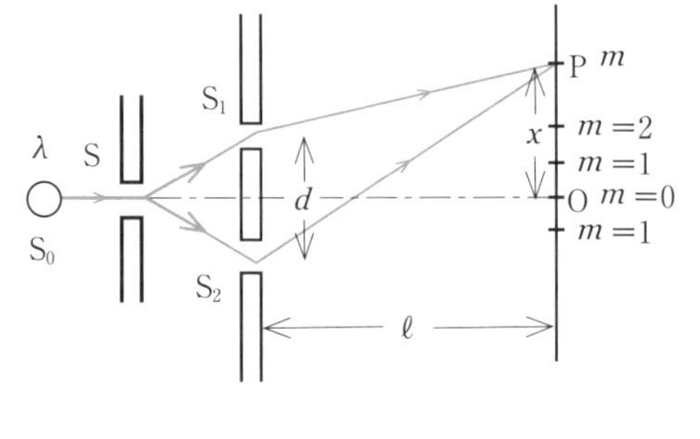

つづき Q (3) 明線間隔 Δx を式で表せ。

①式は，点Oから数えて m 番目の明線条件を表しています。明線間隔を Δx とすると，点Oから数えて $(m+1)$ 番目の明線条件は次のように表されます。

解答

$$\frac{(x+\Delta x)\,d}{\ell}=(m+1)\lambda \quad \cdots ②$$

よって，②−①より

$$\frac{\Delta x \cdot d}{\ell}=\lambda$$

$$\boldsymbol{\Delta x=\frac{\ell\lambda}{d}} \quad \cdots ③ \quad \cdots\cdots 答$$

このように，明線や暗線の間隔について考えるときには，m 番目の明線条件と $(m+1)$ 番目の明線条件の差をとることで求められます。

(4) 複スリットの間隔 d を小さくすると，明線間隔 Δx はどのようになるか？

解答

③式において，d を小さくすると分母が小さくなり，Δx の値は大きくなる。 **d を小さくすると明線間隔 Δx は大きくなる。** ……答

(5) S_0 を白色光の光源に変えた。点 O と，そのとなりの明線はどのようになるか？

①式において，点 O は $m=0$ に対応していますね。このとき，①式はすべての波長 λ において成り立っているので，点 O ではすべての波長の光が重なることになります。したがって，点 O に現れる明線は白色になります。

点 O のとなりの明線は $m=1$ に対応するので，①式に $m=1$ を代入して，$\dfrac{xd}{\ell}=\lambda$ となります。この式から x の値は波長 λ によって変わることがわかります。波長 λ が短い光は，x が小さくなるので点 O の近くに現れます。したがって，点 O に近い方から，紫藍青緑黄橙赤と並びます。

解答

点 O に現れる明線は白色である。点 O のとなりの明線は点 O に近い方から，紫藍青緑黄橙赤と並ぶ。 ……答

111 光路長

押さえよ

屈折率n，長さℓの媒質の光路長（こうろちょう）は$n\ell$である。
光路長を用いる場合，真空中での光速cや波長λをそのまま使うことができる。

真空中を進んでいた光が，ある媒質に入射すると，光の速さは遅くなり波長は短くなります。したがって，光の経路に媒質が含まれると，そのままでは干渉条件が複雑になってしまいます。そこで登場するのが，光路長という考えかたです。今回は，光路長について学んでいきましょう。

光路長とは何か？

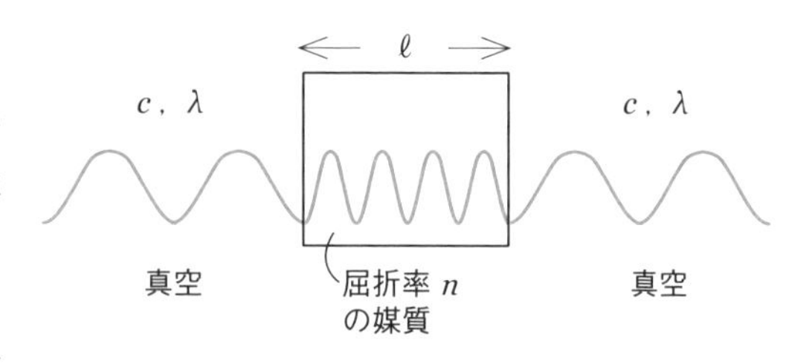

図のように，光の経路の途中に，長さℓ，屈折率nの媒質がある場合を考えます。光は真空中を速さc，波長λで進みますが，媒質中では，速さは$\frac{c}{n}$に，波長は$\frac{\lambda}{n}$に変化してしまいます。したがって，このまま干渉条件を考えると，式が複雑になってしまいますね。

そこで，このような場合に用いられるのが，光路長という考えかたです。

まず，光が長さℓ，屈折率nの媒質中を進むのに要する時間tを考えてみます。媒質中での光速は$\frac{c}{n}$になるので，媒質を通過する時間tは次のようになります。

$$t=\frac{\ell}{\frac{c}{n}}=\frac{n\ell}{c}$$

この式から，光が長さ ℓ，屈折率 n の媒質を進むとき，光の進む**距離が $n\ell$ となって**，**光速は c のまま**と考えても，通過する時間 t は変わらないことがわかります。この **$n\ell$ という仮想的な距離**のことを光路長，または光学距離といいます。また，経路の長さの差を経路差とよんでいたように，**光路長の差**のことを光路差といいます。

次に，媒質中での波の数(波数) N についても考えてみましょう。

媒質中での光の波長は $\frac{\lambda}{n}$ になるので，長さ ℓ の媒質中での波数 N は次のようになります。

$$N=\frac{\ell}{\frac{\lambda}{n}}=\frac{n\ell}{\lambda}$$

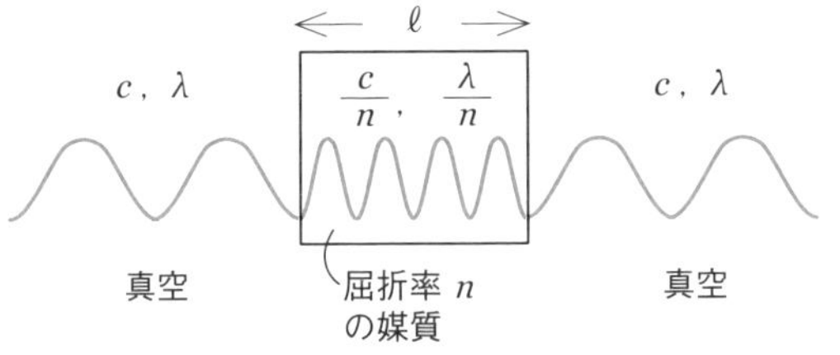

この式から，光の進む**距離が $n\ell$ となって**，**波長は λ のまま**と考えても，波数 N は変わらないことがわかります。

つまり，光路長の考えかたとは，屈折率 n，長さ ℓ の媒質の光路長を $n\ell$ とすることで，光速 c や波長 λ は真空中での値をそのまま使うことができるというものです。

POINT

屈折率 n，長さ ℓ の媒質の光路長(こうろちょう)は $n\ell$ である。
光路長を用いる場合，真空中での光速 c や波長 λ をそのまま使うことができる。

112 反射による位相の変化

\押さえよ/

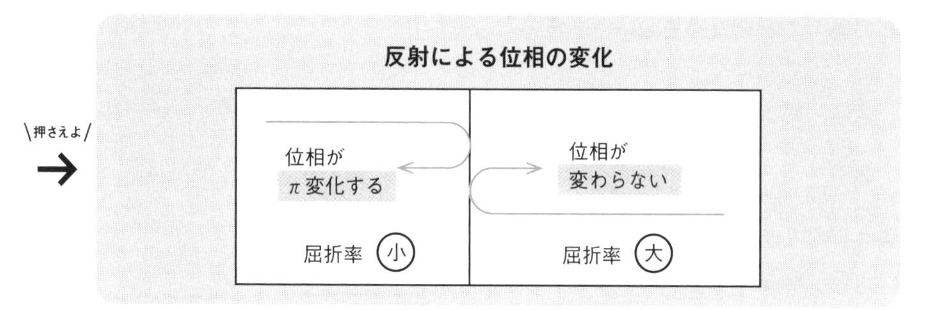

今回は，光の反射による位相の変化について学んでいきましょう。

光における固定端反射と自由端反射について学ぼう

光は波なので反射をする際，固定端反射または自由端反射をします。

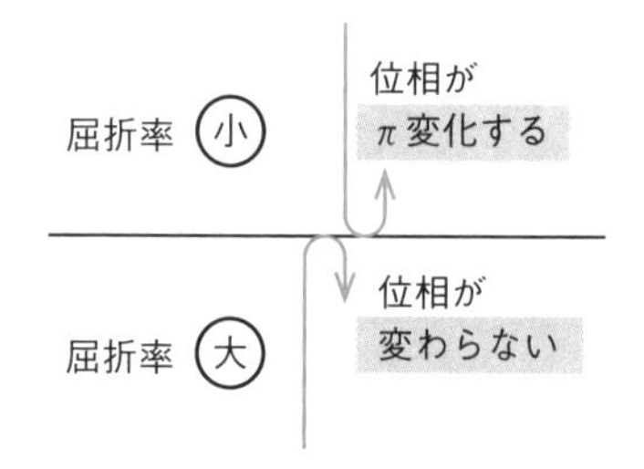

光が**屈折率の小さい媒質から屈折率の大きい媒質へ入射**し，その境界面で反射する場合，その光は**固定端反射し位相がπ変化します**。逆に，光が**屈折率の大きい媒質から屈折率の小さい媒質へ入射**し，その境界面で反射する場合，その光は**自由端反射し位相は変化しません**。

POINT !

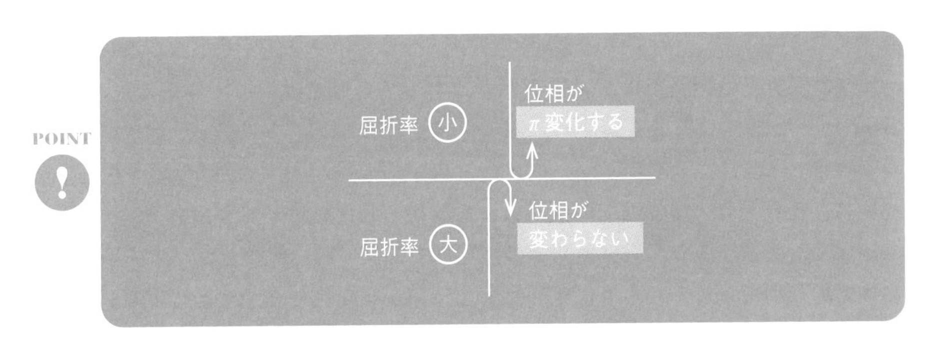

光の反射による位相の変化は，電磁気学的現象であり高校物理の範囲外なので，ひとまずこの事実だけを受け入れることにしましょう。たとえば，屈折率の小さい真空中や空気中から，それよりも屈折率の大きい水中やガラスへ光が入射し，その境界面で反射する場合，光は固定端反射し位相がπ変化します。ちなみに，境界面で反射をせずに透過した光は，位相が変化しません。

反射がからんだ光の干渉の問題は，光路差だけでなく，境界面での反射による**位相の変化も考えなければならない**ので，注意しましょうね。

それでは，問題をやってみましょう。

屈折率n_2のガラス板に，屈折率n_1，厚さdの反射防止のための薄膜をつける。屈折率n_0の空気中から，ガラス板に垂直に波長λの単色光を入射させる。ただし，$n_0 < n_1 < n_2$とする。

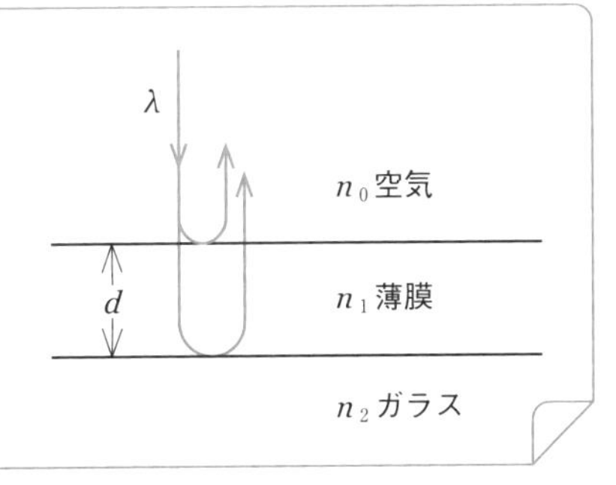

(1) 空気と薄膜の境界面での反射光と，薄膜とガラスの境界面での反射光とが干渉して弱めあうための条件を求めよ。

まずは経路差を求めましょう。2つの反射光の経路差は，厚さdの薄膜の往復分なので$2d$ですね。ここでは，**111**で学んだ光路差の考え方を用いてみましょう。

2つの反射光の光路差は，屈折率 n_1，厚さ d の薄膜を往復しているので，$\boldsymbol{2n_1d}$ となります。

次に，それぞれの境界面での反射による位相の変化を考えます。

$n_0 < n_1 < n_2$ なので，空気と薄膜の境界面での反射と，薄膜とガラスの境界面での反射では，どちらも固定端反射し位相が π 変化します。どちらの反射光も位相が π 変化するので，結局位相の変化分は相殺されてなくなり，光路差だけで干渉条件を考えることになります。

2つの反射光が干渉して弱めあうためには，光路差が波長の整数倍から半波長分だけずれていればよいので，干渉して弱めあう条件は次のようになります。

解答

$$\boldsymbol{2n_1d = \left(m+\frac{1}{2}\right)\lambda \quad (m=0,\ 1,\ 2,\ \cdots)}$$ ……答

(2) $n_1 = 1.4$，$\lambda = 5.6\times10^{-7}$m とするとき，薄膜の厚さの最小値 $d_{\rm min}$ を求めよ。

解答

(1)の式において，$m=0$ のとき $d = d_{\rm min}$ となるから

$$2\times1.4\times d_{\rm min} = \frac{1}{2}\times5.6\times10^{-7}$$

$$d_{\rm min} = \frac{5.6\times10^{-7}}{2\times2\times1.4} = 1.0\times10^{-7}$$

$$\boldsymbol{d_{\rm min} = 1.0\times10^{-7}\ \text{〔m〕}}$$ ……答

これからも，反射がからんだ光の干渉のテーマがいくつか登場しますが，まずは光路差を求め，そして境界面での反射による位相の変化も考えるというように，解きかたはパターン化されています。**111** で学んだ光路長の考えかたと，この **112** で学んだ反射による光の位相の変化の性質をしっかりと理解し，使えるようになることが大切です。

113 薄膜干渉

解説動画

\押さえよ/ →

薄膜干渉(はくまく)

明線 ⇒ $2nd\cos r = \left(m - \frac{1}{2}\right)\lambda$

暗線 ⇒ $2nd\cos r = m\lambda$

$(m = 1, 2, 3, \cdots)$

水面上に広がった油の薄膜やシャボン玉の薄膜が，太陽の光に照らさせて色づいて見えることがありますね。これは，太陽からの光が薄膜の上下２つの境界面で反射し，その２つの反射光が干渉するために生じる現象です。

このような現象を薄膜干渉(はくまく)といいます。光の入射する角度によって，特定の波長の光だけが強めあうので，油の薄膜は色づいて見えることになります。では，そのしくみについてくわしく見ていきましょう。

水面上に広がる油の薄膜は，なぜ色づいて見えるのか？

図のように，水面上に屈折率 n(n は水の屈折率より大)，厚さ d の油の膜が広がっています。空気中から波長 λ の単色光が入射し，油の表面で反射する光 A′DE と，油と水の境界面で反射する光 ABCDE とが，点 D で重なるものとします。FD は屈折波の波面なので，２つの光は FD までは同位相となります。したがって，２つの光に位相差をもたらす経路差は，

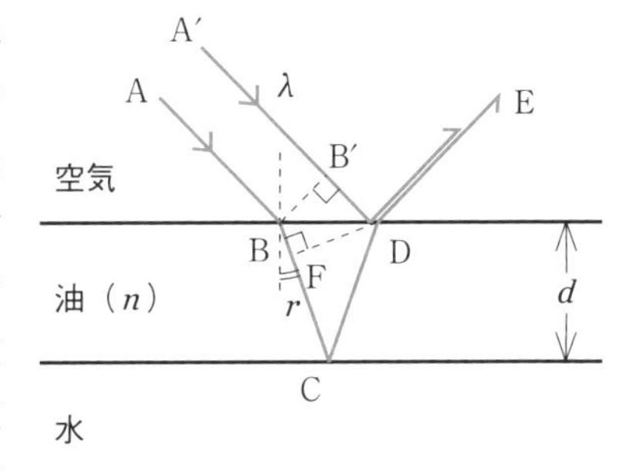

FC＋CD

となります。経路差を求めるため，次ページの図のように，油と水の境界面に対して D と対称な点 D′ を考えます。△DCG と△D′CG は合同となるので，**CD＝CD′** が成り立ちます。また，油と水の境界面における反射では入射

角と反射角が等しく，三角形の合同より **∠DCG = ∠D′CG** も成り立つので，図の○で示した角はすべて等しいことがわかります。向かい合う角が等しいことから，B，C，D′は同一直線上にあることがいえるので，2つの光の経路差は次のように表すことができます。

$$\mathrm{FC} + \mathrm{CD} = \mathrm{FC} + \mathrm{CD'} = \mathrm{FD'}$$

ここで，∠DD′Fは屈折角rと錯角なので等しくなり，△DD′Fを考えることで，この経路差FD′は次のように表すことができます。

$$\mathrm{FD'} = 2d\cos r$$

2つの光の経路差$2d\cos r$は，屈折率nの油の中で生じているので，光路差は次のように表すことができます。

$$2nd\cos r$$

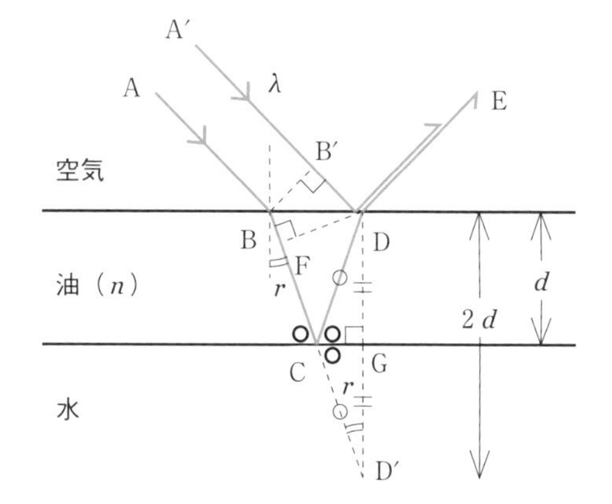

次に，反射による位相の変化について考えていきます。

空気の屈折率＜水の屈折率＜油の屈折率

なので，油の表面で反射した光は位相がπ変化しますが，油と水の境界面で反射した光は位相が変化しません。

したがって，反射による位相差を考慮すると，光路差が波長の整数倍から半波長分ずれているときに，2つの反射光は同位相になることがわかります。したがって，反射光が強めあって明るくなる条件は次のようになります。

$$2nd\cos r = \left(m - \frac{1}{2}\right)\lambda \quad (m = 1,\ 2,\ \cdots) \quad \cdots①$$

また，反射光が弱めあって暗くなる条件は次のようになります。

$$2nd\cos r = m\lambda$$

ここで，$m=1,\ 2,\ \cdots$ のように m が1から始まっていることに疑問をもつ人がいるかもしれません。m を0から始めると，暗くなる条件に $m=0$ を代入すると $d=0$ となってしまい，油の厚さが0になってしまいます。そうならないように m を1から始まるように設定しているということですね。

以上をまとめると，次のようになります。

POINT !

薄膜干渉

明線 ⇒ $2nd\cos r = \left(m - \dfrac{1}{2}\right)\lambda$

暗線 ⇒ $2nd\cos r = m\lambda$

$(m = 1,\ 2,\ 3, \cdots)$

最後に，入射する光を単色光ではなく，太陽光のような**いろいろな波長の光を含む**白色光に変えてみましょう。①式において同じ次数 m の光について考えてみると，**色，すなわち波長 λ によって強めあう角度 r が異なっているので，油の薄膜の異なる場所が違った色の光で強められることになります**。シャボン玉や池の水面に浮いている油が色づいて見えるのはこのためであるとわかりますね。

114 ニュートンリング

ニュートンリング

明輪 $\Rightarrow$ $\dfrac{r^2}{R} = \left(m + \dfrac{1}{2}\right)\lambda$　　**暗輪** $\Rightarrow$ $\dfrac{r^2}{R} = m\lambda$

$(m = 0, 1, 2, \cdots)$

ニュートンリングとは何か？

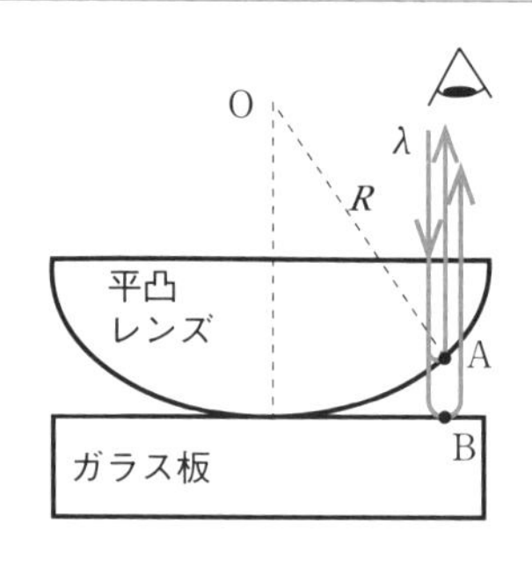

上の左図のように，曲率半径 R の平凸（へいとつ）レンズをガラス板の上にのせます。真上から波長 λ の光をあてて，上方より反射光を見ると，リング状の干渉じまが上の右図のように現れます。これをニュートンリングといいます。

この干渉じまは，**平凸レンズの下面の点Aでの反射光と，ガラス板の上面の点Bでの反射光とが干渉**して，2つの反射光が強めあったり弱めあったりすることでできます。

なお，実物のニュートンリングでは，AとBの間隔は非常に小さく，紙一枚でさえ入らないほどの間隔になっていることを覚えておいてください。

ニュートンリングの干渉条件式を求めよう

この2つの反射光の干渉条件を考えていきます。次ページの図より，AB間の距離を d，明輪や暗輪の半径を r とすると，三平方の定理より次式が成り立ちます。

$$r^2 = R^2 - (R-d)^2$$

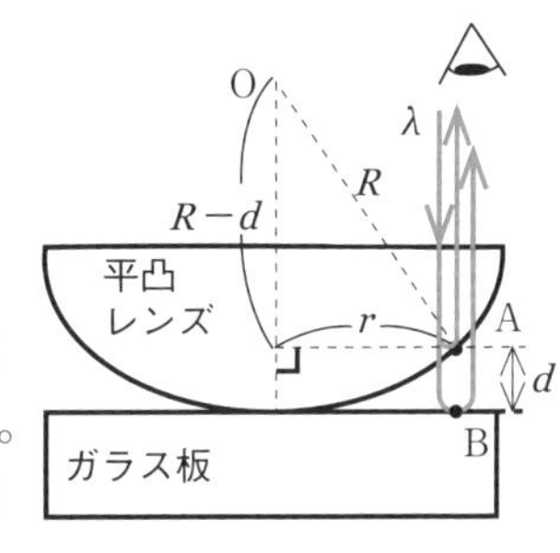

ここで，AとBの間隔は非常に小さいので，$d \ll R$ すなわち $\dfrac{d}{R} \ll 1$ を用いて，近似計算を行ってみましょう。$x \ll 1$ のときには，近似式 $(1 \pm x)^n \doteqdot 1 \pm nx$ を使うことができましたね。これを用いて，r^2 は次のように近似することができます。

$$r^2 = R^2 - R^2\left(1 - \frac{d}{R}\right)^2 \doteqdot R^2 - R^2\left(1 - \frac{2d}{R}\right) = 2dR$$

よって，点Aでの反射光と点Bでの反射光の経路差 $2d$ は次のように表すことができます。

$$2d = \frac{r^2}{R}$$

次に，反射による位相の変化を考えてみましょう。

一般に，ガラスの屈折率は空気の屈折率より大きいため，点Aでの反射では位相は変わらず，点Bでの反射では位相が π 変化します。

したがって，反射による位相差を考慮すると，経路差が波長の整数倍から半波長ずれているときに，2つの反射光は同位相になることがわかります。よって，2つの反射光が強めあって明輪となる条件は次のようになります。

$$\frac{r^2}{R} = \left(m + \frac{1}{2}\right)\lambda \quad (m = 0,\ 1,\ 2, \cdots)$$

同様に，弱めあって暗輪となる条件は次のようになります。

$$\frac{r^2}{R} = m\lambda$$

ニュートンリング

明輪 ⇒ $\dfrac{r^2}{R} = \left(m + \dfrac{1}{2}\right)\lambda$ 　　暗輪 ⇒ $\dfrac{r^2}{R} = m\lambda$

$(m = 0, 1, 2, \cdots)$

115 くさび形干渉

干渉条件のまとめ

$$\text{光路差} = m\lambda \quad \text{or} \quad \text{光路差} = \left(m + \frac{1}{2}\right)\lambda$$

今回はくさび形干渉について学んでいきましょう。くさび形とよばれているのは，2枚の平面ガラスの間にできる空気層の断面がくさびのような形であることからきています(くさびを知らない人は，インターネットで画像検索してみてください)。それでは問題を通して見ていきましょう。

2枚の平面ガラスG_1，G_2を重ねて，その一端に薄い紙をはさむと，くさび形の空気層ができる。真上から波長λの光をあてて，上方から見ると，明暗のしま模様が現れる。

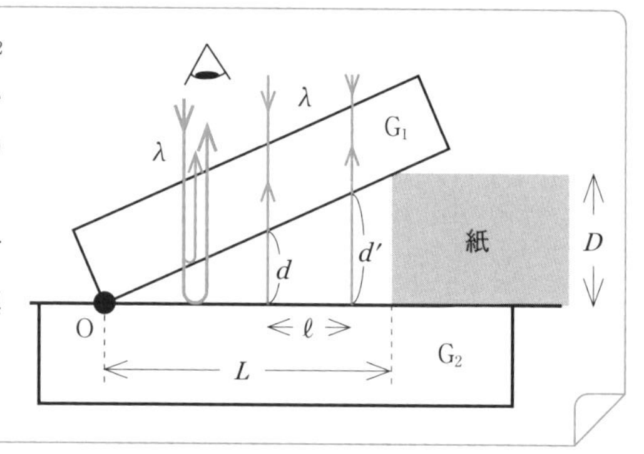

(1) G_1を上方から見たときの干渉じまの様子をかけ。ただし，右図の左端が，G_1とG_2の交線Oを表している。干渉じまの暗線を太線で示すこと。

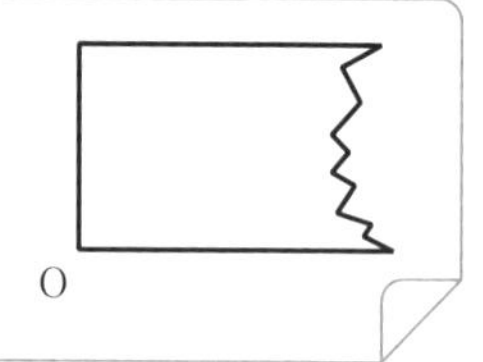

真上から光を入射すると明暗のしま模様が現れるのは，問題の図のように，G_1の下面での反射光と，G_2の上面での反射光が干渉しているからです。

一般に，ガラスの屈折率は空気の屈折率より大きいため，G_1の下面での反射では位相は変わらず，G_2の上面での反射では位相がπ変化します。つまり，反射による位相差はπということになります。

交線Oでは経路差がないため，位相差は反射によるものだけなのでπとなります。したがって，交線Oは暗線になります。交線Oから右に移動していくにつれて空気層の厚さが大きくなるので経路差も増加していきます。経路差が光の半波長分増加するごとに明線と暗線が交互に現れてくるので，干渉じまは図のようになります。

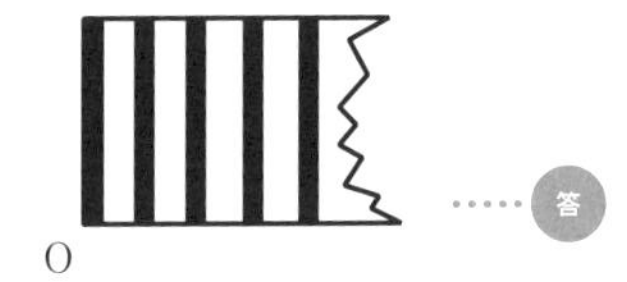

……答

(2) 交線Oから数えてm番目の明線位置での空気層の厚さをdとする。このときの干渉条件を式で表せ。

まず，2つの反射光の経路差は，空気層の厚さdの往復分なので，$2d$ですね。反射による位相差がπなので，経路差$2d$が波長の整数倍から半波長分だけずれていれば，2つの反射光は同位相となり，その位置は明線となります。

解答

1，2，3，…番目の明線の経路差は

それぞれ$\frac{1}{2}\lambda$，$\frac{3}{2}\lambda$，$\frac{5}{2}\lambda$，…

よって，m番目の明線の経路差$2d$は

$$\frac{2m-1}{2}\lambda=\left(m-\frac{1}{2}\right)\lambda \qquad \boldsymbol{2d=\left(m-\frac{1}{2}\right)\lambda} \quad \cdots①$$ ……答

つづき Q

(3) 交線Oから数えて$m+1$番目の明線位置での空気層の厚さをd'とする。このときの干渉条件を式で表せ。

①式において，$d\to d'$，$m\to m+1$とすればよいから

$$\boldsymbol{2d'=\left(m+\frac{1}{2}\right)\lambda} \quad \cdots②$$ ……答

つづき Q

(4) 明線間隔を ℓ，交線 O から紙の先端までの距離を L としたとき，紙の厚さ D を ℓ，L，λ を用いて表せ。

解答

右図より，2 つの相似な直角三角形に注目すると

$$\frac{d'-d}{\ell}=\frac{D}{L} \quad \cdots ③$$

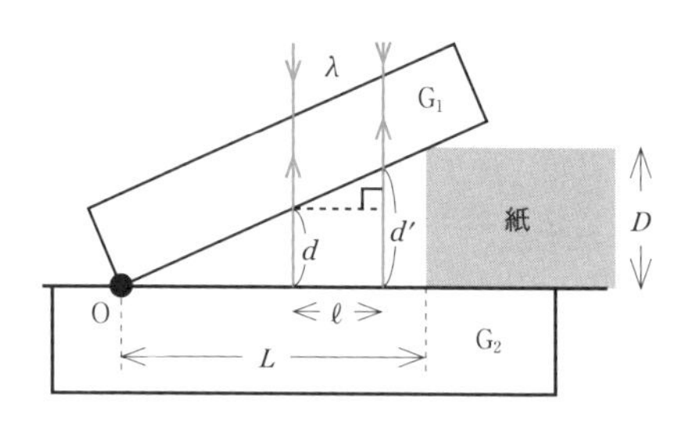

また，②－①より

$$2(d'-d)=\lambda$$

$$d'-d=\frac{\lambda}{2}$$

これを③に代入して

$$\frac{\lambda}{2\ell}=\frac{D}{L}$$

$$D=\frac{L\lambda}{2\ell}$$

$$\boldsymbol{D=\frac{L\lambda}{2\ell}}$$ ……答

POINT

干渉条件のまとめ

光路差 $= m\lambda$ or 光路差 $=\left(m+\frac{1}{2}\right)\lambda$

紙の厚さ D は直接測定することはできませんが，(4)の結果を用いれば，定規で測れる値だけで間接的に紙の厚さ D を計算することができます。

116 回折格子

▽解説動画

\押さえよ/

回折格子（かいせつこうし）

明線 ⇒ $d\sin\theta = m\lambda$　　m：整数

今回は回折格子について学んでいきましょう。今回が，光の干渉に関する最後のテーマですので，がんばっていきましょうね。

回折格子とは何か？

下図のように，ガラスに**多数の細い筋を等間隔に引いたもの**を回折格子といいます。また，**筋と筋の間隔 d** を格子定数といいます。筋といっても1cmあたり数千本という細かさなので，実際に肉眼で筋を見ることはできません。筋の部分では，光は乱反射するため透過することができません。そのため，筋と筋の間が多数のスリットとなり，光の干渉が起こります。つまり，1cmあたり数千箇所のスリットから光が出て，その数千本の光が干渉するということです。

回折格子の干渉条件を求めよう

波長 λ の光が回折格子に垂直に入射し，入射方向に対し角度 θ の方向に進む回折光について考えます。回折光はスクリーン上の点Pに集まりますが，ここでの d はスクリーンまでの距離と比べると非常に小さいので，それぞれの光は平行に進んでいるとみなせます。

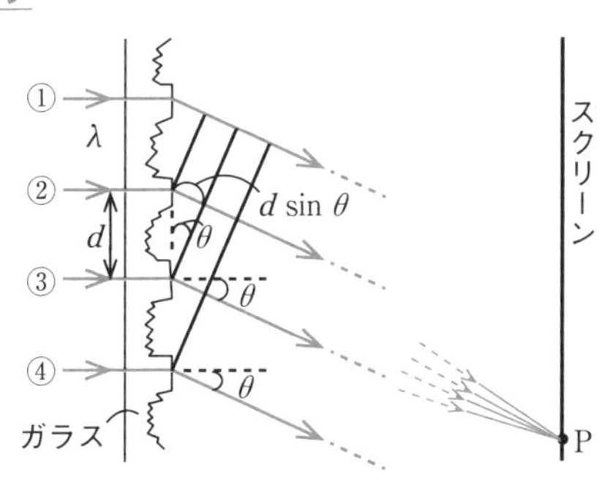

まずは，隣りあう光の経路差を求めてみましょう。隣りあう光は点Pに向かって平行に進んでいるので，その経路差はスリットの間隔 d と入射方向に対する角度 θ を用いて次のように表すことができます。

経路差 $= d \sin\theta$

次に，隣りあう光の経路差が λ のとき，点Pはどうなるかを考えましょう。

前ページの図において，①と②の光の経路差が λ のとき，①と③の光の経路差は 2λ，①と④の光の経路差は 3λ，…というように，どの光の組みあわせを考えても経路差は波長 λ の整数倍となるので，すべての光は点Pで同位相となります。したがって，点Pは明るくなります。

さらに，隣りあう光の経路差が $m\lambda$（m：整数）のとき点Pはどうなるかを考えます。隣りあう光の経路差が波長 λ の整数倍なのでやはり2つの光は同位相で重なりあいます。上と同様に考えて，どの2つの光の組みあわせを考えても経路差は波長 λ の整数倍となるので，すべての光は点Pで同位相となります。よって，点Pは明るくなります。

したがって，点Pが明線となる条件は次のように表すことができます。

$d \sin\theta = m\lambda$　（m：整数）

POINT

回折格子

明線 ⇒ $d\sin\theta = m\lambda$　m：整数

回折格子による明線の特徴を考えよう

回折格子は無数の光の干渉なので，ヤングの干渉実験のような2つの光の干渉とは，干渉じまのようすが少し異なります。

ヤングの干渉実験のように2つの光の干渉では，**明線と暗線の間は徐々に明るさが変化**していきます。一方，**回折格子**によって無数の光が干渉するときは，明線と明線の間は真っ暗な状態になっています。つまり，**明線は細く鋭く**なっています。なぜなら，回折格子の場合，明線条件 $d\sin\theta = m\lambda$ からほんの少しずれた方向でもスリットが多数あるため，離れたスリットからの光どうしは，経路差が大きくなってしまい，その方向へ進む多数の光はスクリーン上で位相がばらばらな状態で重なりあうことになるからです。したがって，**明線条件からほんの少しでもずれた方向でも，暗くなってしまう**のです。

117 凸レンズによる像

解説動画

\押さえよ/ →

凸レンズを通る3光線

①光軸に平行な光線は，レンズ後方の焦点を通る。

②レンズの中心を通る光線は，そのまま直進する。

③レンズの前方の焦点を通る光線は，光軸に平行に進む。

今回からレンズについて学んでいきましょう。レンズは光の屈折を利用して，光を集めたり広げたりするはたらきをしています。レンズの問題ではレンズを通った光がどのように進むかを考えるため，作図をしたり現象をイメージしたりすることが大切になってきます。

レンズの種類とそのはたらきについて学ぼう

レンズには２種類あり，**中央部分が厚いもの**を凸(とつ)レンズ，**薄いもの**を凹(おう)レンズといいます。たとえば虫メガネは凸レンズ，近視用のメガネは凹レンズの形をしていますね。また，**凸レンズ**には**光線を集めるはたらき**があり，**凹レンズ**には**光線を拡散させるはたらき**があります。みなさんも虫メガネで太陽の光を集めたことがあるのではないでしょうか？

下図のように，レンズを通過する光は，実際にはレンズに入るときと出るときの２回屈折を起こします。しかし，これから扱うレンズは十分に薄いものと考え，作図をするときは，光線をレンズの中心面で１回屈折するように描くことにします。

通常，問題における作図もこのように行います。

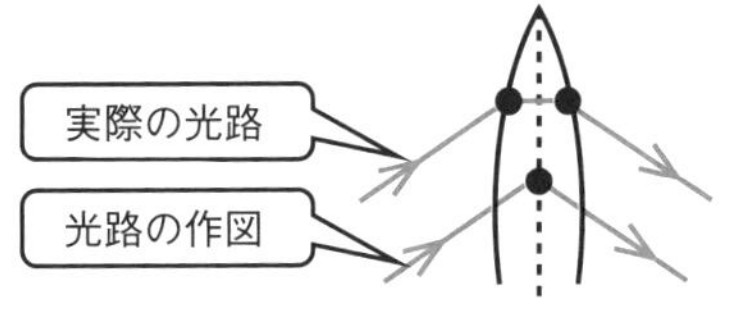

凸レンズを通る光線について考えよう

レンズの中心を通りレンズの面に垂直な直線のことを光軸といいます。光軸に平行な光線を凸レンズの前方から当てると，レンズ上の通った位置に関係なく，光線は光軸上の後方の点Fに集まります。この点をレンズの焦点といい，レンズの**中心Oから焦点までの距離f**を焦点距離といいます。

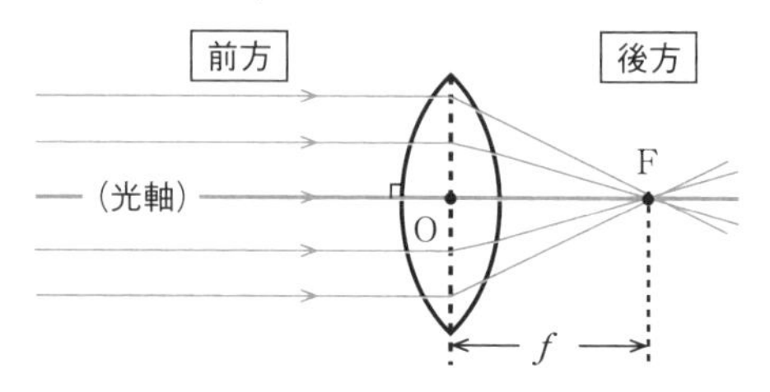

下図のように，凸レンズを通る光線の中で，作図に用いる光線が3本あります。

1本目は**光軸に平行**な光線①で，レンズを通った後はレンズ**後方の焦点F**を通ります。

2本目は**レンズの中心O**を通る光線②で，レンズを通った後は**そのまま直進**します。

3本目は，レンズの**前方の焦点**F′を通る光線③で，レンズを通った後は**光軸に平行**に進みます。これは1本目の光線を逆向きにさかのぼったものと同じです。図の光線①を右から左へ進むものと考えると，3つ目の光線③の進みかたは理解できますね。

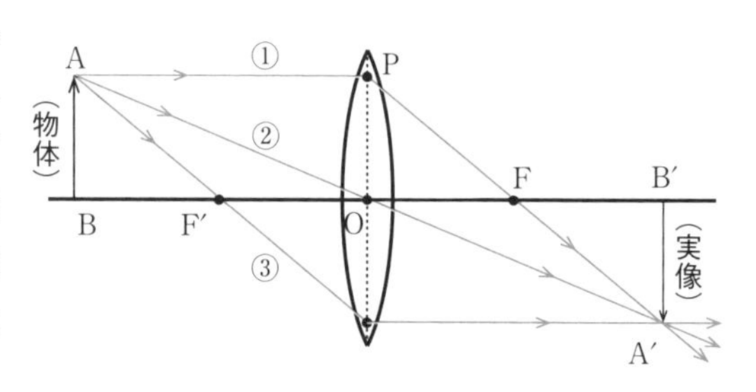

凸レンズによる像は，これらの**3光線のうち2光線を使って作図**することができます。

POINT

凸レンズを通る3光線

①光軸に平行な光線は，レンズ後方の焦点を通る。

②レンズの中心を通る光線は，そのまま直進する。

③レンズの前方の焦点を通る光線は，光軸に平行に進む。

凸レンズによる実像のできかたを考えよう

点Aから出た3光線を作図すると，下図のようになります。3光線は，レンズの後方の点A′で交わることがわかります。もちろん，点Aから出てレンズを通った3光線以外の光線も，すべて点A′に集まります。

同様にして，物体AB上の各点から出てレンズを通った光線は，すべてA′B′上に集まります。このように，**実際に光線が集まってできる像**のことを**実像**といいます。つまり，A′B′の位置に紙（スクリーン）を置けば，実際に実像A′B′は紙の上に映し出すことができます。

物体からレンズまでの距離をa，レンズから像までの距離をb，レンズの焦点距離をfとし，a，b，f の間に成り立つ関係式を求めてみましょう。

△ABO ∽ △A′B′O より

$$\frac{A'B'}{AB}=\frac{OB'}{OB}=\frac{b}{a}$$

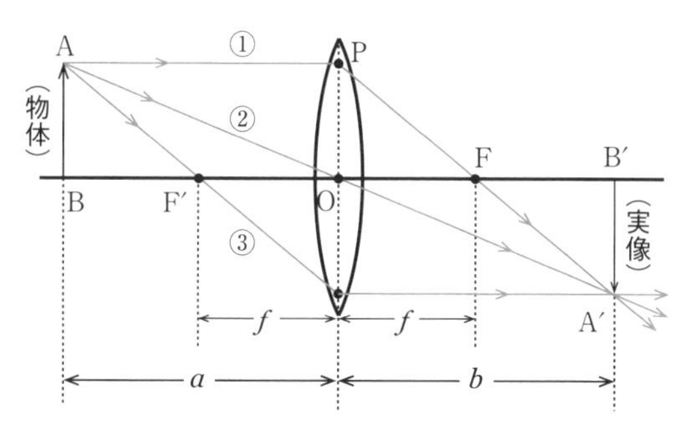

△POF ∽ △A′B′F より

$$\frac{A'B'}{AB}=\frac{A'B'}{PO}$$

$$=\frac{FB'}{FO}$$

$$=\frac{b-f}{f}$$

上の2式より

$$\frac{b}{a}=\frac{b-f}{f}$$

$$bf=ab-af$$

両辺を abf で割ると

$$\frac{1}{a}=\frac{1}{f}-\frac{1}{b}\quad \text{ゆえに}\quad \frac{1}{a}+\frac{1}{b}=\frac{1}{f}$$

この関係式はレンズの単元において大切な式なので，ちゃんと導出できるようにしておきましょうね。

118 凸レンズ・凹レンズによる像

解説動画

今回は，凸(とつ)レンズや凹(おう)レンズによる像について学んでいきましょう。117では，主に凸レンズの実像について学びましたので，今回はその続きで，凸レンズの虚像について，また凹レンズによる像についても考えていきます。

凸レンズによる虚像のできかたを考えよう

右図のように，物体ABを凸レンズの前方の焦点F′よりレンズ側に置いたとき，点Aから出てレンズを通った光線は，図のように進んでいきます。レンズを通った光線は，117とは異なり，収束せずに広がっていくことがわかりますね。

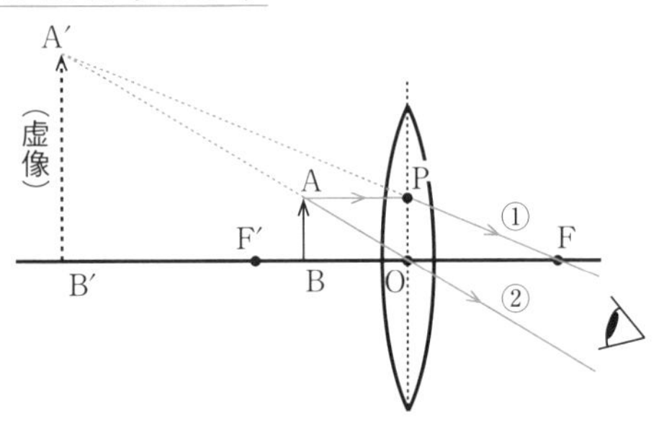

復習 P.340

凸レンズを通る3光線

①光軸に平行な光線は，レンズ後方の焦点を通る。

②レンズの中心を通る光線は，そのまま直進する。

③レンズの前方の焦点を通る光線は，光軸に平行に進む。

そのため，光線は実像を結ぶことはありません。その代わりに虚像というものができます。図のように，レンズ後方からレンズを見ると，光線①，②は，あたかも点A′から出ているかのように見えます。すなわち，物体ABの背後に拡大された像A′B′を見ることができます。この像は，実際に光が集まってできる像(実像)とは異なり，**スクリーンに映し出すことはできない**ので，虚像とよんでいます。たとえば，虫メガネで観察したいものを見るときに，虫メガネをものに近づけると実物より大きく見えるのは，人の目から見てレンズの向こう側に拡大された虚像を見ているからです。

物体ABからレンズまでの距離をa，レンズから像A′B′までの距離をb，レンズの焦点距離をfとし，a，b，fの間に成り立つ関係式を求めてみましょう。

△OAB∽△OA′B′より

$$\frac{\mathrm{A'B'}}{\mathrm{AB}}=\frac{\mathrm{OB'}}{\mathrm{OB}}=\frac{b}{a}$$

また，△FPO∽△FA′B′より

$$\frac{\mathrm{A'B'}}{\mathrm{AB}}=\frac{\mathrm{A'B'}}{\mathrm{PO}}=\frac{\mathrm{FB'}}{\mathrm{FO}}=\frac{b+f}{f}$$

上の２式より

$$\frac{b}{a}=\frac{b+f}{f}$$

$$bf=ab+af$$

両辺をabfで割ると

$$\frac{1}{a}=\frac{1}{f}+\frac{1}{b}$$

ゆえに

$$\frac{1}{a}-\frac{1}{b}=\frac{1}{f}$$

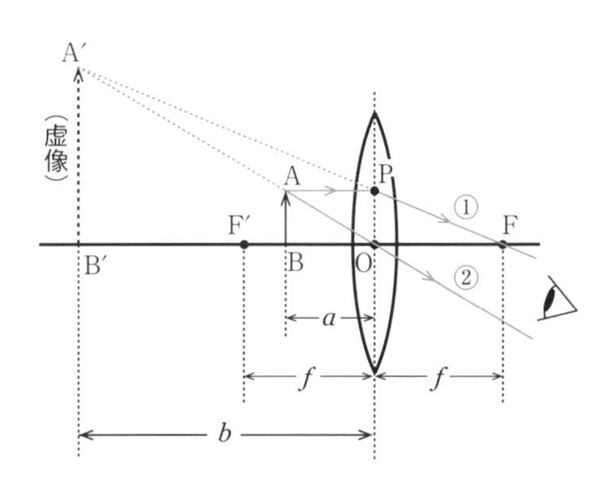

凹レンズを通る光線について考えよう

凸レンズは光線を集めるはたらきがあったのに対して，**凹レンズは光線を拡散させるはたらきがあります**。したがって，凹レンズを通る光線の進みかたは，凸レンズとは異なります。

光軸に**平行な光線**を凹レンズの前方から入射させると，光線はレンズの前方の**点F′から出たかのように広がっていきます**。この点を**凹レンズの焦点**といいます。

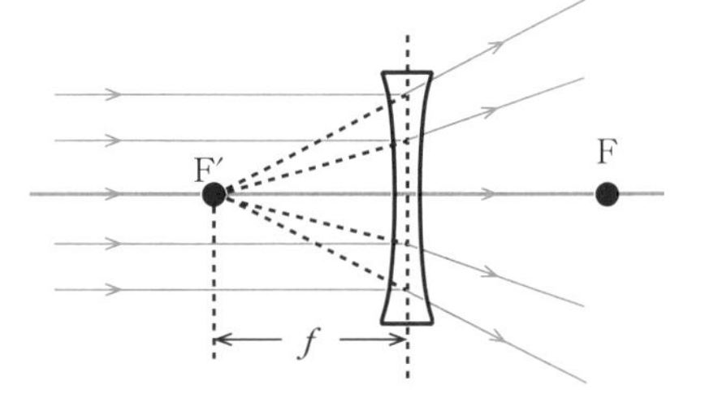

凸レンズと同様に，凹レンズを通る光線の中で，作図に用いる光線には次の３本があります。

１本目は**光軸に平行**な光線①で，レンズを通った後はレンズ**前方の焦点** F′ から出たかのように広がります。

２本目は**レンズの中心** O を通る光線②で，レンズを通った後は**そのまま直進**します。凸レンズのときと共通していますね。

３本目は，レンズの**後方の焦点** F に向かう光線③で，レンズを通った後は**光軸に平行**に進みます。これは１本目の光線①を逆向きにさかのぼったものと同じです。

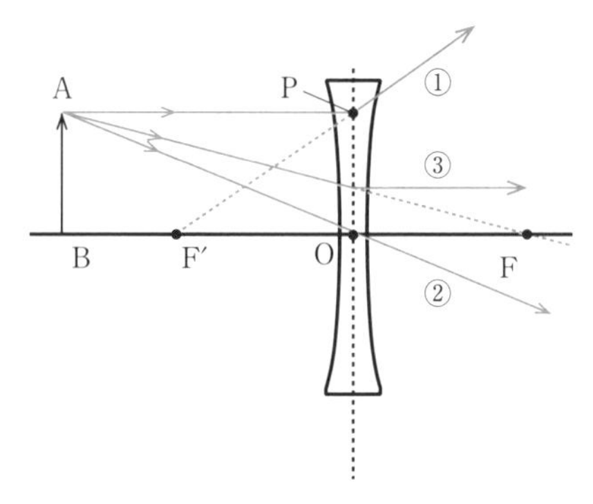

凹レンズによる像は，これらの**３光線のうち２光線を使って作図**することができます。

POINT

凹レンズを通る３光線

①光軸に平行な光線は，レンズ前方の焦点から出たかのように広がる。

②レンズの中心を通る光線は，そのまま直進する。

③レンズの後方の焦点に向かう光線は，光軸に平行に進む。

凹レンズによる虚像のできかたを考えよう

点Aから出た3光線は前ページの POINT のように進むので，下図のようにかくことができます。前ページのレンズの後方からレンズを見ると，この3光線は，あたかも点A′から出ているかのように見えますね。つまり，レンズの向こう側に虚像A′B′を見ることになります。

では，図中の a，b，f の間に成り立つ関係式を求めてみましょう。

△OAB∽△OA′B′より

$$\frac{\mathrm{A'B'}}{\mathrm{AB}}=\frac{\mathrm{OB'}}{\mathrm{OB}}=\frac{b}{a}$$

△F′PO∽△F′A′B′より

$$\frac{\mathrm{A'B'}}{\mathrm{AB}}=\frac{\mathrm{A'B'}}{\mathrm{PO}}=\frac{\mathrm{F'B'}}{\mathrm{F'O}}=\frac{f-b}{f}$$

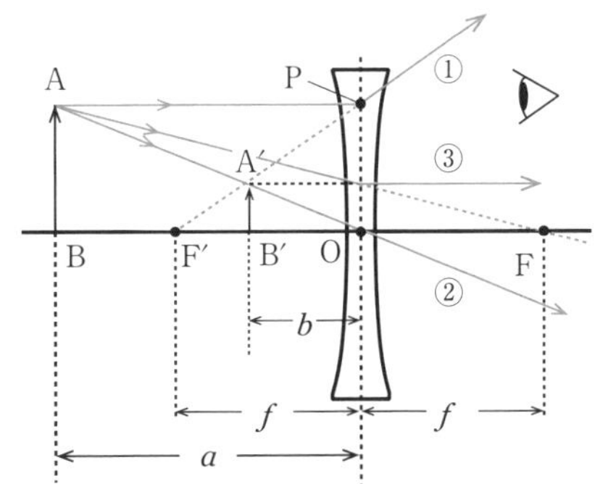

上の2式より

$$\frac{b}{a}=\frac{f-b}{f}$$

$$bf=af-ab$$

両辺を abf で割ると

$$\frac{1}{a}=\frac{1}{b}-\frac{1}{f}$$

ゆえに

$$\frac{1}{a}-\frac{1}{b}=-\frac{1}{f}$$

今まで学習した a，b，f の距離に関する関係式は，符号が異なるだけで，すべて似た形をしていますね。それらの間に成り立つ一般的な関係式については，次回まとめることにしましょう。

119 写像公式

▼解説動画

\押さえよ/ →

写像公式 $\dfrac{1}{a}+\dfrac{1}{b}=\dfrac{1}{f}$，倍率 $\left|\dfrac{b}{a}\right|$

a：レンズから物体（光源）までの距離
　実光源$a>0$，虚光源$a<0$

b：レンズから像までの距離
　実像$b>0$（後方），虚像$b<0$（前方）

f：レンズの焦点距離
　凸レンズ$f>0$，凹レンズ$f<0$

レンズから物体までの距離をa，レンズから像までの距離をb，レンズの焦点距離をfとしたとき，a，b，fの間に成り立つ関係式を写像公式といいます。

今回は，写像公式について学んでいきましょう。

写像公式

これまでに学習してきたレンズに関する距離の関係式は，次のように，符号だけは異なっていますが似たような形をしています。

凸レンズによる実像：　$\dfrac{1}{a}+\dfrac{1}{b}=\dfrac{1}{f}$

凸レンズによる虚像：　$\dfrac{1}{a}-\dfrac{1}{b}=\dfrac{1}{f}$

凹レンズによる虚像：　$\dfrac{1}{a}-\dfrac{1}{b}=-\dfrac{1}{f}$

ここで登場するのが次の写像公式です。

$$\frac{1}{a}+\frac{1}{b}=\frac{1}{f}$$

写像公式では状況に応じてa, b, fの符号を決めます。そして，前ページのレンズに関する距離の3つの関係式は，写像公式によってひとつにまとめることができます。

では，それぞれの文字について，符号の決めかたを見ていきましょう。

aはレンズから物体(光源)までの距離を表しています。ろうそくやランプなど，**実在する物体(光源)**のことを実光源といい，このとき **aは正の値**をとります。ほとんどがこの$a>0$の場合となりますが，**120** で学習する組み合わせレンズの場合，$a<0$となることもあります。

bはレンズから像までの距離を表しています。レンズの**後方**にできる実像のときは$b>0$，レンズの**前方**にできる虚像のときは$b<0$となります。後方を正の向きとするイメージですね。

fはレンズの焦点距離を表しています。凸レンズのときは$f>0$，凹レンズのときは$f<0$となります。

符号の決めかたは以上です。ここまでを整理すると，次のようになります。

POINT !

写像公式 $\frac{1}{a}+\frac{1}{b}=\frac{1}{f}$ ，**倍率** $\left|\frac{b}{a}\right|$

a：レンズから物体(光源)までの距離
実光源$a>0$，虚光源$a<0$
b：レンズから像までの距離
実像$b>0$(後方)，虚像$b<0$(前方)
f：レンズの焦点距離
凸レンズ$f>0$，凹レンズ$f<0$

では，写像公式を用いて実際に問題を解いてみましょう。

やってみよう Q

(1) 焦点距離12cmの凸レンズの光軸上に，大きさ4.0cmの物体を置いた。物体をレンズの前方20cmの位置と，レンズの前方6.0cmの位置に置いた場合について，像のできる位置，像の大きさ，像の種類をそれぞれ求めよ。

物体をレンズの前方20cmと6.0cmそれぞれの位置に置いた場合について，レンズから物体までの距離をa_1，a_2，レンズから像までの距離をb_1，b_2，レンズの焦点距離をfとおきます。

解答　物体をレンズの前方20cmの位置に置いた場合の写像公式は

$$\frac{1}{a_1}+\frac{1}{b_1}=\frac{1}{f}$$

$a_1=20\text{cm}$，$f=12\text{cm}$を代入すると

$$\frac{1}{20}+\frac{1}{b_1}=\frac{1}{12}$$

$$\frac{1}{b_1}=\frac{5-3}{60}=\frac{1}{30}\quad\text{より}\quad b_1=30$$

したがって，$b_1>0$となり，レンズの後方30cmの位置に実像ができることがわかる。

像の大きさは，物体の大きさ×レンズの倍率だから

$$4.0\times\left|\frac{b_1}{a_1}\right|=4.0\times\frac{30}{20}=6.0\quad\text{より}\quad 6.0\text{cm}$$

レンズの後方30cmの位置に6.0cmの実像ができる。……

同様に，物体をレンズの前方6.0cmの位置に置いた場合についても考えていきます。

この場合の写像公式は

$$\frac{1}{a_2}+\frac{1}{b_2}=\frac{1}{f}$$

$a_2=6.0\text{cm}$，$f=12\text{cm}$を代入すると

$$\frac{1}{6.0}+\frac{1}{b_2}=\frac{1}{12}$$

$$\frac{1}{b_2}=\frac{1-2}{12}=-\frac{1}{12}\quad より\quad b_2=-12$$

$b_2<0$ より，レンズの前方 12cm に虚像ができることがわかる。
虚像の大きさは

$$4.0\times\left|\frac{b_2}{a_2}\right|=4.0\times\frac{12}{6.0}=8.0\quad より\quad 8.0\text{cm}$$

レンズの前方 12cm の位置に 8.0cm の虚像ができる。……

(2) 焦点距離 18cm の凹レンズの光軸上に，大きさ 12cm の物体を置いた。物体をレンズの前方 6.0cm の位置に置いた場合について，像のできる位置，像の大きさ，像の種類をそれぞれ求めよ。

(1)と同じように解けばよいのですが，凹レンズのときは f を負の値とすることに注意しましょう。

解答 写像公式 $\frac{1}{a}+\frac{1}{b}=\frac{1}{f}$ に $a=6.0\text{cm}$，$f=-18\text{cm}$ を代入すると

$$\frac{1}{6.0}+\frac{1}{b}=-\frac{1}{18}$$

$$\frac{1}{b}=\frac{-1-3}{18}=-\frac{4}{18}\quad より\quad b=-4.5$$

$b<0$ より，レンズの前方 4.5cm の位置に虚像ができることがわかる
像の大きさは

$$12\times\left|\frac{b}{a}\right|=12\times\frac{4.5}{6.0}=9.0\quad より\quad 9.0\text{cm}$$

レンズの前方 4.5cm の位置に 9.0cm の虚像ができる。……

120 組み合わせレンズ

解説動画

入射光線の延長線が収束している点を虚光源という。このとき，a の値にマイナス(−)の符号をつけて写像公式に代入する。

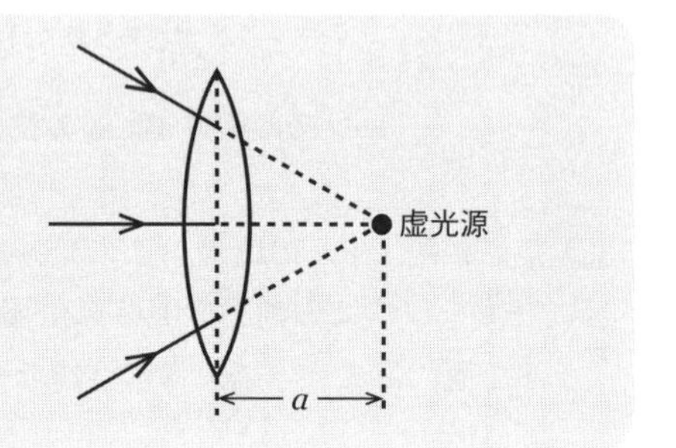

今回は，組み合わせレンズについて学んでいきましょう。

レンズが複数個ある場合は，それぞれのレンズに対して写像公式を立てることになり，レンズを組み合わせたときにしか起こらない光線の進み方も出てきます。やや難しい内容になるので，苦手な人は後回しにしてもかまいません。

虚光源とは何か？

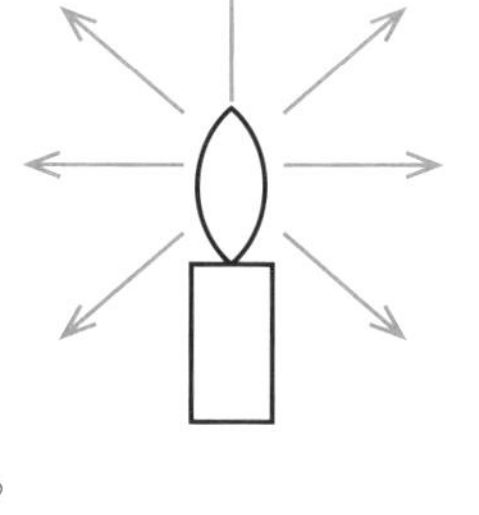

今まで扱ってきたような，実際に物体が存在する光源のことを実光源といいます。実光源から出た光は，右図のように光源を中心に拡散していますね。

光源が無限遠にあった場合，そこからの光は平行になります。例えば太陽はほぼ無限遠とみなすことができるので，地球には平行な光線として届いていますね。

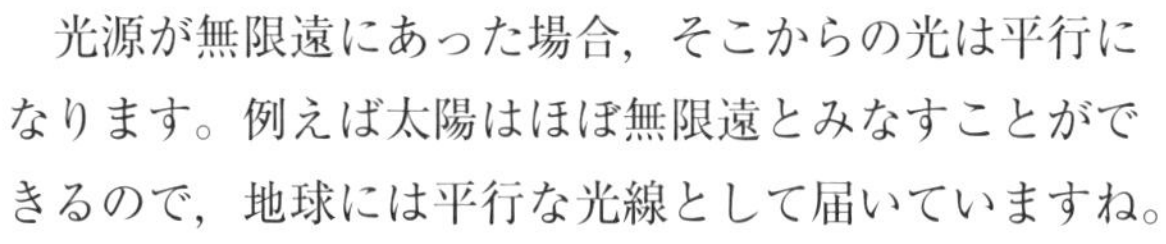

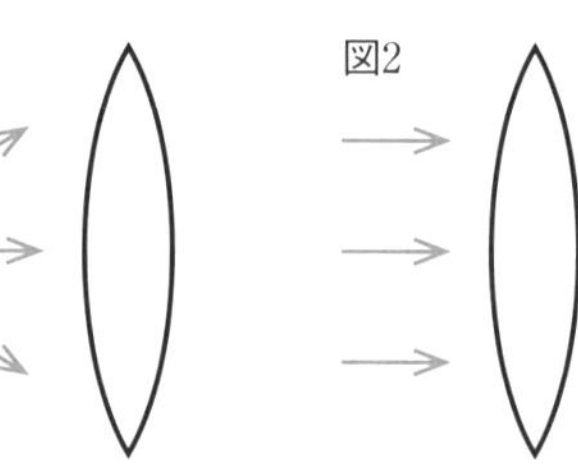

したがって，実光源から出た光は，図1，図2のように，拡散または平行な光線としてレンズに入射することになります。通常，実光源から出た光は，レンズに収束するように入射してくることはありません。

しかし，複数個のレンズが組み合わされている場合，図3のように光がレンズに収束するように入射することがあります。そして，そのような**入射光線を延長すると，一点に収束**します。この点を虚光源といいます。虚光源に対しては，**写像公式の a の値にマイナス(−)の符号をつけて代入**計算します。写像公式は次のような形をしていましたね。

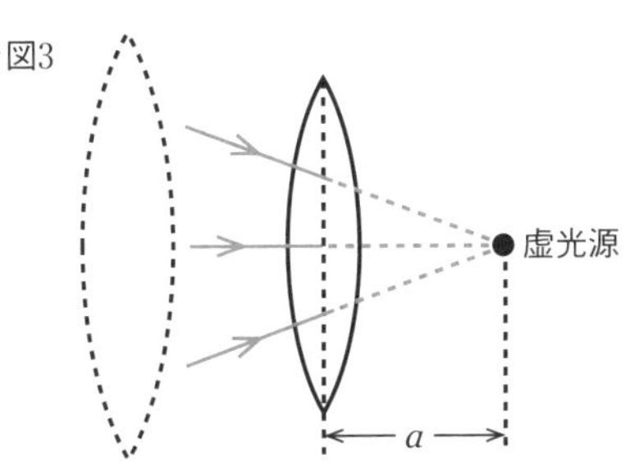

P.346

今回はこの式を用いて，組み合わせレンズの問題を解いてみましょう。

やってみよう Q

焦点距離 8cm の凸レンズ L_1 と焦点距離 12cm の凹レンズ L_2 を，光軸を一致させて 16cm 離して置く。L_1 の前方 12cm の光軸上に 3cm の物体を置くとき，像のできる位置，像の大きさ，像の種類をそれぞれ求めよ。

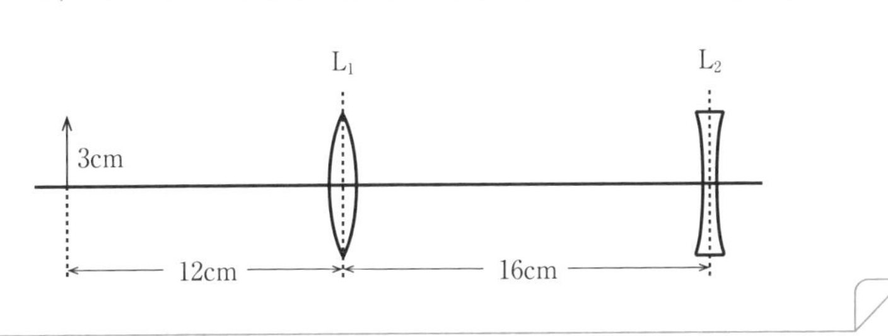

L_1，L_2 のそれぞれにおいて，レンズから物体までの距離を a_1，a_2，レンズから像までの距離を b_1，b_2，レンズの焦点距離を f_1，f_2 とおきます。

解答

L_1 についての写像公式は

$$\frac{1}{a_1}+\frac{1}{b_1}=\frac{1}{f_1}$$

であり，この式に $a_1=12\text{cm}$，$f_1=8\text{cm}$ を代入すると

$$\frac{1}{12}+\frac{1}{b_1}=\frac{1}{8}$$

$$\frac{1}{b_1}=\frac{3-2}{24}=\frac{1}{24} \quad より \quad b_1=24$$

$b_1 > 0$ なので，L_2 がなければ L_1 の後方 24cm の位置に実像ができることになります。しかし，実際には L_2 があるので，L_2 の後方 8(＝24 − 16)cm の位置が L_2 の虚光源の位置ということになります。

このようなときには，L_2 から物体までの距離にマイナス(−)の符号をつけて，$\boldsymbol{a_2 = -8}$**cm** として写像公式に代入します。また，L_2 は凹レンズですから，$\boldsymbol{f_2 = -12}$**cm** となるところにも気をつけましょう。

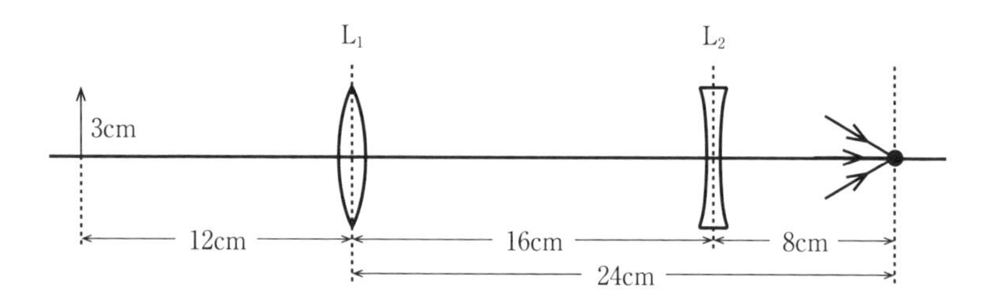

L_2 についての写像公式は

$$\frac{1}{a_2}+\frac{1}{b_2}=\frac{1}{f_2}$$

この式に，$a_2=-8$cm，$f_2=-12$cm を代入すると

$$-\frac{1}{8}+\frac{1}{b_2}=-\frac{1}{12}$$

$$\frac{1}{b_2}=\frac{-2+3}{24}=\frac{1}{24} \quad \text{より} \quad b_2=24$$

$b_2 > 0$ なので，L_2 の後方 24cm の位置に実像ができることがわかる。
像の大きさは，物体の大きさに2つのレンズの倍率をかければ求められるので

$$3\times\left|\frac{b_1}{a_1}\right|\times\left|\frac{b_2}{a_2}\right|=3\times\frac{24}{12}\times\frac{24}{8}=3\times2\times3=18$$

L_2 の後方 24cm の位置に 18cm の実像ができる。 ……答

さくいん

あ

か

さ

た

な

は

ま

や

ら

わ

著者　**青山 均**

東京都出身。公立中学校，サレジオ学院中学校・高等学校の教員を経て，現在は東葉高校にて物理を担当。
「授業が趣味」と公言するほどの熱心さで，わかりやすくて学力の伸びる授業を展開するために，授業研究を日々重ねている。
自身の指導経験をもとに作りあげた本書の元となるプリント集「秘伝の物理」は生徒たちに大好評。公開模試で全国１位の学校平均点を取るという結果も残し，生徒や保護者からの信頼も厚い。
近年では，自身の動画教材を用いて反転授業の普及に取り組むだけでなく，所属している学校全体の改革にも精力的に取り組んでいる。

秘伝の物理
大学入試で点が取れる授業動画付き

物理のインプット講義

力学・波動

デザイン　ナカムラグラフ（中村圭介，藤田佳奈，平田 賞）
編集協力　佐藤玲子，林千珠子，山口貴史，株式会社 U-Tee
動画編集　ジャパンライム　株式会社
DTP　株式会社　新後閑
印刷所　株式会社　リーブルテック